机器学习
数学基础
概率论与数理统计
Python语言描述

李昂 ◎ 著

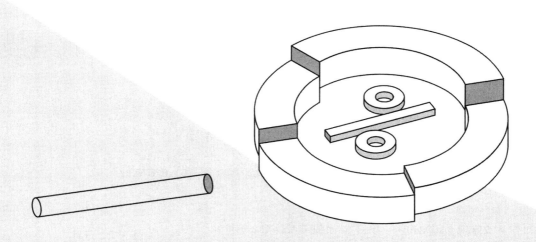

北京大学出版社
PEKING UNIVERSITY PRESS

内 容 简 介

本书从最基础的概率知识谈起,逐步深入至机器学习以及深度学习的分类算法,并在最后配合深度学习的实战案例,介绍Softmax回归函数在手写体数字识别中的具体应用,让读者通过动手编辑代码更深入地了解概率论在人工智能领域的重大作用。

本书分为16章,涵盖的内容主要有机器学习及概率、随机试验及概率、随机变量及其分布、多维随机变量及其分布、贝叶斯问题、正态分布、随机变量的数字特征;机器学习中的损失函数、大数定律、样本及抽样分布、参数估计、马尔科夫链、过拟合与欠拟合问题、安装TensorFlow、卷积神经网络和手写体数字识别。

本书搭配了大量的插图,以身边的生活现象为基础深入浅出地介绍了什么是概率,特别适合数学基础薄弱、想学习概率又担心自己学不会的初学者阅读,同时也适合机器学习、深度学习的人工智能爱好者阅读。

图书在版编目(CIP)数据

机器学习数学基础. 概率论与数理统计 / 李昂著. — 北京 : 北京大学出版社,2021.10
ISBN 978-7-301-32405-9

Ⅰ.①机… Ⅱ.①李… Ⅲ.①机器学习②概率论③数理统计 Ⅳ.①TP181②TP311.561

中国版本图书馆CIP数据核字(2021)第167603号

书 名	机器学习数学基础：概率论与数理统计
	JIQI XUEXI SHUXUE JICHU: GAILVLÜN YU SHULI TONGJI
著作责任者	李 昂 著
责 任 编 辑	张云静
标 准 书 号	ISBN 978-7-301-32405-9
出 版 发 行	北京大学出版社
地 址	北京市海淀区成府路205号 100871
网 址	http://www.pup.cn 新浪微博:@北京大学出版社
电 子 信 箱	pup7@pup.cn
电 话	邮购部 010-62752015 发行部 010-62750672 编辑部 010-62570390
印 刷 者	河北滦县鑫华书刊印刷厂
经 销 者	新华书店
	787毫米×1092毫米 16开本 19.5印张 472千字
	2021年10月第1版 2021年10月第1次印刷
印 数	1-4000册
定 价	79.00元

前 言
INTRODUCTION

? 机器学习有什么前途

机器学习是当今科技行业非常流行的一个词语,同时也是未来很长一段时间科技界大热的一个话题。无论是工业4.0、自动驾驶还是仿生机器人,以及其他所有想象得到的高科技元素,都离不开机器学习这一概念。

一提到机器学习,大家的第一印象可能是高端、深奥。因为和机器学习紧密结合的应用领域通常是医疗健康、机器人、通信服务、大数据分析、智能家庭、媒体社交等,这些领域往往要求开发者精通计算机、数学功底扎实、逻辑思维敏捷等。

如果因为上述原因让你对机器学习敬而远之,其实大可不必。因为机器学习不仅代表一种技能,更体现了一种思想,即一种分类、归纳的分析思想。如果能掌握机器学习中涉及的思维方式,其对于人们的生活、学习和工作的帮助无疑是巨大的。而概率无疑是机器学习最重要的思想内核,也是本书的重点内容。

☺ 阅读本书的感受

打开本书,呈现在你面前的不是晦涩枯燥的文字,也不是通篇让人摸不着头脑的公式,而是一幅幅搞笑的漫画,搭配深入浅出的知识讲解。本书给人最直观的感受就是,原来数学也可以如此接地气、如此有趣。

变被动学习为主动学习,原来差的只是一本有意思的书。市面上讲授概率的书千千万,可是每每打开它们,看着满页的公式和专业名词,只会让人们想到一句话:我待概率如初恋,概率虐我千百遍。而本书会让你真切地感受到古人说出"蓦然回首,那人却在,灯火阑珊处"时的喜悦之情。

网上流行一句话:你要减肥的决心有多大,取决于你身边的她有多美。学习也是一样的道理,你坚持看书的习惯能持续多久,取决于这本书的可读性有多强。我相信这样一本构建在漫画之上的概率图书,一定是你学习的不二选择。

本书的内容架构

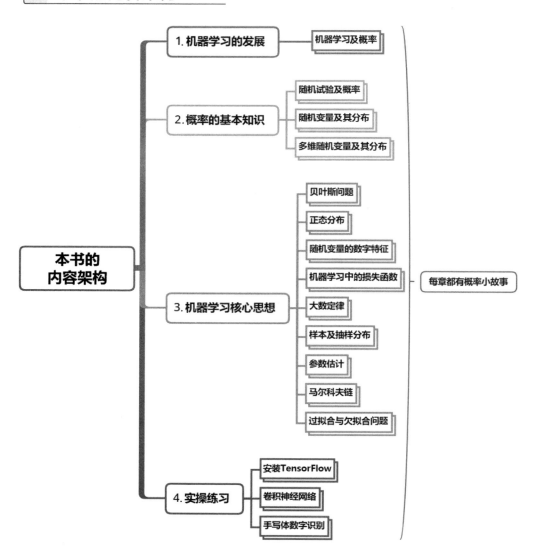

本书的特色

书是传递知识最直接的载体,在人类文明的历史长河中,书的类型经历过甲骨文、竹板、丝绸、纸张,直至今日发展为种类繁多的电子书。然而,书的类型越来越多,看书(知识类书籍)的人却越来越少。曾经一篇报道中说道,中国人平均每人每年读书4.66本,不到犹太人的1/10(犹太人每人每年读书64本)。这固然和中国人的生活习惯有关,如工作太忙,闲暇时间只想放松娱乐等;但专业书籍的内容晦涩无趣,让人难以接受,也是一个不争的事实。

秉承着读书的前提是书能让人读得下去这一指导思想,本书尽量将晦涩的知识点转化为幽默搞笑的图片,全书配有大量插图(插图部分由孙晶波完成),可以让读者像看漫画一样吸收知识。同时,每章都有一个和概率相关的小故事,整本书真正做到了寓教于乐。

阅读本书,让知识不再枯燥,让书本不再只是打卡工具。

作者介绍

李昂,江苏徐州人,机械设计及理论专业,博士。先后在江苏徐州工程机械研究院担任技术专家、在碧桂园公司担任高级项目经理,现任江苏省产业技术研究院集萃道路工程技术与装备研究所信息化部部长。

工作期间由于身份使然,需要接触大量的非自身专业领域的知识。在这个过程中,越发觉得有必要把自身打造成为一个承载知识的主板,以便无缝对接各个领域达人。奉行"活到老,学到老"这一理念,将学习这件事坚持了下来。其间困难重重,其中最大的阻碍就是专业知识太晦涩,很容易让人在学习过程中打退堂鼓。为了帮助后来者扫清一些小障碍,笔者决定竭尽所能,将枯燥无聊的知识体系打造成漫画加故事的形式讲给大家,于是就产生了本书。由于作者能力有限,书中如有不当之处,还请各位读者不吝赐教。

最后,感谢我的妻子李贺老师对本书提出的宝贵意见。

本书读者对象

● 初入大学、想要提高概率成绩的学生；

● 对机器学习感兴趣的在校生、工程师；

● 终身学习实践者；

● 想要转型或者提高自身能力的 IT 从业者。

目 录
CONTENTS

第1章

机器学习及概率

　　人类历史上从来没有哪一个时刻能像今天一样,让人体验到足不出户就被服务到家的感觉。随着大数据和人工智能技术的不断发展,每个人终于变得"真正个性起来"。打开手机,不管是购物、旅行或是看视频,系统总是能根据个人的兴趣爱好推荐不同的内容,再也不是所有人千篇一律了。这就是人工智能带给我们的巨大便利,通过对每个人平时上网习惯的归纳,总结出这个人对各个事物的偏好,建立属于每个人自己的兴趣档案,让你不再是"你们"。

本章涉及的主要知识点

- 什么是机器学习,机器学习到底可以做什么;
- 机器学习的发展历史;
- 机器学习的研发进展:有哪些好用的学习框架;
- 机器学习与概率之间的关系。

1.1 机器学习概述

在谈论机器学习之前,大家先来认真想一想,在人们平时的生活中,是否已经不知不觉地和机器学习这个概念有所联系了呢? 先来看一看下面两幅图(图1.1、图1.2)。

图 1.1 个人电子助理

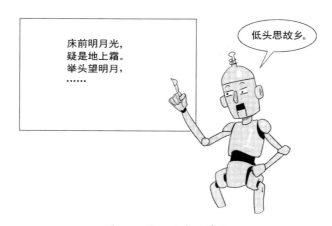

图 1.2 输入法自动填充

图 1.1 和图 1.2 中的场景大家是否熟悉呢? 当人们打开外卖 App 时,是否会出现类似"已根据您的个人喜好推荐美食"这种提示? 当打开浏览器时,是否会出现"根据您平时搜索的页面推荐相关信息"? 当输入文字时,是否只需要简单地输入几个首字母,很多相关词语就会自动呈现? 如果你也遇到过这种情况,那么恭喜你,你已经开始享受机器学习带来的便利。

关于机器学习,比较流行的说法如下。

机器学习的核心是"使用算法解析数据,从中学习,然后对世界上的某件事情做出决定或预测"。这意味着与其编写程序让计算机执行某些任务,不如教计算机开发一个算法来完成任务。目前有三种主要类型的机器学习:监督学习、无监督学习和强化学习,这些有其特定的优点和缺点。机器学习与人工智能的关系如图1.3所示。

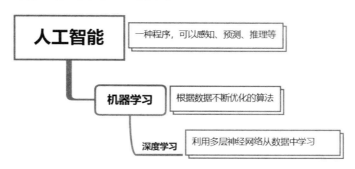

图1.3 机器学习与人工智能的关系

从图1.3可以看出当今的人工智能领域是比较前沿的研究方向(机器学习属于人工智能,而深度学习则是机器学习的一个分支)。

人工智能(Artificial Intelligence,AI)是研究、开发用于模拟、延伸和扩展人的智能的理论、方法、技术及应用系统的一门新的技术科学。在此基础上,又衍生出了机器学习这一专门的领域(图1.4)。

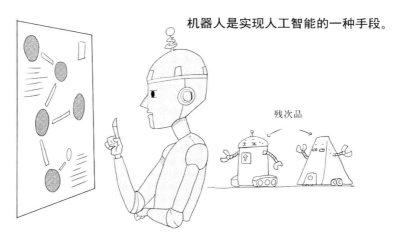

图1.4 人类对人工智能的想象

机器学习是通过特定的算法和编程等一系列操作实现人工智能的一种手段。

下面举例说明机器学习对于人工智能的重要意义:你想设计一种程序,让计算机与人类下象棋(图1.5)。如果没有机器学习,那么要编写大量的代码,把所有可能的情况都添加进去,代码甚至需要上百万行,这是非常大的工作量。采用了机器学习的手段后,人们就可以把它们浓缩成很少的一段代码来实现相同的效果。可以说机器学习为人工智能的实现提供了可能的"土壤"。

图1.5 机器学习的应用

机器学习领域中还有一个深度学习的概念,深度学习是模仿生物大脑,利用神经网络对大数据进行学习的一种手段,目前主要应用于图像识别、自动驾驶、语音识别等热门领域。同样地,深度学习是实现机器学习的一种手段(图1.6),这在本书的最后会有详细案例说明。

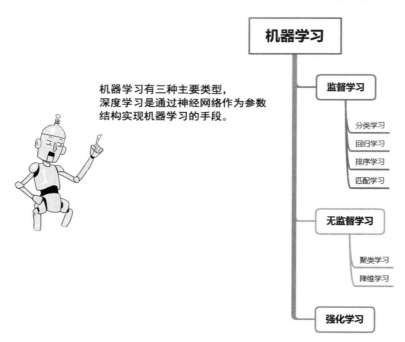

图1.6 机器学习的分类

1. 监督学习

监督学习涉及一组带有标记的数据。计算机通过特定的方法学习这组带有标记的数据的特征,然后将新输入的数据按照学习好的识别模式进行归类,以此判断新的数据属于哪种类型。监督学习主要包括分类学习、回归学习、排序学习等(图1.7)。

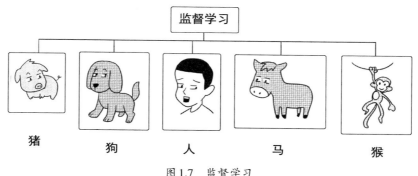

图 1.7　监督学习

　　分类学习就是首先对给定的数据进行类别划分,然后将新数据进行匹配识别。最常见的分类学习的例子就是电子邮箱中的垃圾邮件系统(图1.8)。电子邮箱中除了收件箱外还有垃圾箱,垃圾箱里基本上都是广告类信息。其原理很简单,过滤器首先会分析用户之前标记过的垃圾邮件,对这些邮件的内容和题目的关键词进行统计,并将它们与新邮件进行比较。如果它们的相似度较高,那么则认定新邮件为垃圾邮件;如果相似度很低,则被当作正常邮件放进收件箱。这里面又涉及对抗网络等知识,由于篇幅原因,这里不再赘述。

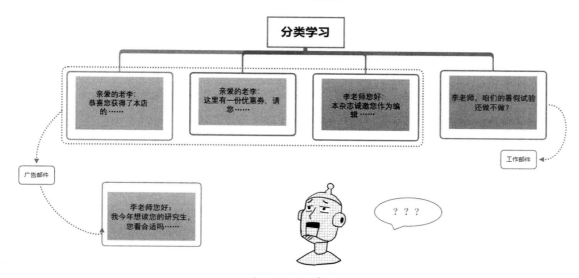

图 1.8　分类学习

　　回归学习涉及回归问题。回归问题就是计算机使用先前标记好的数据对未来进行预测,如天气预报、股票(预测有风险,炒股需谨慎)等。就天气预报来说,人们通过对平均气温、湿度、降水量等历史数据的回归分析,可以较好地预测未来数天内的天气状况(图1.9)。

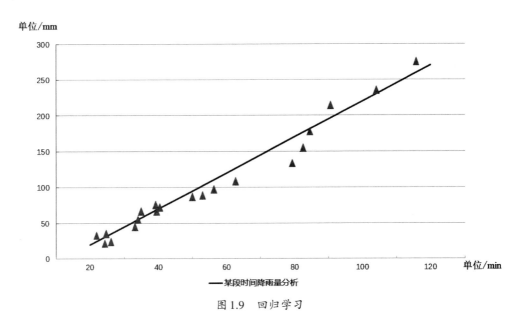

图 1.9   回归学习

排序学习主要用于信息检索领域,需要综合考虑多个排序的特征,以此对搜索结果进行排序。排序学习主要分为相关度排序和重要性排序。相关度排序的常用模型有布尔模型、LMIR 模型、BM25 模型、向量空间模型及隐语义分析等;重要性排序模型则是根据网页之间的图结构判断文档的重要程度。

对于传统的排序模型,由于只能考虑模型的单一方面,因此排序得到的结果往往不尽如人意。使用机器学习后,可以以现有排序模型的输出作为特征,训练一个新的模型,并使其自动学习该模型的参数,然后根据各种组合形式对现有模型进行新的排序。

2. 无监督学习

无监督学习与监督学习的含义刚好相反。无监督学习使用的数据都是没有标签的,这一特性尤其有用,因为大多数真实世界的数据都没有标签,即便是监督学习用到的数据标签,也是人为标记上去的。因此,无监督学习的使用范围更加广泛。无监督学习包括聚类和降维。

聚类是指将数据根据相似属性进行归类或划分,也就是人们常说的"物以类聚,人以群分"的意思(图 1.10)。其典型应用就是帮助市场分析人员对客户进行分析,以发现不同的客户群体,然后有针对性地对不同客户进行营销策划。

图 1.10   聚类算法

降维是指通过一系列的映射关系,将原高维空间中的数据点映射到低维空间中。降维的本质就是研究映射函数,目的是减少数据噪声,提高精度。

3. 强化学习

强化学习又称评价学习,用于描述计算机与环境在交互过程中通过何种学习策略以达到性能最大化。强化学习的典型应用就是玩游戏。不同于监督学习或无监督学习,强化学习不关心输出过程,只关注性能。强化学习通过告诉计算机什么是对的,什么是不对的,而非告诉计算机应该如何去做对的事情,让计算机实现自我学习和自我纠正。如国际象棋游戏,人们只要告诉计算机不要让国王处于可以被对手的棋子吃掉的位置即可,然后计算机就会反复推演如何实现这个结果,直到计算机最终击败人类玩家。

图1.11形象地阐述了强化学习的过程:小明写完作业交给爸爸检查,爸爸发现小明的答案和正确答案不一样,于是"温柔地"让小明修改。小明知道作业做错了,但是不了解具体怎么错的,于是开始修改,改完后交给爸爸继续检查。爸爸拿到作业后发现小明有进步但还是有错误,于是又"温柔地"让小明修改。小明继续修改,之后再次交给爸爸检查,这次结果离标准答案又近了一步,但还是有错误,于是小明被迫又去修改作业,直到结果正确为止。

图1.11   强化学习过程

本书的重点并不是讨论机器学习或深度学习的具体细节,而是讲述机器学习入门需要掌握的概率知识。尽管如此,了解机器学习的发展历史还是很有必要的。

1.2　机器学习的发展历史

机器学习的发展历史如图1.12所示。

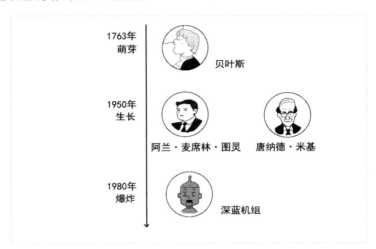

图1.12　机器学习的发展历史

　　西方有一个叫贝叶斯的数学家,在他死后两年,即1763年,由他的朋友为他整理发表了一篇让后来无数在校大学生"尽折腰"的理论,即关于条件概率的贝叶斯定理。贝叶斯发现,通过很多过去的经验居然可以推导出将来要发生的事件的可能性,该理论很快就得到了无数人的关注。这是机器学习中贝叶斯算法的基础,它可以通过以前的信息寻找最有可能发生的事件。贝叶斯定理是一个从经验中学习的数学方法,也是机器学习的基本思想。

　　几个世纪后的1950年,有一个叫图灵的数学家突发奇想:能不能让计算机变得和人一样聪明?可以像人一样对话?图灵认为,当一台计算机可以和人一样对话而不被人发觉时,这台计算机即拥有了智能(图1.13)。

图1.13　图灵测试

几年后,塞缪尔"教会了"计算机棋盘游戏,使得计算机能够从游戏中学习策略,并不断提高自己的下棋技术。1963年,唐纳德·米基推出强化学习的tic-tac-toe程序。在接下来的几十年里,机器学习的进步遵循了同样的模式——一项技术突破导致了更新的、更复杂的程序的诞生,而新程序通常是通过与专业的人类玩家玩战略游戏来测试的。

在这一时期,心理学家麦卡洛克和数理逻辑学家皮特斯引入生物学中的神经元(神经网络中的最基本成分)概念,在分析神经元基本特性的基础上,提出"麦卡洛克–皮特斯模型(MP模型)"。在该模型中,每个神经元都能接收来自其他神经元传递的信号,这些信号往往经过加权处理,再与接受神经元内部的阈值进行比较,经过神经元激活函数产生对应的输出。MP模型的特性如图1.14所示。

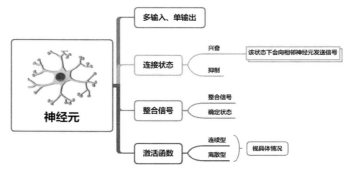

图 1.14　MP模型的特性

神经网络学习的高效运作需要依赖相关学习规则,其热烈时期的标志正是以下经典学习规则的提出。

早在1949年,心理学家唐纳德·赫布便提出与神经网络学习机理相关的"突触修正"假设。其核心思想是当两个神经元同时处于兴奋状态时,两者的连接度将增强。基于该假设定义的权值调整方法称为赫布律(Hebbian Rule)。由于赫布律属于无监督学习,因此在处理大量有标签分类问题时存在局限性。

1957年,美国神经学家弗兰克·罗森布拉特提出了最简单的前向人工神经网络——感知器,开启了有监督学习的先河。感知器的最大特点是能够通过迭代试错解决二元线性分类问题。在感知器被提出的同时,求解算法也相应诞生,包括感知器学习法、梯度下降法和最小二乘法(Delta学习规则)等。

1962年,蒂姆·诺维科夫推导并证明了在样本线性可分情况下,经过有限次迭代,感知器总能收敛,这为感知器学习规则的应用提供了理论基础。在热烈时期,感知器被广泛应用于文字、声音、信号识别、学习记忆等领域。

由于感知器结构单一,并且只能处理简单线性可分问题,因此如何突破这一局限成为理论界关注的焦点。在冷静时期,机器学习的发展几乎停滞不前(图1.15)。

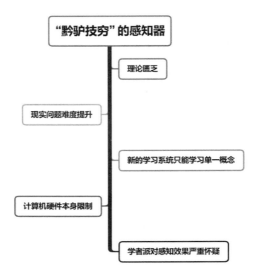

图 1.15　陷入停滞的机器学习

到了20世纪80年代,由于某些理论的突破,机器学习踏上了复兴之路(图1.16)。

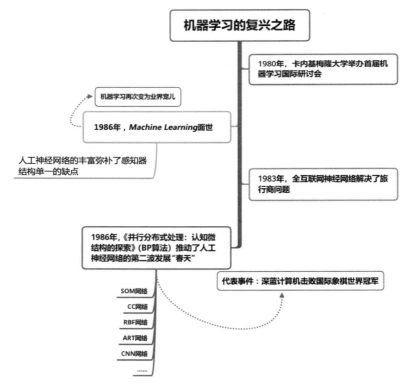

图 1.16　机器学习的复兴之路

通过对机器学习的4个阶段的梳理可知,虽然每一阶段都存在明显的区分标志,但几乎都是围绕着人工神经网络方法及其学习规则的衍变展开的。事实上,除了人工神经网络外,机器学习中的其他算法也在这些时期崭露头角(图1.17)。

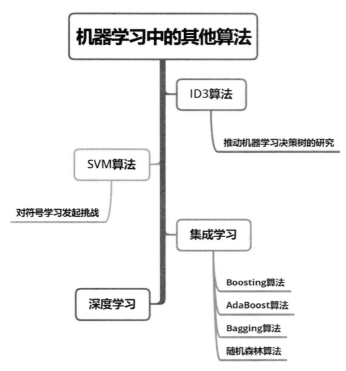

图1.17　机器学习中的其他算法

1.3　机器学习的研发进展

　　俗话说,工欲善其事,必先利其器。这里的"器"除了指计算机硬件之外,还包括各种学习框架。本节介绍的框架可能更应该称为深度学习框架。深度学习并不是一个独立的学习方法,但它是实现机器学习的一门技术。图1.18至图1.20列出了几种常用的深度学习建模流程和模型框架。

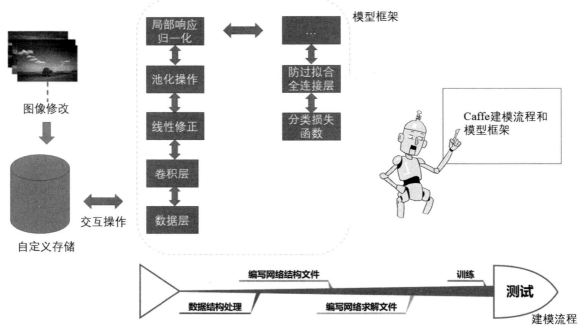

图 1.18　Caffe建模流程和模型框架

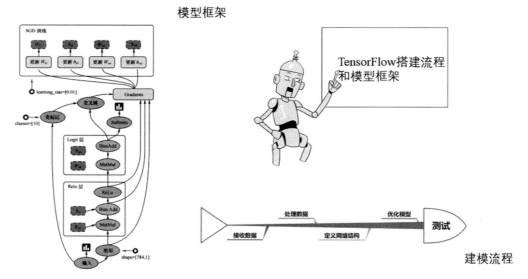

图 1.19　TensorFlow建模流程和模型框架

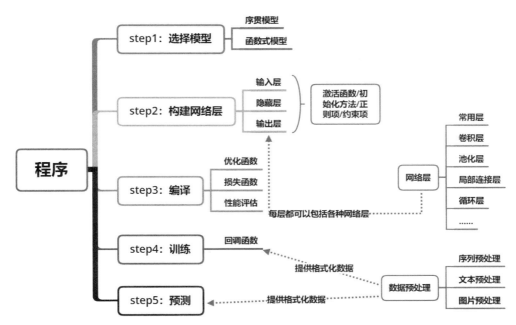

图 1.20　通用学习框架

现在应该清楚的是,机器学习有巨大的潜力来改变和改善世界。通过像谷歌大脑和斯坦福机器学习小组这样的研究团队,学者们正朝着真正的人工智能迈进。那么下一个机器学习能产生影响的主要领域是什么呢?

答案可能是物联网(Internet of Things,IoT),如你家里和办公室里联网的物理设备。流行的物联网设备如智能灯泡,其销售额在过去几年里猛增。随着机器学习的进步,物联网设备比以往任何时候都更聪明、更复杂。机器学习主要有两个与物联网相关的应用:使设备变得更好和收集数据。使设备变得更好是非常简单的:使用机器学习来个性化你的环境,如用面部识别软件来感知哪个是房间,并相应地调整温度。收集数据更加简单,例如,通过在家中保持网络连接的设备(如亚马逊回声)的正常运行和监听功能,亚马逊公司就可以收集关键的人口统计信息,将其传递给广告商,如你正在观看的节目、你什么时候醒来或睡觉、有多少人住在你家等(图1.21)。

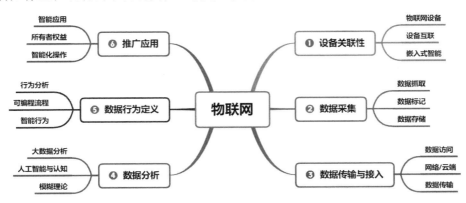

图 1.21　家居物联网

过去几年里,聊天机器人激增,成熟的语言处理算法每天都在改进它们。聊天机器人被公司用在他们自己的移动应用程序或第三方应用上,如Slack,以提供比人类更快、更高效的虚拟客户服务(图1.22)。

图1.22　聊天机器人

无人驾驶汽车是当前非常火的机器学习应用领域之一,特斯拉、百度、腾讯等公司都已涉足。这些汽车利用机器学习技术模拟人工驾驶习惯,并对外界的复杂条件作出正确的行为决策。其中一个例子是交通标志传感器,它使用监督学习算法来识别和解析交通标志,并将它们与一组有标记的标准标志进行比较。这样,汽车就能看到停车标志,并认识到它意味着停车,而不是转弯、单向或人行横道(图1.23)。

图1.23　无人驾驶技术

1.4　机器学习与概率的关系

要理解机器学习算法,需要对很多数学概念有一个基本理解,如概率。机器学习所需的相关知识和概念很简单,其要求的数学储备如图1.24所示。

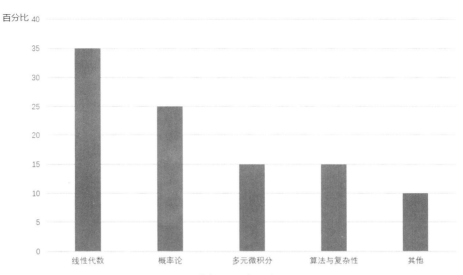

图 1.24　数学在机器学习中的重要性

对数学有了基本的理解后，即可开始思考整个机器学习的过程。由于该内容不是本书重点，因此这里仅进行简单说明。机器学习的学习过程如图 1.25 所示。

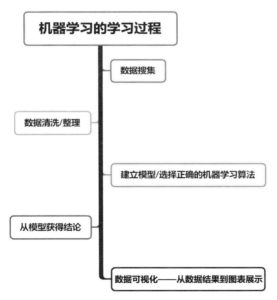

图 1.25　机器学习的学习过程

机器学习的常见算法如图 1.26 所示。

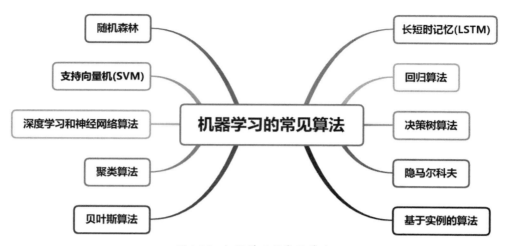

图 1.26　机器学习的常见算法

回归算法是非常流行的机器学习算法,其中线性回归算法是基于连续变量预测特定结果的监督学习算法,逻辑回归算法专门用来预测离散值。这些算法都是以速度而闻名,它们一直是极快速的机器学习算法之一(图 1.27)。

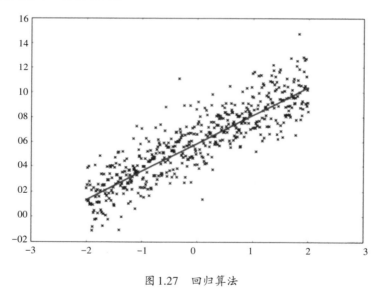

图 1.27　回归算法

基于实例的算法使用提供数据的特定实例来预测结果。最著名的基于实例的算法是 k-最近邻算法(kNN)。kNN 用于分类、比较数据点的距离,并将每个点分配给它最接近的组(图 1.28)。

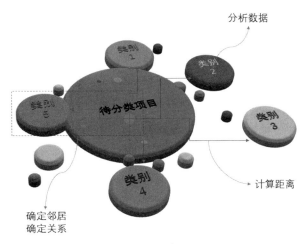

图1.28　kNN算法流程

　　决策树算法是将一组"弱"学习器集合在一起,形成一种强算法,这些学习器组织在树状结构中互为分支。一种流行的决策树算法是随机森林算法,在该算法中,弱学习器是随机选择的,组合后可以获得一个强预测器。在下面的例子中,读者可以发现许多共同的特征(如眼睛是蓝色的或不是蓝色的),它们都不足以单独识别目标。然而,当人们把所有这些观察结合在一起时,就能形成一个更完整的画面,并做出更准确的预测(图1.29)。

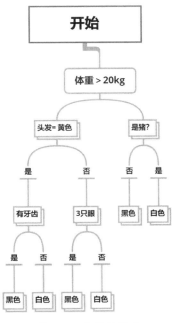

图1.29　决策树算法

　　人工智能领域最重要的算法之一是贝叶斯算法,其中最流行的贝叶斯算法是朴素贝叶斯,它经常用于文本分析。例如,大多数垃圾邮件过滤器使用朴素贝叶斯算法,它们使用用户输入的类标记数据来比较新数据,并对其进行适当分类(图1.30)。

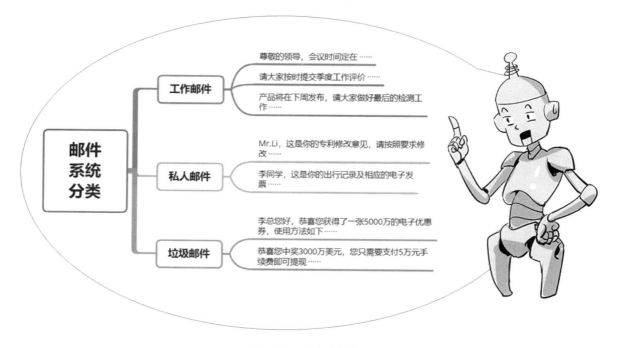

图1.30　贝叶斯算法

聚类算法的重点是发现元素之间的共性并对其进行相应的分组,常用的聚类算法是k-means聚类算法。在k-means中,分析人员选择簇数(以变量k表示),并根据物理距离将元素分组为适当的聚类。

神经网络算法基于生物神经网络的结构,典型应用是深度学习。它们是大且极其复杂的神经网络,使用少量的标记数据和更多的未标记数据对模型参数进行优化。神经网络有许多输入,它们经过几个隐藏层后才产生一个或多个输出。这些输入和输出连接形成一个特定的循环,模仿人脑处理信息和建立逻辑连接的方式。此外,随着算法的运行,隐藏层往往变得更小、更细微(图1.31)。

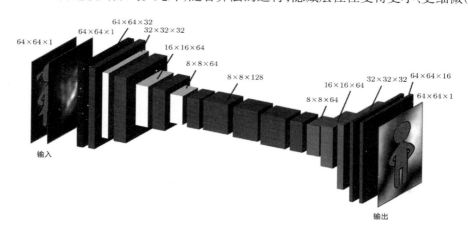

图1.31　卷积神经网络

SVM是二元分类算法,给定一组两种类型的N维的特征点,SVM产生一个$(N-1)$维超平面,该超平面将这些点分成两组。假设有两种类型的点,且都是线性可分的,则SVM将找到一条直线将这些点分为两组,且这条直线会尽可能远离所有点。在应用上,使用SVM可以解决的问题包括显示广告、人类剪接位点识别、基于图像的性别检测和大规模的图像分类等。

可观察的马尔科夫决策过程是确定性的———一个给定的状态总是遵循另一个给定的状态,如交通信号灯的模式;相反,隐马尔科夫模型通过分析可观察的数据来计算隐藏状态的概率,然后通过分析隐藏状态来估计未来可能观察到的模式。一个典型例子是通过分析高气压(或低气压)的概率来预测天气是晴天、雨天或多云的可能性(图1.32)。

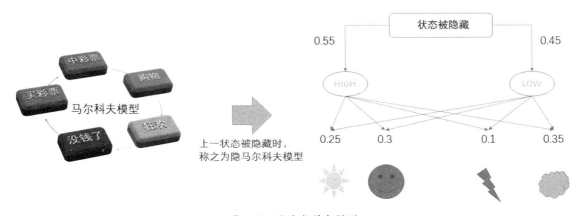

图1.32　隐马尔科夫模型

随机森林结合了多个树,使用随机挑选的数据子集,以此提升决策树的分析准确率(图1.33)。随机森林算法的优势在于能够处理大规模数据集及大量看起来相关性较弱的数据,可以用于风险评估和客户信息分析等领域。

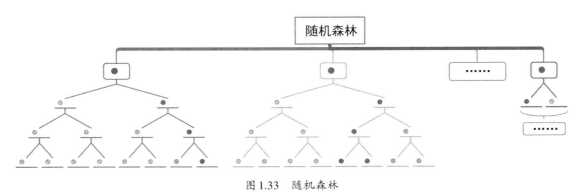

图1.33　随机森林

较旧的循环神经网络(RNN)可能是有损的,因为它们只能保存少量的旧信息。但新的长短期记忆(LSTM)和门控循环单元(GRU)神经网络同时具有长期记忆和短期记忆。也就是说,这些较新的RNN具有更好的记忆控制,允许先前的值持续保存,或必要时为许多序列步骤重置,避免在步骤到步骤的传递时造成"梯度衰减"(Gradient Decay)。LSTM和GRU网络通过记忆体组

（Memory Blocks）和被称为"门"（Gates）的结构适当地忽略或重置值来实现记忆控制（图1.34）。

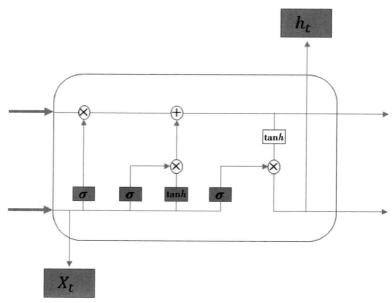

注:X_t为该层新的输入参数;h_t为该层的输出量。

图1.34　LSTM结构

第 2 章

随机试验及概率

生活中到处充斥着随机试验的影子，人们的生活和随机试验的关系非常密切，但很多人对这一现象的本质并不清楚。本章将通过生动的生活小示例带大家熟悉什么是随机试验。

本章涉及的主要知识点

- 通过生活中最普遍的现象告诉大家何为随机试验；
- 在此基础上引出本书的中心内容：什么是概率；
- 一种重要的概率现象：等可能事件。

注意：本章的目的是让大家了解什么是随机试验及随机事件，该内容是本书最基础也是最重要的部分，为了方便读者理解，主要以举例为主。

2.1 概率及概率的特点

本节通过几个随机试验的小示例,让读者直观地了解何为概率及概率的特点。

2.1.1 随机试验

提到概率,首先要了解什么是随机试验。这是离普通人最近、最贴近生活的数学现象。关于随机试验,先来看以下几个场景。

场景一:抛掷一枚硬币,落地后观察正面向上或反面向上出现的情况(图2.1)。

场景二:射击训练场进行打靶训练,最后统计得分总数(图2.2)。

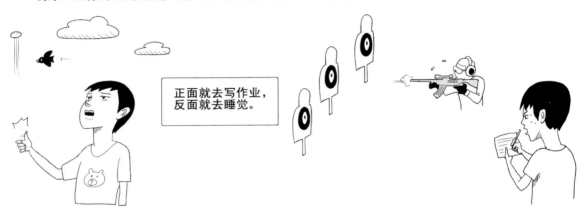

图 2.1 抛硬币   图 2.2 打靶游戏

场景三:抽检一批电子器材,任取其中一个,测试其寿命(图2.3)。

场景四:记录某市110报警台一周内接到的报假警电话次数(图2.4)。

图 2.3 抽检测试   图 2.4 记录接假警次数

场景五:记录某一条路线在下班高峰期回家时遇到红灯的次数(图2.5)。

场景六:一百米短跑测试冲刺的成绩(图2.6)。

图2.5　记录下班遇到红灯的次数　　　　　图2.6　百米冲刺成绩

场景七:任选一个人,测试他/她的身高和体重(图2.7)。

图2.7　测试身高和体重

现在对以上现实生活中的场景进行分析。例如场景一,抛掷一枚硬币必然也只能出现两种结果,即正面朝上或者反面朝上,但在硬币落地之前,人们无法确定朝上的是正面还是反面,并且这种试验人们可以在相同的条件下重复无数次;再如场景六,假定一个普通人跑100m需要14s,但是在测试之前大家并不知道具体的数值,这一试验同样可以在相同条件下重复进行。其他场景也是类似情况。因此,随机试验的特点概括如下。

(1)可以在相同的条件下重复进行。

(2)试验的结果不是唯一的,但是能确定所有可能的结果。

(3)每次试验之前人们不知道会发生哪种结果。

在概率论中,人们把具有以上三个特点的试验称为随机试验。

例2.1　现有以下3个场景,请读者自行判断是否属于本节描述的随机试验。

场景一:某校平均每天迟到的学生人数(图2.8)。

场景二:某次考试某个班级学生的及格情况(图2.9)。

图2.8 某校平均每天迟到学生人数

图2.9 某次考试某班级学生的及格情况

场景三:某地区一个月的结婚情况(图2.10)。

图2.10 某地区一个月的结婚情况

2.1.2 样本空间

对于随机试验,虽然每次试验之前人们无法预测准确的结果,但是可以知道试验所有可能的结果。把随机试验所有可能的结果放在一起组成的集合就是样本空间。同样的,样本空间中的每一个结果称为样本点。

本节用S代表样本空间,现在以2.1.1节的七个场景为例,分别对这些场景的样本空间S进行描述。

$S_{场景一}$:{正面向上,反面向上}。

$S_{场景二}$:{0,1,2,…}。

$S_{场景三}$:{寿命|寿命≥0}。

$S_{场景四}$:{0,1,2,…}。

$S_{场景五}$:{0,1,2,…}。

$S_{场景六}$:{秒数|秒数≥0}。

$S_{场景七}$:{(身高,体重)|X_1≤身高≤X_2,Y_1≤体重≤Y_2},这里X_i和Y_i(i = 1,2)分别代表身高和体重的上下限。

2.1.3 随机事件

既然有随机试验,就必然会有随机事件,因为随机事件是随机试验的一个伴生结果。大家都知道,随机试验的一个特点就是结果的范围是已知的,但是具体的结果是未知的。例如,去靶场打靶训练,每一枪过后,得分肯定是在0~10分,但是具体多少分在打之前大家都不知道。现在发射一枪,提示牌上显示8分,那么得到8分这个事件就是打靶的一次随机事件。通常,人们把试验的样本空间S的子集称为该试验的随机事件,简称事件。在每次试验中,当且仅当这一子集中的一个样本点出现时,称这一事件发生。

随机事件有如下三个特点。

(1)任何事件均可以表示为样本空间的某个子集。

(2)由一个样本点组成的单点集称为基本事件。例如,抛掷硬币试验有两个基本事件{正面向上},{反面向上};打靶训练包含11个基本事件{0},{1},{2},…,{10}。

(3)随机事件又分为必然事件和不可能事件。

①必然事件:随机试验一定会发生的结果,它指样本空间中的所有样本点。

②不可能事件:每次试验都不可能发生的结果,如空集∅,它不包含任何样本点。

2.1.4 事件之间的关系

根据前面的章节可知,事件就是样本空间S中的样本点,它们具有集合的性质。那么这些样本点之间有怎样的相互关系呢?

(1)包含关系:若$A \subset B$,则称事件B包含事件A或称事件A属于事件B,如图2.11所示,显然若B发生,则A一定发生。其特殊情况是$A \subset B$且$B \subset A$,此时A=B,称事件A和事件B相等。

(2)和事件:事件$A \cup B = \{x|x \in A或x \in B\}$称为事件A与事件B的和事件。当且仅当A或B中至少有一个发生时,事件$A \cup B$发生,如图2.12所示。

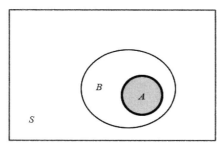

图2.11 $A \subset B$

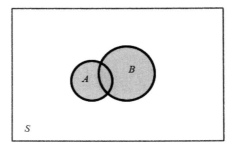

图2.12 $A \cup B$

和事件的扩展形式可以表示为 $\bigcup\limits_{k=1}^{n} A_k$，表示 n 个事件 $A_1,A_2,\cdots,A_n$ 的和事件；若把下标 n 替换为 ∞，则表示可列个事件的和事件。

（3）积事件：事件 $A \cap B = \{x | x \in A$ 且 $x \in B\}$ 称为事件 A 与事件 B 的积事件。当且仅当 A 和 B 同时发生时，事件 $A \cap B$ 发生，如图 2.13 所示。

与和事件一样，积事件的扩展形式可以表示为 $\bigcap\limits_{k=1}^{n} A_k$，表示 n 个事件 $A_1,A_2,\cdots,A_n$ 的积事件；若把下标 n 替换为 ∞，则表示可列个事件的积事件。

（4）差事件：事件 $A - B = \{x | x \in A$ 且 $x \notin B\}$ 称为事件 A 与事件 B 的差事件。当且仅当事件 A 发生而事件 B 不发生时，人们称为事件 $A - B$ 发生，如图 2.14 所示。

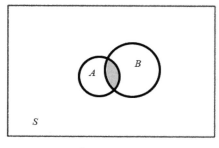
图 2.13　$A \cap B$

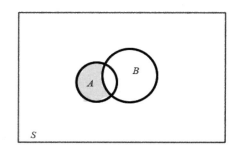
图 2.14　$A - B$

（5）互斥事件：若事件 $A \cap B = \varnothing$，则称事件 A 与事件 B 是互斥事件，即事件 A 和事件 B 不能同时发生，如图 2.15 所示。基本事件都是互斥事件。

（6）对立事件：若事件 $A \cup B = S$ 且 $A \cap B = \varnothing$，则事件 A 与事件 B 互为逆事件，也称对立事件，如图 2.16 所示。每次试验，事件 A 或事件 B 一定发生，且仅有一个会发生。

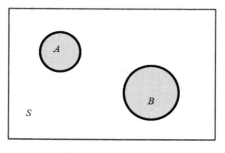
图 2.15　$A \cap B = \varnothing$

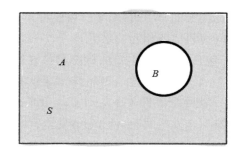
图 2.16　$A \cup B = S$ 且 $A \cap B = \varnothing$

2.1.5　事件之间的运算

事件之间的运算可以参照四则运算的一些基本法则，包括交换律、结合律及分配律。假设有 A、B、C 三种事件，为了便于读者理解，本书将事件的四则运算也用图的形式进行直观的解释。

交换律：$A \cup B = B \cup A$，$A \cap B = B \cap A$，如图 2.17 所示。

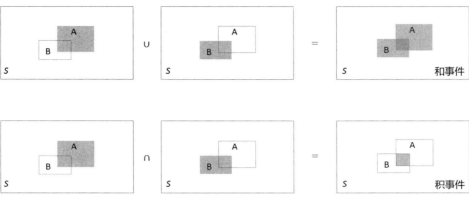

图 2.17　交换律

结合律: $A \cup (B \cup C) = (A \cup B) \cup C$, $A \cap (B \cap C) = (A \cap B) \cap C$, 如图 2.18 所示。

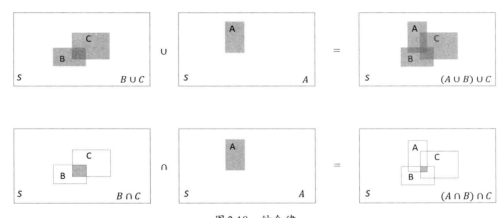

图 2.18　结合律

分配律: $A \cup (B \cap C) = (A \cup B) \cap (A \cup C)$, $A \cap (B \cup C) = (A \cap B) \cup (A \cap C)$, 如图 2.19 所示。

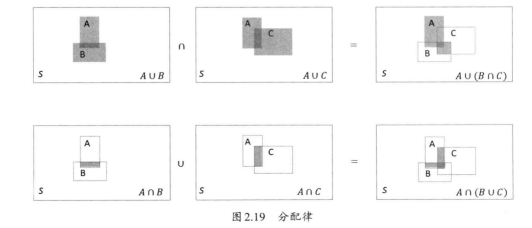

图 2.19　分配律

除了上述三种运算法则外,还有一个特性为德摩根律,即 $\overline{A \cup B} = \overline{A} \cap \overline{B}$, $\overline{A \cap B} = \overline{A} \cup \overline{B}$,如图2.20所示。

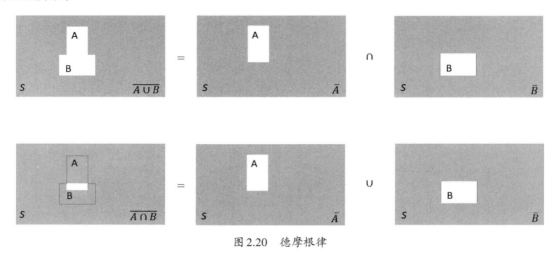

图2.20　德摩根律

2.2　概率与频率

对于一个事件,除非事先确定它是必然事件或不可能事件,否则人们是希望知道它在某次试验中发生的可能性的,这很有意义。例如,大学考试成绩通常分为卷面成绩和平时成绩两部分。卷面成绩很好理解,而平时成绩是以学生的出勤率等来决定的。如通过点名或签名的方法判断学生逃课的频率,最终得出该名学生在本课程的出勤率,即上课的概率。

2.2.1　频率

先看这样一个场景:在打靶训练场进行射击训练,一共射击10次,其中有4次得分为7分,那么射击得7分的频率为0.4。

有了上面的铺垫,再来看一下频率的定义:在相同的条件下进行 n 次试验,在这 n 次试验中,事件 A 发生了 n_A 次,人们把 n_A 称为事件 A 发生的频次;n_A/n 称为事件 A 发生的频率,并用 $f_n(A)$ 表示。

频率具有下列性质。

(1) $0 \leqslant f_n(A) \leqslant 1$。

(2) $f_n(S) = 1$,S 表示样本空间,属于必然事件。

(3) 若 $A_1, A_2, \cdots, A_k$ 是两两互斥事件,则

$$f_n\left(A_1 \bigcup A_2 \bigcup \cdots \bigcup A_k\right) = f_n\left(A_1\right) + f_n\left(A_2\right) + \cdots + f_n\left(A_k\right)$$

根据上面的解释,可知事件A发生的频率就是它发生的次数与试验次数之间的比值。该数值越大,表示事件A发生得越频繁,也意味着事件A发生的可能性越大。因此,直观想法是利用频率表示事件A在某次试验中发生的可能性的大小。下面以两个例子来判断这种想法在实际情况下是否可行。

例2.2 以"抛硬币"试验为例,分别将一枚硬币抛掷5次、50次和500次,并且重复10遍,得到的数据如表2-1所示(其中n表示试验次数,n_A表示正面向上发生的频次,$f_n(A)$表示正面向上发生的频率)。

表2-1 抛硬币试验数据

序号	$n=5$		$n=50$		$n=500$	
	n_A	$f_n(A)$	n_A	$f_n(A)$	n_A	$f_n(A)$
1	4	0.8	22	0.44	251	0.502
2	3	0.6	25	0.50	249	0.498
3	1	0.2	21	0.42	256	0.512
4	3	0.6	25	0.50	253	0.506
5	3	0.6	24	0.48	251	0.502
6	2	0.4	21	0.42	246	0.492
7	4	0.8	18	0.36	244	0.488
8	5	1.0	24	0.48	258	0.516
9	3	0.6	27	0.54	262	0.524
10	3	0.6	31	0.62	247	0.494

为了方便比较,这里用曲线的形式描述表2-1,如图2.21所示。

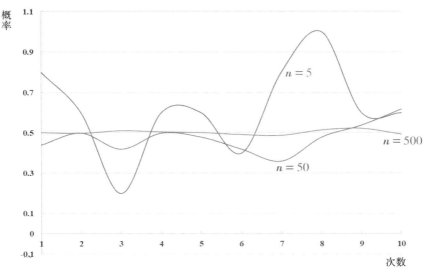

图2.21 不同测试的事件概率

例2.3 进行投骰子的试验,观察每个数字出现的频率。当投掷的次数n较少时,不同数字出现的频率波动较大。随着试验次数的增加,频率逐渐平衡。表2-2所示是投骰子的统计结果。

表2-2 投骰子的统计结果

数值	频率		
	n=10	n=30	n=300
1	0.3	0.20	0.136
2	0.2	0.17	0.183
3	0.2	0.30	0.153
4	0	0.10	0.190
5	0	0.06	0.177
6	0.3	0.17	0.161

同样地,表2-1用曲线表示,如图2.22所示。

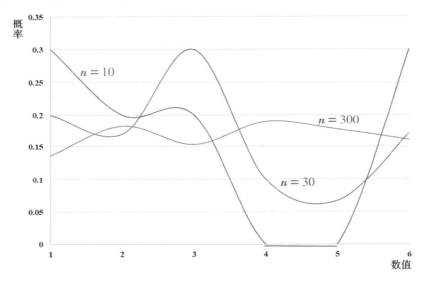

图 2.22 不同测试的事件概率

类似的例子有很多,它们有一个共同的特点,即当试验次数增大时,频率会逐步呈现一个稳定的状态,即频率的数值趋近于某一个极限。这种"频率逐渐稳定"就是通常所说的统计规律性。

通过大量的测试计算频率$f_n(A)$,并用它来表征事件A发生可能性的大小,这种方法在理论上是正确的。但是在实际生活中,人们不可能对每一个事件都做大量的试验。为了有效地求解事件的频率,聪明的数学家们通过对频率的特性进行研究获得启示,给出了事件发生可能性大小的定义,即概率。

2.2.2 概率

概率也称"或然率",是反映随机事件出现的可能性大小的一种方式。人们经常会在医院听到医生说这样的话:"这种病的治愈率大概是99.7%"。这里的99.7%就是概率的一种表述方式,读者可以想象为1000个人患"同样的病",大概有997个人可以治愈。

现在对概率做进一步的解释。假定E是随机试验,S是样本空间。对于E中的每一个事件A发生的频率,记作$P(A)$,随着试验次数的增加,当$P(A)$趋近一个常数时,把它称为事件A的概率。概率有以下三个特征。

(1)非负性:对于任一事件A,有$P(A) \geqslant 0$。

(2)规范性:对于必然事件S,有$P(S)=1$。

(3)可列可加性:假设$A_1, A_2, \cdots, A_n$是两两互斥事件,即对于$A_i \cap A_j = \varnothing (i \neq j; i, j = 1, 2, \cdots)$,有$P\left(A_1 \cup A_2 \cup \cdots\right) = P(A_1) + P(A_2) + \cdots$。

根据概率的定义,可以推导出如下一些重要的性质。

性质2.1 $P(\varnothing) = 0$。

解题思路:

证明$P(\varnothing) = 0$通常有两种思路,一种是证明存在一个空集合$Q=0$,然后证明$P(\varnothing) = Q$;另外一种思路就是证明$P(\varnothing) \equiv 0$。这里采取第二种思路。

假设$A_n = \varnothing (n = 1, 2, \cdots)$,即$A_1 = A_2 = A_3 = \cdots = A_n = \varnothing$,可以表示为$\bigcup\limits_{n=1}^{\infty} A_n = \varnothing$,且$A_i \cap A_j = \varnothing (i \neq j, i, j = 1, 2, \cdots)$。由概率的可列可加性得

$$P(\varnothing) = P\left(\bigcup_{n=1}^{\infty} A_n\right) = \sum_{n=1}^{\infty} P(A_n) = \sum_{n=1}^{\infty} P(\varnothing) \tag{2.1}$$

式(2.1)变形得

$$\sum_{n=1}^{\infty} P(\varnothing) - P(\varnothing) = 0 \tag{2.2}$$

由概率的非负性可知,$P(\varnothing) \geqslant 0$,因此$P(\varnothing) = 0$。

性质2.2 有限可加性。

假设$A_1, A_2, \cdots A_n$是两两互斥事件,则

$$P\left(A_1 \cup A_2 \cup \cdots \cup A_n\right) = P(A_1) + P(A_2) + \cdots + P(A_n) \tag{2.3}$$

式(2.3)称为概率的有限可加性。

解题思路:

有限可加性是可列可加性的特例。其证明过程只需把无限的序列改为有限个即可,具体步骤如下。

令事件集为n个有限序列,其余全部为空集,则有$A_{n+1} = A_{n+2} = \cdots = \varnothing$,其中$A_i \cap A_j = \varnothing (i, j = 1, 2, \cdots)$。根据概率的可列可加性得

$$P\left(A_1 \cup A_2 \cup \cdots \cup A_\infty\right) = P\left(\bigcup_{k=1}^{n} A_k\right) + P\left(\bigcup_{k=n+1}^{\infty} A_k\right) = \sum_{k=1}^{n} P(A_k) + 0 \tag{2.4}$$

分解式(2.4)的结果得

$$\sum_{k=1}^{n} P(A_k) = P(A_1) + P(A_2) + \cdots + P(A_n) \tag{2.5}$$

性质2.2得证。

性质2.3 设 A、B 是两个事件，若 $A \subset B$，则

$$P(B-A) = P(B) - P(A) \tag{2.6}$$

$$P(B) \geqslant P(A) \tag{2.7}$$

解题思路：

直观理解，由于 $A \subset B$，那么事件B发生，事件A一定发生，证明如下。

由 $A \subset B$ 可得 $B = A \cup (B-A)$，且 $A \cap (B-A) = \varnothing$，再根据概率的有限可加性得

$$P(B) = P(A) + P(B-A) \tag{2.8}$$

式(2.6)得证。再根据概率的非负性，$P(B-A) \geqslant 0$，式(2.7)得证。

性质2.4 对于任意事件 A，$P(A) \leqslant 1$。

解题思路：

根据概率规范性描述，$P(S) = 1$，而 $A \subset S$，再根据性质2.3，性质2.4得证。具体证明过程略。

性质2.5 对于任一事件 A，有 $P(\bar{A}) = 1 - P(A)$。

解题思路：

由于 $\bar{A} \cup A = S$，且 $\bar{A} \cap A = \varnothing$，结合性质2.2可以证明。具体证明过程略。

性质2.6 对于2个事件 A、B，有

$$P(A \cup B) = P(A) + P(B) - P(AB) \tag{2.9}$$

解题思路：

$A \cup B = A \cup (B-AB)$，且 $A \cap (B-AB) = \varnothing$，$AB \subset B$，根据之前推导的公式得

$$P(A \cup B) = P(A) + P(B-AB) = P(A) + P(B) - P(AB) \tag{2.10}$$

式(2.10)可以推广到任意多个事件发生的情况。具体证明过程略。

2.3 等可能概型(古典概型)

在概率的发展过程中，比较常见的是古典概型的概率计算。本节将针对古典概型涉及的几个常用问题进行总结。

2.3.1 等可能概型的定义

等可能概型的定义如下。

(1)试验的样本空间只包含有限个元素。

(2)试验中每个基本事件发生的可能性相同。

具有以上两个特点的试验在生活中大量存在,如抛硬币试验、投骰子试验等,人们把这种试验称为等可能概型。等可能概型是概率论发展初期的主要研究方向,因此也称其为古典概型(图2.23)。

幸运转盘

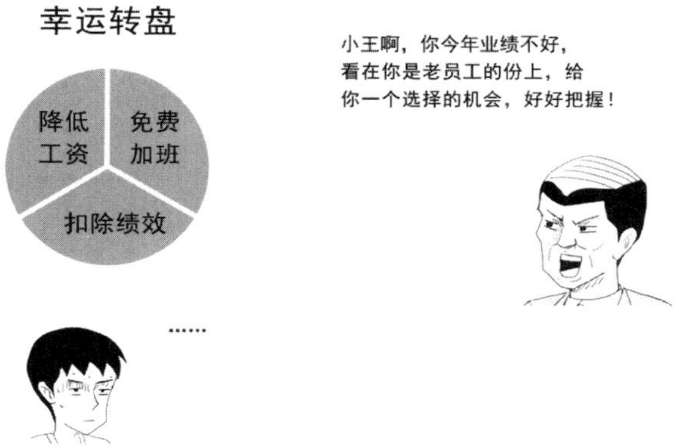

小王啊,你今年业绩不好,看在你是老员工的份上,给你一个选择的机会,好好把握!

......

图 2.23   等可能事件

2.3.2   等可能概型的计算公式

假定有一个样本空间 $S = \{A_1, A_2, \cdots, A_n\}$,根据2.3.1节的定义,在等可能概型中,试验中的每个基本事件发生的可能性相同,因此

$$P(\{A_1\}) = P(\{A_2\}) = \cdots = P(\{A_n\}) \tag{2.11}$$

注意,式(2.11)带上大括号是由于每个事件都是多次试验的集合形式。考虑到基本事件是两两互斥事件,所以

$$P(\{A_1\} \cup \{A_2\} \cup \cdots \cup \{A_n\}) = P(S) = 1 \tag{2.12}$$

将式(2.12)进行变化,得到

$$P(\{A_1\}) + P(\{A_1\}) + \cdots + P(\{A_1\}) = 1 = nP(\{A_i\}) \tag{2.13}$$

因此

$$P(\{A_i\}) = \frac{1}{n}, i = 1, 2, \cdots, n$$

若事件A包含k个基本事件,即 $A = \{e_{i_1} \cup e_{i_2} \cup \cdots \cup e_{i_k}\}$,这里 $i_1, i_2, \cdots, i_k$ 是 $1, 2, \cdots, n$ 中某k个不同的数,则

$$P(A) = \sum_{j=1}^{k} P(\{e_{i_j}\}) = \frac{k}{n} = \frac{A\text{包含的基本事件数}}{S\text{中基本事件的总数}} \tag{2.14}$$

式(2.14)就是等可能概型中事件A的概率计算公式。

2.3.3   抛硬币问题

为了直观地理解概率,先来看一个经典的抛硬币案例。将一枚硬币抛掷3次,求以下两种事件发生的概率。

（1）事件 A_1 为"恰巧有一次正面朝上"，求 $P(A_1)$；

（2）事件 A_2 为"至少有一次正面朝上"，求 $P(A_2)$。

解题思路：

（1）为了便于分析，将正面朝上的事件记作 G，正面朝下的事件记作 M。首先列出整个试验的样本空间

$$S = \{ GGG, GGM, GMG, MGG, GMM, MGM, MMG, MMM \}$$

再列出符合事件 A_1 的集合

$$A_1 = \{ MGM, MMG, GMM \}$$

根据 2.3.2 节的知识，首先样本空间包含有限个样本，其次每个样本出现的概率一样，所以由（2.14）得

$$P(A_1) = 3/8$$

（2）事件 2 的逆事件就是没有一次正面朝上，显然只有 $\{ MMM \}$ 符合要求。

由于 $P(A_2) + P(\overline{A_2}) = 1$，因此

$$P(A_2) = 7/8$$

2.3.4 ▎ 组合分析方法

在实际生活中，人们往往会遇见比抛硬币复杂得多的问题，这时就无法像 2.3.3 节那样通过简单的分析得出结果。这种问题会涉及很多组合分析的方法，如图 2.24 和图 2.25 所示。

图 2.24　从家到公司的路线选择

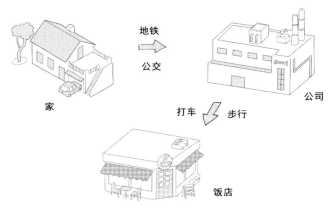

图 2.25　从家到公司再到饭店的路线选择

（1）加法原则：假如完成某个事件有两种方式，方式一包含 A 种不同的方法，方式二包含 B 种不同的方法，无论用哪种方法都可以顺利完成该事件，那么完成该事件的方法共有 $A+B$ 个。

（2）乘法原则：如果完成某个事件需要两个步骤，步骤一有 M 种方式，步骤二有 N 种方式，无论采取哪种方式，最终都能完成该事件，则完成这件事的方式共有 $M \times N$ 个。

在等可能事件中经常遇到排列、组合的知识，这些都是组合分析最基本的内容。下面引用两个小示例，让读者直观地了解概率分析中的组合问题。

例 2.4 袋中取物问题。

这是一个比较经典的问题，一个袋子中装有 6 只小鸡，其中白色小鸡有 4 只，灰色小鸡有 2 只（图 2.26）。现在从袋中随机抓取两次，每次只抓取一只。现在有两种抓取方式：①第一次抓取一只小鸡，记录其颜色后放回袋中，然后再抓取一只，这种抓取方式称为放回抽样；②第一次抓取一只小鸡但是并不放回去，然后从剩下的小鸡中再抓取一只，这种抓取方式称为不放回抽样。现在分别就上面两种抓取方式求以下问题。

叽叽喳喳

图 2.26 抓各种小鸡的概率

(1) 抓取到两只白色小鸡的概率；

(2) 抓取到的两只小鸡的颜色相同的概率；

(3) 至少抓取到一只白色小鸡的概率。

解题思路：

这里以 A、B、C 分别表示事件"抓取到两只白色小鸡""抓取到两只灰色小鸡""至少抓取到一只白色小鸡"。

首先考虑放回抽样的情况。根据抽样放回的定义，显然"抓取到两只小鸡的颜色相同"这一事件就是 $A \cup B$，而 $C = \bar{B}$。从袋中分两次抓取小鸡，每一次为一个基本事件，很显然样本空间为有限空间，且每个事件发生的可能性相同。有了这一层基本知识，读者可以继续分析抓取过程。抓取分为两个步骤，第一步和第二步各有 6 种情况发生，根据组合法的乘法原理，样本空间中的基本事件总数为 $6 \times 6 = 36$ 个。对于事件 A 而言，第一次有 4 只白色小鸡可供抓取，第二次也有 4 只白色小鸡可供抓取，根据乘法原理，共有 $4 \times 4 = 16$ 种取法，即 A 中包含基本事件 16 个。同理，B 中包含基本事件 $2 \times 2 = 4$ 个。因此可得

$$P(A) = \frac{4 \times 4}{6 \times 6} = \frac{4}{9}$$

$$P(B) = \frac{2 \times 2}{6 \times 6} = \frac{1}{9}$$

很显然 $AB = \varnothing$，因此

$$P(A \cup B) = P(A) + P(B) = \frac{5}{9}$$

$$P(C) = P(\bar{B}) = 1 - P(B) = \frac{8}{9}$$

现在再来考虑不放回抽样的情况。不放回抽样的解题思路和放回抽样的解题思路是一致的,也分为两个步骤。其区别在于,不放回抽样第一步抓取有6个选择,而第二步抓取只有5个选择,所以总的基本事件是 $6 \times 5 = 30$ 个。对于事件 A 而言,第一次有4只白色小鸡可供抓取,第二次则只有3只白色小鸡可供抓取,根据乘法原理,共有 $4 \times 3 = 12$ 种取法,即 A 中包含基本事件12个。同理,B 中包含基本事件2个。因此可得

$$P(A) = \frac{4 \times 3}{6 \times 5} = \frac{2}{5}$$

$$P(B) = \frac{2 \times 1}{6 \times 5} = \frac{1}{15}$$

这里同样 $AB = \varnothing$,因此

$$P(A \cup B) = P(A) + P(B) = \frac{7}{15}$$

$$P(C) = P(\bar{B}) = 1 - P(B) = \frac{14}{15}$$

2.4 概率小故事——三门问题

三门问题又称蒙提霍尔问题或蒙提霍尔悖论,它出自美国一个电视节目 *Let's Make a Deal*,题目来自节目主持人蒙提·霍尔(Monty Hall)。参赛者面前会有三扇关闭的门,其中一扇门的后面有一辆汽车,若能成功选中该门,则会赢得汽车;另外两扇门的后面各有一只羊(图2.27)。节目一开始先由参赛者指定一扇门,该门暂时不开启,主持人会开启剩下两扇门中的一扇。现在重点来了,假如开启的这扇门后面是一只羊,主持人会给参赛者一个机会来决定是否要更换他之前的选择。

图 2.27 三门问题

换不换门取决于人们换门后中奖的概率是否会提高,那么换门后的中奖概率会提高吗(图2.28、图2.29)?

图2.28　三门问题的抉择

要更换吗？

图2.29　是否更换门

常规的想法是这样的:主持人开门之前,嘉宾的中奖概率是1/3;主持人开门之后(注意,这里主持人一定是开后面是羊的门),剩下两个门的中奖概率各占一半。因此,换门和不换门结果是一样的,都是1/3。

真的像上面说的那样吗? 读者们不妨仔细算一算:假如参赛者一开始选择的是有汽车的那扇门(概率是1/3),主持人打开了剩下两扇门中的一扇(打开任意一扇门的概率都是50%),此时若想获奖则不能换门,那么不换门的获奖概率就是

$$1/3×1/2+1/3×1/2=1/3$$

假如参赛者一开始选择的门后面是羊(概率是2/3),此时主持人只能选择另外一个也是羊的门,此时若想获奖必须换门,那么换门的获奖概率就是2/3。

结果就是换门的获奖概率是不换门获奖概率的2倍。仔细想一想逻辑没有问题,但是非常违反人们的直觉,是不是很有趣呢? 如果仔细观察,大家会发现生活中类似的事情还有很多。

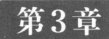

第3章

随机变量及其分布

随机变量是研究随机现象的基石,本章的重点是对随机变量及其分布进行详细的介绍。

注意:通过本章的内容介绍,读者可以了解随机变量的大体分类以及如何通过随机变量的分布函数反求随机变量的取值范围等问题。

3.1 随机变量

概率中经典的抛硬币试验是否每次计算时都用"正面朝上"或"反面朝上"进行统计？打靶试验是否结果都要写成{6环,4环,4环,7环,…}等复杂的形式？有没有一种简单的形式可以对随机试验结果进行归纳和总结？当然有,那就是随机变量,本章即对随机变量的意义和用法进行详细的讨论。

3.1.1 引入随机变量的意义

随机试验的结果可以是一个数,也可以是任何其他的表示方式。为了方便人们对随机试验结果进行研究,学者们引入了随机变量的概念,将随机试验的每个元素都与某个实数进行关联,从而方便人们计算和求解。

例3.1 假设袋子中有5只球,其中白色球3只,黑色球2只。现在任意取3只球,观察取出的3只球中黑球的个数。为了方便统计,将三只白球分别记作1、2、3,两只黑球记作4、5,则该试验的样本空间为

$$S = \begin{cases} (1,2,3)(1,2,4)(1,2,5)(1,3,4) \\ (1,3,5)(1,4,5)(2,3,4)(2,3,5) \\ (2,4,5)(3,4,5) \end{cases}$$

把黑球的数目记作 X,那么 X 的取值范围是 $\{0,1,2\}$。可知 X 是一个变量,并且 X 的具体取值随试验而定,因此 X 是随机变量。X 的取值情况如表3-1所示。

表3-1 X的取值情况

样本点	黑球数 X	样本点	黑球数 X
(1,2,3)	0	(2,3,4)	1
(1,2,4)	1	(2,3,5)	1
(1,2,5)	1	(1,4,5)	2
(1,3,4)	1	(2,4,5)	2
(1,3,5)	1	(3,4,5)	2

从上述示例中不难发现,人们关心的只是每次取出的球中黑球的数量,而不关心黑球的取出顺序。这里假定A为某个随机事件,通过如下条件函数表示随机变量是否发生。

$$I_A = \begin{cases} 1,\text{事件}A\text{发生} \\ 0,\text{事件}A\text{未发生} \end{cases} \tag{3.1}$$

如式(3.1)所示,试验结果可以用一个数 x 来表示,x 随着试验结果的不同而变化,它相当于样本点的一个函数,通常称为随机变量。

为什么要引入随机变量呢？这里仍以例3.1进行假设。假如没有引入随机变量，人们要想表示取出多少黑球，这个问题就要用到穷举法，当样本数量非常大时，这显然是让人崩溃的操作。因此，为了便于对随机现象的规律进行统计，人们引入了随机变量这个概念。为了方便数学推理和计算，常常需要将随机试验的结果量化，从而让学者可以利用高等数学中的知识来研究随机试验，分析它们之间的规律，所以随机变量是研究随机试验的重要工具和手段。

3.1.2 随机变量的定义

设随机试验的样本空间为 $S = \{e\}$，$X = X(e)$ 是定义在样本空间 S 上的单值实函数，通常称 $X = X(e)$ 为随机变量。

随机变量有如下两个性质。

（1）事先知道它的所有取值。

（2）不能事先确定它取哪一个值。

关于随机变量，需要注意的是，随机变量不是自变量，它只是一个特殊的函数。一般可以把随机变量的取值看作数轴上的点，如图3.1所示。

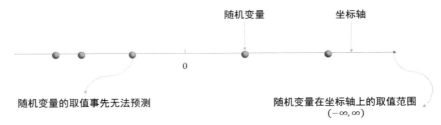

图3.1　随机变量的取值特点

关于随机变量的取值问题，这里举两个例子。

例3.2　某次打靶训练，每次射击的结果（环数）X 如图3.2所示，X 的取值范围是 $[0, 10]$ 上的所有整数。

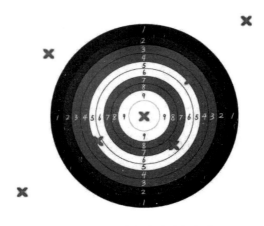

图3.2　打靶训练结果的随机变量

例 3.3 某地派出所一晚上接到的报假警电话次数为 Y(图 3.3),Y 的取值范围是 $0,1,2,\cdots$。

图 3.3 某地派出所一晚上接假警电话次数

从上述两个示例中可以发现,随机变量的取值范围是可以预测的,但是它的具体取值无法事先得知。

这里需要注意随机变量与普通函数的区别,具体如下。

(1)随机变量的定义域不一定是数集。

(2)随机变量的取值具备随机性。

通常人们更关心随机变量的值域而非定义域。随机事件与随机变量之间存在包含关系,随机事件这个概念实际上包含在随机变量这个更广的概念之内,即随机事件以静态的观点来研究随机现象,而随机变量则以动态的观点来研究随机现象。

3.1.3 ▲ 随机变量的分类

随机变量分为离散型随机变量和连续型随机变量两种,区别如图 3.4 所示,具体说明见 3.2 节和 3.4 节。

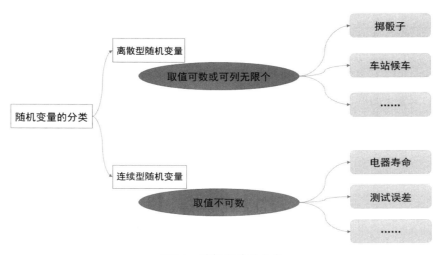

图 3.4 随机变量的分类

3.2 离散型随机变量及其分布律

随机变量是研究随机试验的重要参数,而随机试验的结果会根据试验性质的不同而有所区别,如抛硬币试验,结果就是正或反;检测商品的合格率,结果就是优秀、良好、一般和不合格等有限种结果。针对随机试验的这种结果称为离散型随机变量,本节重点介绍这部分内容。

3.2.1 离散型随机变量定义

如果随机变量 X 的取值是有限个或可列无限个,那么 X 称为离散型随机变量。

通常用 $P\{X = x_k\} = p_k$ 来表示随机变量 X 的可能取值 x_k 的概率,称为离散型随机变量 X 的概率函数,也称概率分布或分布律。

例3.4 假设小李每天从家到公司要经过6组红绿灯,每组红绿灯有1/2的概率允许或禁止汽车通过。现在以 X 表示小李第一次遇到红灯停下时已经通过的红绿灯的数量(假设每组红绿灯的工作都是相互独立的),求 X 的概率分布。

解题思路:用 p 来表示每组红绿灯禁止汽车通行的概率,那么 X 的分布概率如表3-2所示。

表3-2 X 的分布概率

通过数量 X	0	1	2	3	4	5
概率 p_k	p	$p(1-p)$	$p(1-p)^2$	$p(1-p)^3$	$p(1-p)^4$	$p(1-p)^5$

这里把 $p=1/2$ 代入表3-2,得到的结果如表3-3所示。

表3-3 代入 p 的取值后 X 的分布概率

通过数量 X	0	1	2	3	4	5
概率 p_k	0.5	0.25	0.125	0.0625	0.03125	0.015625

3.2.2 0-1分布

假设随机变量 X 的取值只能为0或1两个值,它的分布规律为

$$P\{X = k\} = p^k(1 - p)^{1-k}, k = 0,1 且 0<p<1 \tag{3.2}$$

式(3.2)的分布形式称为0-1分布或两点分布。0-1分布也可以表示为图3.5所示的形式。

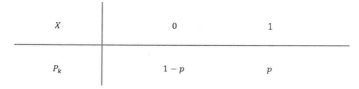

X	0	1
P_k	$1-p$	p

图3.5 0-1分布

对于一个随机试验,如果它的样本空间只有两个元素,即 $S = \{a_1, a_2\}$,那么一定可以在 S 上定义一个服从 0-1 分布的随机变量,即

$$X = X(a) = \begin{cases} 0, & \text{当} a = a_1 \\ 1, & \text{当} a = a_2 \end{cases} \tag{3.3}$$

那么 0-1 分布有没有意义?生活中又有哪些现象符合 0-1 分布?

图 3.6 从左到右分别是新生儿性别、产品无故障运行、明天是否有雨,这些都是我们日常生活中符合 0-1 分布的现象。

图 3.6　生活中符合 0-1 分布的现象

3.2.3　二项分布

在研究二项分布之前,首先介绍伯努利分布。在现实生活中,许多事情的结果往往只有两个。例如,抛硬币试验,结果要么是正面朝上,要么是反面朝上;参加期末考试,结果要么是及格,要么是不及格;去参加面试,结果要么是被录取,要么是被拒绝。生活中诸如此类的事情数不胜数,这些事情都可称为伯努利试验。

伯努利试验是单次随机试验,只有成功和失败两种结果,是由瑞士科学家雅各布·伯努利(1654 – 1705)提出来的。伯努利试验的特点如下。

(1)每次试验的事件只有两种结果,事件发生或事件不发生。

(2)每次试验中事件发生的概率是固定的,但不一定是 0.5(如投骰子,数值 1 朝上的概率是 1/6,非数值 1 朝上的概率是 5/6)。

(3)n 次试验的事件相互之间独立。

伯努利试验的结果一般称为伯努利分布,0-1 分布就是伯努利分布的一种形式,是最简单的离散型概率分布。

考虑到伯努利试验的结果只有成功和失败两种情况,令 p 表示试验成功的概率,则试验失败的概率 q=1-p。关于伯努利分布的一些数学表达如下。

概率质量函数

$$P(x) = p^x (1 - p)^{1-x} = \begin{cases} p & \text{if } x = 1 \\ q & \text{if } x = 0 \end{cases} \tag{3.4}$$

数学期望

$$E(x) = \sum xP(x) = 0 \times q + 1 \times p = p \tag{3.5}$$

方差

$$\mathrm{Var}(x) = E\{[x - E(x)]^2\} = \sum(x - p)^2 P(x) = pq \tag{3.6}$$

对伯努利分布有了基本了解后,下面介绍二项分布。

这里仍以抛硬币为例,假设硬币正面朝上的概率为 p,反面朝上的概率记为 $1-p$,总共进行 n 次试验。在不考虑顺序的情况下,成功得到 k 次正面朝上的概率为 $p^k(1-p)^{n-k}$,而 n 次试验中恰好出现 k 次正面朝上的可能性有 C_n^k 种。因此,抛硬币 n 次,恰好出现 k 次正面朝上的概率为

$$P(x = k) = \mathrm{C}_n^k p^k (1 - p)^{1-k} \tag{3.7}$$

式(3.7)称为二项分布的概率质量函数,其中 $\mathrm{C}_n^k = \dfrac{n!}{k!(n-k)!}$ 是一个组合公式,在数学中也称二项式系数,这也是二项分布名称的由来。判断某个随机变量 X 是否属于二项分布除了要满足上述的伯努利试验外,还取决于 X 是否代表事件发生的次数。

例3.5 某人射击命中十环的概率是0.1,总共射击10次,求至少命中两次十环的概率。

解题思路:

①每次射击有两种结果,即命中十环和没有命中十环;②每次命中十环的概率都是一样的,均为0.1;③每次射击可以认为是独立事件。因此,该示例符合二项分布,图3.7所示为此人命中十环的次数从0次到10次的概率。

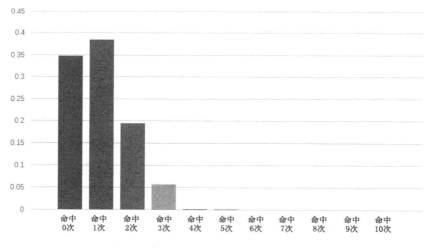

图3.7 某人命中十环的次数与概率的关系

观察图3.7会发现,二项分布与正态分布的形态比较相似。这里就不得不提二项分布的另外一点,即分布形状的变化规律。从二项分布概率质量函数 $P(x)$ 来看,概率分布只和试验次数 n 和正向结果 p 的概率相关。本例中,当要求命中十环的次数超过5次时,概率无限接近于零。对于一般的情况,分布规律可以描述如下。

P 的概率越接近0.5(试验结果差异越小,如抛硬币),二项分布越对称。假定试验次数不变,将 p 的概率逐渐逼近0.5,会发现二项分布的结果逐渐对称,最后接近正态分布,均值为 np,方差

为 $npq(q=1-p)$。

同样的,对于任意的概率 p,如果单纯只增加试验次数,结果依然会接近正态分布,如图 3.8 所示。

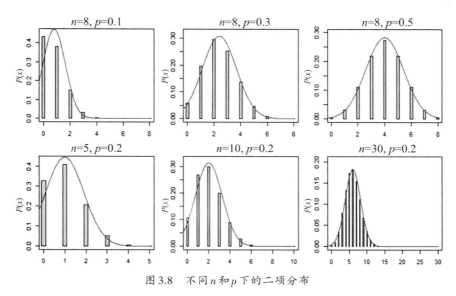

图 3.8 不同 n 和 p 下的二项分布

3.2.4 泊松分布

王老师在一次考试中做监考老师,教室里坐满了学生(假设同学数量非常大),为了不遗漏任何一个"不法分子",王老师还专门拿了一个本子记录作弊的同学。半小时过去了,老王抓到了 4 个作弊的,又过了半小时,王老师又抓到 7 个作弊的,最后还有半小时要交卷了,王老师一下子抓到了 12 个作弊的。王老师将作弊的数据做了一个记录,可以得到一个模型,这就是"泊松分布"的原型。

除了以上例子外,生活中还有很多泊松分布的情况,如一天之内有先天疾病的新生儿的数量、医院一小时内来急诊的病人数量、一个晚上报假警的人数等。

上述这些例子都有一个共同的特点:概率很低,且是发生在单位时间(或单位面积、容积)内的事件。通常情况下,泊松分布有如下三个特征。

(1)平稳性:事件发生的频次,只与计量单位的大小有关,如以小时为单位,与以一夜为单位时报假警的人数不同。

(2)独立性:事件之间相互无关系,即事件发生的次数彼此毫无联系,如上半夜报假警的人数并不会影响到下半夜报假警的人数。

(3)普通性:概率不高,甚至很低。

3.3 随机变量的分布函数

3.2节介绍了离散型随机变量,其特点是取值有限或可列。然而,实际生活中存在着大量的非离散型的随机变量,人们无法像对待离散型随机变量一样去对待它们。因为人们无法穷举它们中的每一个,甚至当人们去求取它们中的某一个值时,概率为0(如一天中的气温)。当然,更多的情况是,人们通常对这种随机变量的某一个值并不感兴趣,如误差、产品的可靠性等。人们感兴趣的是误差的范围,如产品的寿命是否达到人们的要求,这些往往是一个区间(x_1, x_2)。人们关心的概率也是这个区间内的概率$P\{x_1 < X \leqslant x_2\}$。由于$P\{x_1 < X \leqslant x_2\} = P\{X \leqslant x_2\} - P\{X \leqslant x_1\}$,因此只需知道$P\{X \leqslant x_2\}$和$P\{X \leqslant x_1\}$即可,而这就是本节要介绍的随机变量的分布函数。

假设X是一个随机变量,称$F(x) = P(X \leqslant x)(-\infty < x < +\infty)$为$X$的分布函数,记作$X \sim F(x)$或$F_X(x)$。

现在假设有一条数轴,X是分布在这条数轴上的点,那么$F(x)$就表示X在区间$[-\infty, x]$之间的概率,如图3.9所示。

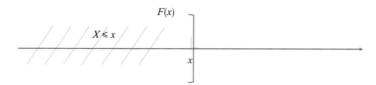

图3.9 连续型随机变量的分布函数

根据上面的定义可知,对于任意实数$x_1 < x_2$,随机点落在区间$(x_1, x_2]$的概率为

$$P\{x_1 < X \leqslant x_2\} = P\{X \leqslant x_2\} - P\{X \leqslant x_1\} = F(x_2) - F(x_1) \tag{3.8}$$

显然,只要知道了随机变量X的分布函数,它的统计特性就可以得到描述。这里要注意的一点是,随机点落在的区间是一个右连续区间。

下面介绍离散型随机变量X的分布函数。假设离散型随机变量X的概率分布为$P\{X = x_k\} = p_k$,$k = 1, 2, 3, \cdots$,则$F(x) = P(X \leqslant x) = \sum_{x_k \leqslant x} p_k$。

例3.6 随机变量X的分布函数如表3-4所示,求$F(x)$。

表3-4 随机变量X的分布函数

X	1	2	3
P	1/3	1/6	1/2

解题思路:

这里可以将数轴分为四个部分:$(-\infty, 1)$、$[1, 2)$、$[2, 3)$、$[3, +\infty)$,分别计算x落在这四个区间内的累积概率。

当 $x<1$ 时, $F(x) = P(X \leqslant x) = P(X<1) = 0$。

当 $1 \leqslant x<2$ 时, $F(x) = P(X \leqslant x) = P(X = 1) = \dfrac{1}{3}$。

当 $2 \leqslant x<3$ 时, $F(x) = P(X \leqslant x) = P(X = 1) + P(X = 2) = \dfrac{1}{3} + \dfrac{1}{6} = \dfrac{1}{2}$。

当 $x \geqslant 3$ 时, $F(x) = P(X \leqslant x) = P(X = 1) + P(X = 2) + P(X = 3) = \dfrac{1}{3} + \dfrac{1}{6} + \dfrac{1}{2} = 1$。

分布函数的性质如下。

(1) $0 \leqslant F(x) \leqslant 1, -\infty<x< +\infty$。

(2) $F(-\infty) = \lim\limits_{x \to -\infty} F(x) = 0, F(+\infty) = \lim\limits_{x \to +\infty} F(x) = 1$。

(3) $F(x)$ 为非降函数,即 $x_1<x_2$,则 $F(x_1) \leqslant F(x_2)$。

(4) $F(x)$ 右连续,即 $F(x + 0) = F(x)$。

如果一个函数具有上述几条性质,则该函数一定是某个随机变量的分布函数,上述性质是随机变量 X 的充分必要条件。

3.4 连续型随机变量及其概率密度

有离散型随机变量自然就有连续型随机变量,如某地区的降雨量、某城市某个时间段的新生儿出生率等。本节将就连续型随机变量及其概率密度进行简单介绍。

3.4.1 概率密度的定义

对于随机变量 X 的分布函数 $F(x)$,如果存在非负可积函数 $f(x)$,则对于任意实数 x,有

$$F(x) = \int_{-\infty}^{x} f(t) \mathrm{d}t \tag{3.9}$$

则称 X 为连续随机变量; $f(t)$ 称为 X 的概率密度函数,也称概率密度。

概率密度 $f(t)$ 具有以下性质。

(1) $f(x) \geqslant 0$。

(2) $\int_{-\infty}^{\infty} f(x)\mathrm{d}x = 1$。

(3)对于任意实数 x_1、$x_2 (x_1 \leqslant x_2)$,有

$$P\{x_1<X \leqslant x_2\} = F(x_2) - F(x_1) = \int_{x_1}^{x_2} f(x)\mathrm{d}x$$

(4)若 $f(x)$ 在点 x 处连续,则 $F'(x) = f(x)$。

性质(1)和性质(2)是判断一个函数是否为某个随机变量概率密度的充分必要条件。由性质(3)可知, X 落在 $(x_1, x_2]$ 的概率等于区间 (x_1, x_2) 与该区间上 $y=f(x)$ 曲线包含的面积。

例 3.7 假设随机变量 X 具有概率密度

$$f(x) = \begin{cases} kx, & 0 \leqslant x < 2 \\ 2 - \dfrac{2}{3}x, & 2 \leqslant x < 3 \\ 0, & \text{其他} \end{cases}$$

求

①常数 k 的取值；

②X 的分布函数；

③$P\{1 < x < 3\}$。

解题思路:

对于①要求解的常数 k，可以根据概率密度的性质（2）来求解，即

$$\int_{-\infty}^{\infty} f(x)\mathrm{d}x = 1$$

代入随机变量 X 的概率密度函数，得

$$\int_0^2 kx\mathrm{d}x + \int_2^3 \left(2 - \frac{2}{3}x\right)\mathrm{d}x = 1$$

解得 $k = \dfrac{1}{3}$，因此 X 的概率密度为

$$f(x) = \begin{cases} \dfrac{1}{3}x, & 0 \leqslant x < 2 \\ (2 - \dfrac{2}{3})x, & 2 \leqslant x < 3 \\ 0, & \text{其他} \end{cases}$$

对于②要求解 X 的分布函数，相当于对概率密度 X 求积分，即

$$F(x) = \begin{cases} 0, & x < 0 \\ \displaystyle\int_0^x \frac{1}{3}x\mathrm{d}x, & 0 \leqslant x < 2 \\ \displaystyle\int_0^2 \frac{1}{3}x\mathrm{d}x + \int_2^x (2 - \frac{2}{3}x)\mathrm{d}x, & 2 \leqslant x < 3 \\ 1, & x \geqslant 3 \end{cases}$$

对上式求解，得

$$F(x) = \begin{cases} 0, & x < 0 \\ \dfrac{1}{6}x^2, & 0 \leqslant x < 2 \\ -2 + 2x - \dfrac{x^2}{3}, & 2 \leqslant x < 3 \\ 1, & x \geqslant 3 \end{cases}$$

对于③，利用性质（3）即可求解，即

$$P\{1 < X \leqslant 3\} = F(3) - F(1) = \frac{5}{6}$$

这里有如下两点需要注意。

（1）对于③中的分布函数 $F(3)$，可以直接得到它的解为1，也可以通过 $-2 + 2x - \dfrac{x^2}{3}$ 求出在 $X=3$ 这一点上的分布函数取值为3，这是由于随机变量 X 在3这一点连续。

（2）对于连续型的随机变量 X，其任取某一个指定的点 x 的概率为0，即 $P\{X = x\} = 0$。证明如下。

假设 X 的分布函数为 $F(x)$，$\Delta x > 0$，由于 $X = x$，因此 $x - \Delta x < X \leqslant x$，可得

$$0 \leqslant P\{X = x\} \leqslant P\{x - \Delta x < X \leqslant x\} = F(x) - F(x - \Delta x) \tag{3.10}$$

对于式（3.10），令 $\Delta x \to 0$，由于 X 是连续型随机变量，它的分布函数 $F(x)$ 也是连续的，因此

$$P\{X = x\} = 0 \tag{3.11}$$

式（3.11）的意义在于，在计算连续型随机变量在某一个区间的概率时，不需要区分该区间是开区间或闭区间。

$$P\{a < X \leqslant b\} = P\{a \leqslant X \leqslant b\} = P\{a < X < b\}$$

关于式（3.11）还有一点需要说明，即 $P\{X = x\} = 0$ 并不代表不可能事件。可以说事件 A 是不可能事件，因此 $P\{A\}=0$，但是不能说 $P\{A\}=0$，因此事件 A 不可能发生。举个例子，今天白天到夜间温度是 10~19℃，你就不能说某一个时间点的温度是多少。因为温度一直在变化，但范围是 10~19℃。

3.4.2 均匀分布

若连续型随机变量 X 具有如下分布函数形式

$$f(x) = \begin{cases} \dfrac{1}{b - a}, & a < x < b \\ 0, & \text{其他} \end{cases} \tag{3.12}$$

那么就说 X 在区间 (a, b) 上服从均匀分布，记为 $X \backsim U(a, b)$。由3.4.1节概率密度的性质可知

$$f(x) \geqslant 0，且 \int_{-\infty}^{\infty} f(x)\mathrm{d}x = 1 \tag{3.13}$$

对于在区间 (a, b) 上服从均匀分布的随机变量 X 而言，它在该区间内的概率仅与它覆盖的范围相关，而与它所处的位置无关。证明过程如下。

假定随机变量 X 在区间 (a, b) 上任意覆盖一段长度 s，覆盖区间为 $(c, c + s)$，该区间位于 (a, b) 内任意位置，即 $a \leqslant c < c + s \leqslant b$，则

$$P\{c < X \leqslant c + s\} = \int_{c}^{c+s} f(x)\mathrm{d}x = \int_{c}^{c+s} \frac{1}{b - a}\mathrm{d}x = \frac{s}{b - a} \tag{3.14}$$

上述情况得证。

由式（3.12）得到 X 的分布函数为

$$F(x) = \begin{cases} 0, & x < a \\ \dfrac{x-a}{b-a}, & a \leqslant x < b \\ 1, & x \geqslant b \end{cases} \tag{3.15}$$

$F(x)$ 及 $f(x)$ 分布如图 3.10 和图 3.11 所示。

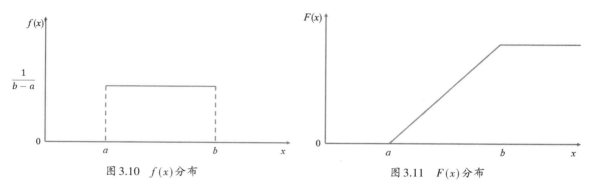

图 3.10　$f(x)$ 分布　　　　　　　图 3.11　$F(x)$ 分布

例 3.8　某公司对员工中午就餐做出了新的规定,食堂从 11:30 起,每隔 10min 会重新上一批饭菜,即 11:30、11:40、11:50、12:00、12:10 会分别上饭菜。如果员工在 11:40~12:00 到达饭堂的时间 X 符合均匀分布,试求员工等待上菜时间小于 5min 的概率。

解题思路:

假定 11:40 到达饭堂的人需要等待 11:50 的菜,那么符合题目条件的员工到达时间应为 11:45~11:50 和 11:55~12:00 这两个时间段。这里把 11:40 设定为起点 0,12:00 设定为 20,根据题目,在 11:40~12:00 员工到达饭堂时间的概率密度为

$$f(x) = \begin{cases} \dfrac{1}{20}, & 0 < X < 20 \\ 0, & \text{其他} \end{cases}$$

求这个时间段内的概率相当于求如下公式。

$$P\{5 < X < 10\} + P\{15 < X < 20\} = \int_{5}^{10} \frac{1}{20}\,\mathrm{d}x + \int_{15}^{20} \frac{1}{20}\,\mathrm{d}x = 0.5$$

因此,员工等待上菜时间小于 5min 的概率为 0.5。

3.4.3　指数分布

本节介绍另一种重要的分布形式:指数分布。

如果连续型随机变量 X 的概率密度表示如下。

$$f(x) = \begin{cases} \theta \mathrm{e}^{-\theta x}, & x > 0 \\ 0, & \text{其他} \end{cases} \tag{3.16}$$

那么就说 X 服从参数为 θ 的指数分布,记为 $X \sim E(\theta)$。

由于 $f(x) \geqslant 0$,且 $\int_{-\infty}^{\infty} f(x)\,\mathrm{d}x = 1$,根据式(3.16),可以得到随机变量 X 的分布函数为

$$F(x) = \begin{cases} 1 - \mathrm{e}^{-\theta x}, x > 0 \\ 0, \ 其他 \end{cases} \tag{3.17}$$

服从指数分布的随机变量 X 具有一个有趣的性质,即对于任意 $s, t > 0$,有下列等式成立。

$$P\{X > s + t \mid X > s\} = P\{X > t\} \tag{3.18}$$

式(3.18)是一个条件概率的形式,关于条件概率参考本书第5章,证明过程略。上述性质又称为无记忆性。假如 X 代表汽车可以正常行驶的里程数,那么式(3.18)就可以理解为,已知该汽车已经运行了 s km,那么它共可以行驶 $s+t$ km的概率与它从一开始落地就行驶了 t km的概率相同,即汽车记不住之前运行的 s km。指数分布具有无记忆性,这也是指数分布广泛应用的原因。

3.5 概率小故事——星期二男孩

星期二男孩是历史上经典的概率小故事之一:老王家有两个小孩,其中一个是儿子,请问另一个也是儿子的概率是多少(图3.12)?

猜一猜我有多大概率俩儿子?

图3.12 老王和他的孩子们

关于这个问题,历史上曾有大量的争论,大部分人认为生男孩和生女孩的概率本来就是五五开,所以老王另一个也是儿子的概率肯定是1/2。

现在来分析一下这个题目。首先假定男女的出生比例是一样的,现在老王有两个孩子,那么这两个孩子的所有组合形式是四种:男男、男女、女男、女女。由于题目交代了老王其中一个孩子是男孩,因此女女这个组合可以忽略,那么还剩下三种组合。显然,老王有两个儿子的情况只是其中的1/3,因此答案应该是1/3而不是1/2。

下面顺着这个思路进入正题。老王有两个孩子,其中一个是周二出生的男孩,请问另一个也是男孩的概率是多少?

我们先看看老王的孩子组合总共有多少种情况。如果不加任何限制条件,老王的孩子在周一到周末出生的组合情况分布如图3.13所示。

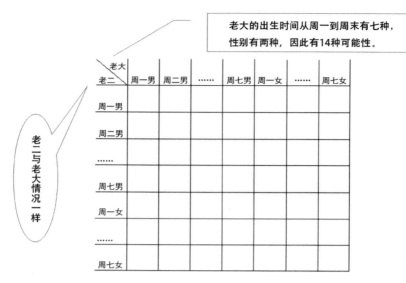

图 3.13　老王两个孩子的组合情况（未加限制）

现在题目给了一个限制条件，即有一个孩子是周二出生的男孩。注意，这个男孩是老大还是老二题目并没有给出，那么老王两个孩子的组合情况分布如图3.14所示。

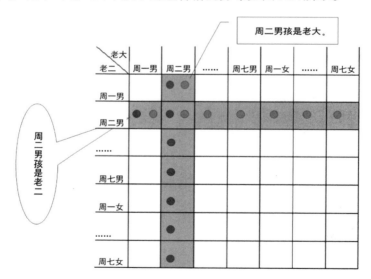

图 3.14　老王两个孩子的组合情况（有了周二男孩的限制）

有了周二男孩的限制后，老王孩子的所有可能组合是27种（14+14-1=27），其中确定一个是男孩后，另一个也是男孩的情况是13种（7+7-1=13）。因此，老王有两个男孩的概率为13/27。

在上述两个问题中，之所以人们的直觉会出现偏差，是因为人们把题目中的"其中一个是男孩"和"其中一个是在周二出生的男孩"当成了指定性的条件，而实际上它们都不是指定性的（现实情况中人们会固化地锁定他们的出场顺序）。

多维随机变量及其分布

第3章讲述了随机变量的定义,在实际生活中,随机变量在很多时候并不是一维的,本章将简单介绍多维随机变量的定义及应用。本章首先从二维随机变量的相关定义开始讲起,让大家对多维随机变量的基本概念有一个了解,然后在此基础上引入边缘分布的定义。

本章涉及的主要知识点

- 二维随机变量的定义及分布函数;
- 离散型随机变量及连续型随机变量的区别;
- 边缘分布的概念及作用。

4.1 二维随机变量

第3章讨论了一维随机变量的情况,但是实际生活中往往充斥着大量的二维、甚至多维的情况。例如,飞行员在驾驶飞机的过程中需要时刻向地面通报自己的空间坐标,而该空间坐标则是一组三维随机变量(图4.1)。本节以二维随机变量为例,通过描述二维随机变量的计算方法,让大家对二维甚至多维随机变量有一个初步了解。

图4.1 飞机的坐标信息包含三个元素

4.1.1 二维随机变量的定义

假设 E 是一个随机试验,$S=\{e\}$ 是它的样本空间。$X = X(e)$ 和 $Y = Y(e)$ 是 S 的随机变量,它们构成一个向量 (X, Y),即二维随机向量,也称为二维随机变量,如图4.2所示。

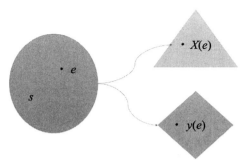

图4.2 二维随机变量

4.1.2 二维随机变量的分布函数

在研究二维随机变量(X,Y)时要同时考虑X和Y,并且要考虑两者之间的关系。和一维随机变量类似,本节首先介绍二维随机变量的分布函数。假设(X,Y)是二维随机变量,对于任意实数x和y,有

$$F(x,y) = P\{(X \leq x) \cap (Y \leq y)\} = P\{X \leq x, Y \leq y\} \tag{4.1}$$

式(4.1)称为二维随机变量(X,Y)的分布函数,也称为随机变量X、Y的联合分布函数。

如果把二维随机变量(X,Y)看作平面上的随机坐标点,那么$F(x,y)$代表所有落在以(x,y)所在点为右上角的无限大的矩形内部的随机点的概率,如图4.3所示。

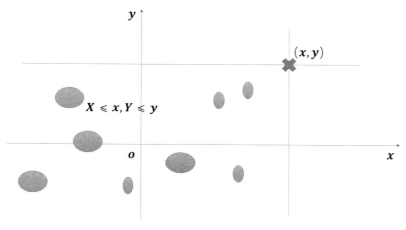

图4.3　二维随机变量分布

现在计算在该矩形面积已知的情况下,随机点落在该矩形内部的概率,如图4.4所示。

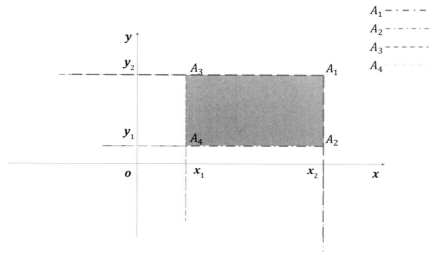

图4.4　灰色区域为所求随机点散落区域

解题思路：

知道该矩形的区域，相当于知道了该矩形的四个角点信息。根据上述概念，由每个角点的信息可以分别计算出随机变量落在 A_1,A_2,A_3,A_4 所包含的区域的概率，而本题要计算的概率相当于 $P\{A_1\}-P\{A_2\}-P\{A_3\}+P\{A_4\}$，因此，随机变量 (X,Y) 落在矩形区域的概率为

$$P\{x_1<X\leqslant x_2,y_1<Y\leqslant y_2\}=F(x_2,y_2)-F(x_2,y_1)-F(x_1,y_2)+F(x_1,y_1) \tag{4.2}$$

二维随机变量 (X,Y) 的分布函数 $F(x,y)$ 具有以下四个基本性质。

（1）$F(x,y)$ 是变量 x 和 y 的非降函数，即对于任意固定的 x，当 $y_2>y_1$ 时，$F(x,y_2)>F(x,y_1)$；同样地，对于任意固定的 y，当 $x_2>x_1$ 时，$F(x_2,y)>F(x_1,y)$。

（2）$0\leqslant F(x,y)\leqslant 1$，且对于任意固定的 y，$F(-\infty,y)=0$；对于任意固定的 x，$F(x,-\infty)=0$，则

$$F(-\infty,-\infty)=0,F(\infty,\infty)=1$$

性质（2）不难证明，当 y 取固定值而 x 取 $-\infty$ 时，该图像可以看作一条平行于 X 轴的线，此时随机变量落在由 (X,Y) 组成的矩形内这一条件显然无法再成立；同理，当固定 x 时，该图形相当于一条平行于 Y 轴的线，同样不成立。对于性质（2）的最后一条，当 (X,Y) 取值为 $(-\infty,-\infty)$ 时，图像不成立；而当 (X,Y) 取值为 (∞,∞) 时，相当于图像覆盖全平面，因此概率为 1。

（3）$F(x+0,y)=F(x,y)$，$F(x,y+0)=F(x,y)$，即 $F(x,y)$ 关于 x、y 右连续。

（4）对于任意的 (x_1,y_1) 和 (x_2,y_2)，如果 $x_1<x_2,y_1<y_2$，则

$$F(x_2,y_2)-F(x_2,y_1)-F(x_1,y_2)+F(x_1,y_1)\geqslant 0$$

这一性质由式（4.2）及概率的非负性可得。

4.1.3 二维离散随机变量及其分布

同一维随机变量的离散型分布一样，如果二维随机变量 (X,Y) 的所有取值是有限对或可列无限对，那么 (X,Y) 称为离散型的随机变量。

设二维离散型随机变量 (X,Y) 的所有可能取值为 $(x_i,y_j),i,j=1,2,\cdots$，令 $P\{X=x_i,Y=y_j\}=p_{ij};i,j=1,2,\cdots$；则由概率的定义得

$$P_{ij}\geqslant 0,\sum_{i=1}^{\infty}\sum_{j=1}^{\infty}p_{ij}=1 \tag{4.3}$$

那么称 $P\{X=x_i,Y=y_j\}=p_{ij};i,j=1,2,\cdots$ 为二维离散随机变量 (X,Y) 的分布律，也称随机变量 X、Y 的联合分布律。

X、Y 的联合分布律也可以用表4-1的形式表示。

表4-1 X,Y 的联合分布概率

Y	X				
	x_1	x_2	$\cdots$	x_i	$\cdots$
y_1	p_{11}	p_{21}	$\cdots$	p_{i1}	$\cdots$
y_2	p_{12}	p_{22}	$\cdots$	p_{i2}	

续表

Y	X				
	x_1	x_2	...	x_i	...
...	...	...	...	...	...
y_j	p_{1j}	p_{2j}	...	p_{ij}	...
...	...	...	...	...	...

例4.1 隔壁老王的媳妇每年购物节都会疯狂"剁手",让老王苦不堪言。眼看着今年购物节又要到了,为了让老婆不要剁手剁得太猛,老王想到了一个主意。

老王:媳妇儿,快过节了,你的购物车准备好了吗?

媳妇儿:亲爱的,不用担心,为了这次购物节,我硬是忍了一个月没买东西。瞧,一个月的存货都在里面呢!

老王:……

老王:媳妇儿,咱今年玩个游戏再购物怎么样?

媳妇儿:好啊,什么游戏?

老王:媳妇儿,你把这个月购物车积攒的商品平均分为6大类,分别记为1、2、3、4、5、6,然后投骰子。假如骰子点数为2,你就从1类和2类商品中任选一个买;假如骰子点数为5,你就从1类到5类之间的商品中任选一个买。依此类推,骰子点数是几,你就从1类到几类商品中挑选一件购买,如何(图4.5)?

媳妇儿:嗯,先玩玩看。

图4.5　投骰子购物

如果以 X 表示骰子的取值,以 Y 表示随机选取的商品的类别取值,假设骰子是正常骰子,选取礼物也完全随机,试求老王媳妇儿投骰子和选礼物的分布律。

解题思路:

由题目要求知,$\{X = i, Y = j\}$ 的取值情况为

$$P\{X = i, Y = j\} = P\{Y = j | X = i\} \cdot P\{X = i\}$$

式中

$$i = 1, 2, 3, 4, 5, 6, j \leqslant i, \text{且} j \text{为正整数}$$

则(X, Y)的分布律如表4-2所示。

表4-2 (X,Y)分布律

Y	X					
	1	2	3	4	5	6
1	$\frac{1}{6}$	$\frac{1}{12}$	$\frac{1}{18}$	$\frac{1}{24}$	$\frac{1}{30}$	$\frac{1}{36}$
2	0	$\frac{1}{12}$	$\frac{1}{18}$	$\frac{1}{24}$	$\frac{1}{30}$	$\frac{1}{36}$
3	0	0	$\frac{1}{18}$	$\frac{1}{24}$	$\frac{1}{30}$	$\frac{1}{36}$
4	0	0	0	$\frac{1}{24}$	$\frac{1}{30}$	$\frac{1}{36}$
5	0	0	0	0	$\frac{1}{30}$	$\frac{1}{36}$
6	0	0	0	0	0	$\frac{1}{36}$

老王忘记了一件最重要的事,即没有明确规定可以投掷几次骰子,最终老王媳妇不断地投骰子,把自己选择的商品全部买齐了(图4.6)。

你这是开挂了吧?

你看吧,要买的一个都不能少。

图4.6 连续投骰子购物

4.1.4 二维连续随机变量及其分布

有离散随机变量就有连续随机变量,与一维随机变量类似,如果二维随机变量(X, Y)的分布函数$F(x, y)$存在非负可积函数$f(x, y)$,对于任意x、y,有

$$F(x, y) = \int_{-\infty}^{y} \int_{-\infty}^{x} f(u, v) \, \mathrm{d}u \mathrm{d}v \tag{4.4}$$

则称(X, Y)是连续型的二维随机变量,函数$f(x, y)$是二维随机变量(X, Y)的概率密度,或称为随机变量X和Y的联合概率密度。

根据定义,概率密度$f(x,y)$具有如下性质。

(1)$f(x,y)\geqslant 0$。

(2)$\int_{-\infty}^{\infty}\int_{-\infty}^{\infty}f(x,y)\mathrm{d}x\mathrm{d}y = F(\infty,\infty) = 1$。

(3)令A是平面xOy上的区域,点(X,Y)落在A内的概率为

$$P\{(X,Y)\in A\} = \iint_A f(x,y)\mathrm{d}x\mathrm{d}y$$

(4)若$f(x,y)$在点(x,y)处连续,则

$$\frac{\partial^2 F(x,y)}{\partial x\partial y} = f(x,y)$$

根据性质(4),在$f(x,y)$的连续点处有

$$\lim_{\substack{\Delta x\to 0^-\\\Delta y\to 0^-}}\frac{P\{x<X\leqslant x+\Delta x,y<Y\leqslant y+\Delta y\}}{\Delta x\Delta y} \tag{4.5}$$

根据式(4.2),式(4.5)可以表述为

$$\lim_{\substack{\Delta x\to 0^-\\\Delta y\to 0^-}}\frac{1}{\Delta x\Delta y}[F(x+\Delta x,y+\Delta y)-F(x+\Delta x,y)-F(x,y+\Delta y)+F(x,y)]$$

$$=\frac{\partial^2 F(x,y)}{\partial x\partial y} = f(x,y) \tag{4.6}$$

式(4.6)表明,若$f(x,y)$在点(x,y)处连续,则当Δx、Δy很小时有

$$P\{x<X\leqslant x+\Delta x,y<Y\leqslant y+\Delta y\}\approx f(x,y)\Delta x\Delta y \tag{4.7}$$

式(4.7)表明,点(X,Y)落在长方体$(x,x+\Delta x]\times(y,y+\Delta y]$内的概率近似等于$f(x,y)\Delta x\Delta y$。

例4.2 已知二维随机变量(X,Y)的概率密度为

$$f(x,y)=\begin{cases}Ae^{-(x+2y)}, & x>0,y>0\\0, & 其他\end{cases}$$

求

(1)系数A的取值;

(2)$F(x,y)$;

(3)$P\{X<2,Y<2\}$;

(4)$P\{Y\leqslant X\}$。

解题思路:

(1)由概率密度定义可知

$$F(-\infty,\infty) = \int_{-\infty}^{\infty}\int_{-\infty}^{\infty}f(x,y)\mathrm{d}x\mathrm{d}y = 1$$

因此

$$\int_{-\infty}^{\infty}\int_{-\infty}^{\infty}Ae^{-(x+2y)}\mathrm{d}x\mathrm{d}y = 1$$

$$\frac{A}{2}(-e^{-x})|_0^\infty(-e^{-2y})|_0^\infty = 1$$

$$\frac{A}{2} = 1$$

$$A = 2$$

（2）求 $F(x,y)$，即对 $f(x,y)$ 在区间 $\{(0,x),(0,y)\}$ 上求积分。

由问题（1）知，在 $x>0$，$Y>0$ 时

$$F(x,y) = \int_0^x \int_0^y 2e^{-(x+2y)}\mathrm{d}x\mathrm{d}y$$
$$= (1-e^{-x})(1-e^{-2y})$$

因此

$$F(x,y) = \begin{cases} (1-e^{-x})(1-e^{-2y}), & x>0, y>0 \\ 0, & 其他 \end{cases}$$

（3）求 $P\{X<2,Y<2\}$，与问题（2）一样，将 X 与 Y 的取值空间代入概率密度函数得

$$F(2,2) = (1-e^{-x})(1-e^{-2y}), X<2, Y<2$$

$$F(2,2) = (1-e^{-2})(1-e^{-4})$$

（4）求 $P\{Y \leqslant X\}$。由已知条件得 $Y \leqslant X$ 是一条横跨第一、三象限的直线，同时由于 $x>0,y>0$，因此定义域为 $Y=X$ 在第一象限与 X 轴所围区域，如图4.7所示。

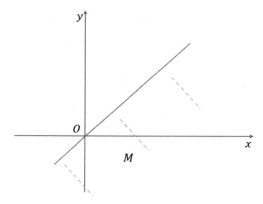

图4.7　二维随机变量 $Y \leqslant X$ 的分布概率

因此可得

$$P\{Y \leqslant X\} = \iint\limits_{y \leqslant x} 2\,e^{-(x+2y)}\mathrm{d}x\mathrm{d}y$$
$$= \int_0^\infty \int_y^\infty 2e^{-(x+2y)}\mathrm{d}x\mathrm{d}y$$
$$= 1/3$$

4.2 边缘分布

4.1节介绍了二维随机变量的联合概率分布问题,即二维随机变量(X,Y)有分布函数$F(x,y)$。然而,有时人们只想知道它们其中之一的概率分布问题,如$F_X(x)$或$F_Y(y)$,这就是本节要介绍的边缘分布函数。上面提到的$F_X(x)$或$F_Y(y)$分别是随机变量(X,Y)关于X和Y的边缘分布函数。边缘分布函数可以由(X,Y)的分布函数$F(x,y)$求取。

$$F_X(x) = P\{X \leqslant x\} = P\{X \leqslant x, Y < \infty\} = F(x,\infty)$$

即

$$F_X(x) = F(x,\infty) \tag{4.8}$$

式(4.8)表明,只要令$F(x,y)$中的$y \to \infty$,就能得到X的边缘分布函数$F_X(x)$。同理

$$F_Y(y) = F(\infty,y) \tag{4.9}$$

边缘分布和联合概率分布的区别如图4.8所示。

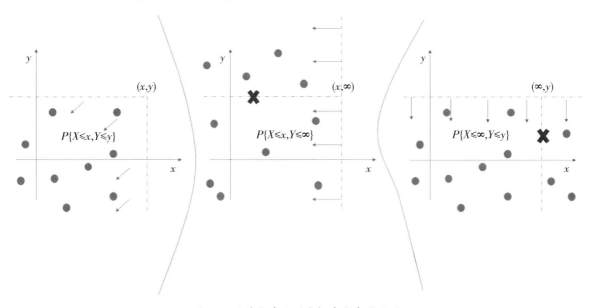

图4.8　边缘分布和联合概率分布的区别

从图4.8可以看出,对于联合概率分布,随机变量(X,Y)均被限制在一个区域内,即X和Y都有上限(或下限);而对于边缘概率分布,人们只对其中一个变量感兴趣,这时,另外一个随机变量的取值范围是被完全放开的。

由上面的定义,离散型的随机变量X的边缘分布为

$$F_X(x) = F(x, \infty) = \sum_{x_i \leqslant x} \sum_{j=1}^{\infty} p_{ij}$$

此时, X 的分布律可以写为

$$P\{X = x_i\} = \sum_{j=1}^{\infty} p_{ij}, i = 1, 2, \cdots$$

同理, Y 的分布律可以写为

$$P\{Y = y_j\} = \sum_{i=1}^{\infty} p_{ij}, j = 1, 2, \cdots$$

令

$$p_{i\cdot} = \sum_{j=1}^{\infty} p_{ij} = P\{X = x_i\}, i = 1, 2, \cdots$$

$$p_{\cdot j} = \sum_{i=1}^{\infty} p_{ij} = P\{Y = y_j\}, j = 1, 2, \cdots$$

式中, $p_{i\cdot} (i = 1, 2, \cdots)$ 和 $p_{\cdot j} (j = 1, 2, \cdots)$ 分别为 X 和 Y 的边缘分布律。这里的"·"代表求和,由于人们习惯把求和的结果写在表格的最边侧,因此称其为边缘分布律。

连续型随机变量 (X, Y) 的概率密度为 $f(x, y)$,根据上述内容可知

$$F_X(x) = F(x, \infty) = \int_{-\infty}^{x} \left[\int_{-\infty}^{\infty} f(x, y) \mathrm{d}y \right] \mathrm{d}x$$

图4.9是对上式的解释。

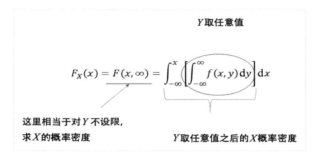

图4.9   公式分解意义

由于 X 是一个连续随机变量,根据式(3.9),它的概率密度可以表示为

$$f_X(x) = \int_{-\infty}^{\infty} f(x, y) \mathrm{d}y \tag{4.10}$$

同理, Y 的概率密度可以表示为

$$f_Y(y) = \int_{-\infty}^{\infty} f(x, y) \mathrm{d}x \tag{4.11}$$

式(4.10)和式(4.11)分别为 (X, Y) 关于 X 和 Y 的边缘概率密度。

例4.3   假设随机变量 (X, Y) 具有联合概率密度(图4.10),为

$$f(x, y) = \begin{cases} \delta, & x^2 \leqslant y \leqslant x \\ 0, & \text{其他} \end{cases}$$

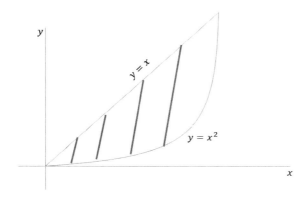

图 4.10　随机变量 X 和 Y 的分布

求

（1）常数 δ 的值；

（2）边缘概率密度 $f_X(x)$ 和 $f_Y(y)$。

解题思路：

对于常数 δ，根据式（4.4）可知 (X,Y) 的联合概率之和为 1，即

$$\int_{-\infty}^{\infty}\int_{-\infty}^{\infty} f(x,y)\mathrm{d}x\mathrm{d}y = 1 \qquad (4.12)$$

接下来需要知道 (X,Y) 的取值范围，由图 4.10 可得

$$0 \leqslant X \leqslant 1,\ x^2 \leqslant y \leqslant x$$

将 (X,Y) 的取值范围代入式（4.12）得

$$\int_0^1 \mathrm{d}x \int_{x^2}^{x} \delta \mathrm{d}y = 1 \rightarrow \delta = 6$$

求解边缘概率密度，根据式（4.10）和式（4.11）得

$$f_X(x) = \int_{-\infty}^{\infty} f(x,y)\mathrm{d}y = \begin{cases} 0,\ x < 0 \text{或} x > 1 \\ \int_{x^2}^{x} 6\mathrm{d}y = 6(x - x^2),\ 0 \leqslant x \leqslant 1 \end{cases}$$

$$f_Y(y) = \int_{-\infty}^{\infty} f(x,y)\mathrm{d}x = \begin{cases} 0,\ y < 0 \text{或} y > 1 \\ \int_{y}^{\sqrt{y}} 6\mathrm{d}x = 6\left(\sqrt{y} - y\right),\ 0 \leqslant y \leqslant 1 \end{cases}$$

例 4.4　假设 (X,Y) 服从图 4.11 上的均匀分布，求关于 X 和 Y 的边缘概率密度。

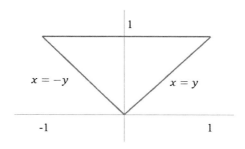

图 4.11　X 和 Y 的边缘概率密度

解题思路：

由概率密度的求解公式 $f_X(x) = \int_{-\infty}^{\infty} f(x,y)\mathrm{d}y$ 和 $f_Y(y) = \int_{-\infty}^{\infty} f(x,y)\mathrm{d}x$，求出它们的联合概率分布 $f(x,y)$，然后将联合概率分布代入公式，得

$$f_X(x) = \begin{cases} \int_{-x}^{1} \mathrm{d}y, & -1 < x < 0 \\ \int_{x}^{1} \mathrm{d}y, & 0 \leqslant x < 1 \\ 0, & \text{其他} \end{cases}$$

$$f_Y(y) = \begin{cases} \int_{-y}^{y} \mathrm{d}x, & 0 < y < 1 \\ 0, & \text{其他} \end{cases}$$

4.3 概率小故事——彭尼的游戏

老王酷爱炒股，没事就研究"打新股"，成天想着"单车变摩托"的好事。可是老王的运气又奇差无比，股票买一个跌一个。不过老王有个"优点"，就是不服输，总觉得已经跌了这么多，过几天肯定能涨上来。

可是事实真的如此吗？真的连跌10天，接下来就会涨面变大吗？不见得。以打游戏为例，如果你赢的概率只有5%，那么不论你玩多少局，概率依然是5%。每一次的开局都是新的，和之前没有任何关联。

如图4.12所示的场景对很多人来说应该很熟悉。

图4.12 小明打游戏场景

小明打开游戏后，开始想象自己一路高歌猛进的激情画面，结果"理想很丰满，现实很骨感"。小明玩了一下午，居然一次都没有赢（图4.13，图4.14）。

图4.13　小明持续战斗　　　　　　　　图4.14　战斗结果

　　明明已经连续输了四局,虽然赢的概率不高,但是一直输的概率应该更低才对呀! 怎么会这样?

　　其实这种想法是人们对概率的一种误解,也叫赌徒谬论。

　　赌徒谬论是一种赌博的常见心理,一个人一直输,就想当然地认为输了这么多,总会赢回来的,于是最终发生很多倾家荡产的情况。那么,前面的输和后面的赢到底有没有关系呢?

　　如果赢的概率是1%,假设某人连续输了100次后又连续尝试了100次,我们稍微算一下就知道,连续200次不赢的概率依然有13%。而且前100次失败发生后完全不会影响到后面的概率。

　　13%的由来:$0.99^{200} \approx 0.13$

　　很多人有一种误解,认为杂乱无章才是真随机,投硬币连续出现正面一定有蹊跷。实际上,大家投七次硬币,结果是"正正正正正正"和"正反反正反正正"的可能性是一样的。如果你觉得不一样,可以再试试。

　　认为杂乱无章才是真随机的人,是觉得小概率事件很难发生,但很难发生并不代表不会发生。曾经有这样一个说法:如果有无数只猴子和无限的时间,让猴子随机地敲打键盘,形成一篇无限长的文章,那么必定存在一段文字刚好是圣经的全文。

　　这个比喻虽然不具有现实意义,但它告诉人们,正是因为随机,才会出现巧合。如果人为伪造数据,故意去掉那些看起来"不随机"的情况,在样本很大的情况下,反而是反常的。

　　回到抛硬币的话题,理解了赌徒谬论,知道了"正正正正正正"和"正反反正反正正"的可能性是一样的之后,我们再来了解一个游戏,叫作彭尼的游戏。

　　彭尼的游戏是用Walter Penney名字命名的一种猜硬币的玩法,两个人分别选择硬币的正反面(猜3次或者更多),随机抛硬币,当出现一个人所选择的组合时,此人获胜。

　　连续抛掷一枚硬币,当出现"正正反"时你赢,出现"反正正"时我赢,任何一方赢了游戏就停止。你认为这个游戏公平吗(图4.15)?

图4.15　剑圣(左)和提莫(右)抛硬币比赛

在说结果之前,我们先来看看在抛硬币的过程中都发生了什么。

第一次抛硬币,出现正面和反面的概率各占50%(图4.16)。

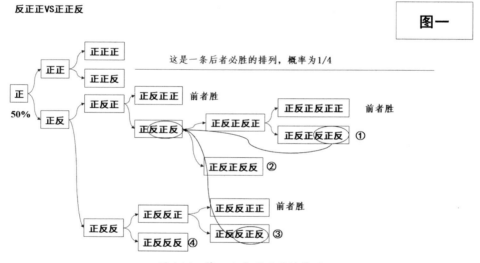

图4.16　第一次出现正面的情况

我们先从第一次硬币落下时为正面说起。

第二次抛硬币后,会出现两种排列,分别是"正正"和"正反"。同理,先来分析"正正"这条路线,现在开始第三次抛硬币。

第三次抛硬币后的组合为"正正正"和"正正反"。现在第一次出现了胜利方:提莫。如果是"正正反",提莫获胜,剑圣死;如果是"正正正",那么后面继续抛下去,只可能是提莫胜利(出现反,提莫必胜,见图4.17)。

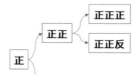

图4.17　提莫必胜路线

"正正"这条路线比较简单,只要出现了"正正"的组合,提莫必胜。

下面我们分析一下"正反"这条线路。

现在以"正反"作为起点,继续抛硬币。

和之前一样,第一次抛掷完,同样是两个组合:"正反正"和"正反反",依然选择先分析上面(正反正)这条组合,现在从"正反正"这里继续抛硬币。

第二次抛硬币后,又出现了两个排列形式:"正反正正"和"正反正反"。当出现"正反正正"的时候,剑圣胜利,提莫死(大家注意,这里是提莫第一次死)。这里再来分析"正反正反"这个排列情况,继续抛硬币。

第三次抛硬币后,依然是两种排列形式:"正反正反正"和"正反正反反",按第一种情况继续抛。

第四次抛硬币之后,同样是两种组合:"正反正反正正"和"正反正反正反"。前面又出现了胜利者剑圣("正反正反正正"),提莫死。而这一次抛硬币的第二种组合,仔细看标记①的位置,又回到了之前的循环(本轮第二次之后的结果,图4.18)。

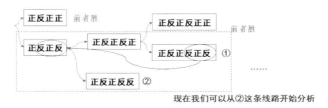

图4.18　结果一

现在从②这条线路开始分析,先看一下②延伸出来的各种结果(图4.19)。

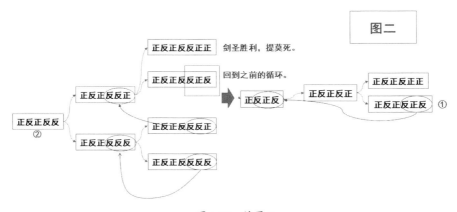

图4.19　结果二

分析如下。

以②为起点,开始抛硬币。

第一次抛掷硬币后,出现两个排列:"正反正反反正"和"正反正反反反"。同样的,先分析第一种情况("正反正反反正"),继续抛硬币。

第二次抛硬币后，又出现两种情况："正反正反反正正"和"正反正反反正反"。"正反正反反正正"这种排列剑圣胜利，提莫死，而第二种情况"正反正反反正反"，又回到了之前的循环。现在分析如图4.19所示的排列情况（"正反正反反反"），开始抛硬币。

此次硬币抛完后，出现两种情况："正反正反反反正"和"正反正反反反反"。如图4.19所示，对于"正反正反反反正"，相当于标记②抛硬币后的第一种情况；对于情况"正反正反反反反"相当于回档了（可以看作没抛，图4.20）。

图4.20　结果三

如图4.20所示，这种情况会很快出现结果或进入循环。

那么如果硬币第一次抛完是反面朝上呢（图4.21）？

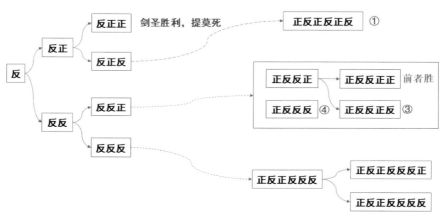

图4.21　结果四

如果第一次抛硬币就是反面，提莫毫无活路。

总结一下，提莫的活路远小于剑圣。真是应了那句话：团战可以输，提莫必须死。

最后回到题目，如果把正面朝上看作比赛胜利，反面朝上看作比赛失败，虽然胜利或失败的概率都是一样的，但是打出"失败+胜利+胜利"的情况是远大于"胜利+胜利+失败"的情况的。

第5章

贝叶斯问题

　　贝叶斯是英国数学家，其发现的贝叶斯定理是机器学习的理论基础之一。贝叶斯定理其实是一个经验公式，用数学语言表达就是，当可能发生某件事情的相关条件出现得越多时，该事件发生的可能性就越大。本章将通过生活中很多有趣的例子带大家了解贝叶斯概率的概念及由来。

本章涉及的主要知识点

- 贝叶斯概率的概念及由来；
- 贝叶斯算法的相关理论；
- 贝叶斯算法原理。

5.1 由暗恋引发的思考

Hi, 小姐姐, 又见面了!
难道这就是转角遇到爱吗?

换了新发型的老贝

……

图5.1 老贝献花

小丽是小区里有名的美女,不仅人长得漂亮,而且非常善良,隔壁老贝喜欢小丽很久了。这一天是女神节,老贝听说小丽很喜欢花,于是提前一天买了99朵玫瑰,并在女神节当天送给了小丽。小丽收到鲜花很高兴,当着老贝的面把鲜花插在了自家后院的牛粪上,并对老贝表示了感谢(图5.1)。

看着心仪的女神接受了自己的鲜花,老贝简直心花怒放,差点就想"官宣"两人关系了,所幸理智战胜了冲动,老贝决定回家推测一下女神接受自己的可能性有多大。毕竟女神如此矜持的人,能在这个特殊的日子接受自己的鲜花,意义还是不一样的。

现在问题来了,女神喜欢自己吗?女神接受了自己的鲜花是否代表对自己有意思呢?所有的问题,都可以通过科学的手段计算出来一个概率。如果把女神喜欢自己记为事件A,女神接受鲜花的事件记为事件B,那么人们想要知道的就是$P\{A/B\}$,这就是本章要讲的重点——贝叶斯概率问题。

5.2 贝叶斯概率

生活中到处充满了概率事件,其中贝叶斯概率尤其重要,使用也最广泛。例如,医学工作者利用贝叶斯概率特性研究如何控制基因;金融从业者利用贝叶斯算法找到最佳的投资组合方式;教育工作者利用贝叶斯算法结合每个学生的特点制定学习方法等。人工智能领域更是充斥着大量贝叶斯概率的应用案例,如垃圾邮件分类系统等。本节主要介绍贝叶斯概率的概念、由来及意义。

5.2.1 ▲ 贝叶斯概率的概念

贝叶斯概率要解决的问题就是在有条件限制的情况下求取某一事件发生的概率。例如,去理发店理发,有可能是发型总监提供服务,也有可能是新来的实习生提供服务。发型总监提供服务,客户的满意度为99%;实习生提供服务,客户的满意度可能只有90%。假定客户是第一次去这家理发店且随机指定了一个人提供服务,结果客户很满意,那么求发型总监提供服务的概率或实习生提供服务的概率这个问题就属于贝叶斯分类问题。

5.2.2 ▲ 贝叶斯概率的由来

在贝叶斯提出贝叶斯概率之前(关于贝叶斯概率的文章是贝叶斯去世后由他朋友帮忙整理并发表的),人们对于概率问题已经有了一定的认知,但都是解决正向问题。例如,桶里有10只球,其中黑球7只,白球3只。现在蒙上眼睛任意摸出一只球,求摸出黑球的概率。大家应该都知道答案是0.7。

答案是正确的,算法也很简单。但是贝叶斯却有了新的想法,假如一开始并不知道桶中黑球和白球的数目,那么能不能单从每次摸出的球的颜色来反向判断桶里面有多少黑球和多少白球呢(图5.2)? 这就是贝叶斯概率的由来,也是贝叶斯对统计推理学做出的突出贡献,即贝叶斯首次在统计学中提出了"逆概率"这种思想。

图 5.2 贝叶斯第一个考虑逆概率问题

让贝叶斯万万没想到的是，当初只是为了解决"逆概率"这个问题而发表的论文，会对后来的概率界产生巨大的影响。可以说，所有需要做出概率预测的地方都可以见到贝叶斯算法的影子，特别是在最近大火的机器学习领域，贝叶斯算法更是必不可少的技术手段。

5.2.3 贝叶斯概率的意义

喜欢看电视的朋友应该比较熟悉，20世纪90年代的港台片中经常会出现这样一个桥段：一个坏人由于各种意外而进了医院，然后在例行检查时发现得了绝症。悔恨、不甘还有懊恼的情绪充斥在这个坏人的内心。人之将死其言也善，这个坏人终于承认了自己以前犯下的错误，并尽可能地对主人公进行了弥补，以获取主人公的原谅。

就在大家皆大欢喜时，医生又进来告诉病人之前的检查出了问题，要重新检查，结果身体一切正常。

每次看到这些桥段，你一定会说这都是一些老掉牙的剧情，毫无新意，现在医学如此发达，怎么会出现这么低级的误诊？其实真实情况恰恰相反，在医学检测中有一对术语："假阳性率"和"假阴性率"。假阳性就是某人没有疾病但检测结果是患有疾病；假阴性正好相反，某人患有疾病但检测结果是没有疾病。

这里引用网上说得最多的例子：HIV（艾滋病病毒）检测。HIV检测的准确率高达99%，这是不是意味着检测结果足够可靠呢？假设某种疾病的发病率是0.001，即1000个人中会有1个人得病，现有一种试剂可以检验患者是否得病，它的准确率是99%，即在患者确实得病的情况下，它有99%的可能呈现阳性。在患者没有得病的情况下，它的误报率是5%，即它有5%的可能呈现阳性。现有一个病人的检验结果为阳性，请问他确实得病的可能性有多大？

具体的计算过程会在后面的章节给出，这里可以先透漏答案：通过这次检验，判断有没有得病的概率只有1.94%。读者也许会有疑问，检测准确率这么低，那还检测做什么？其实这种检测一般分为好几轮，层层筛选后，概率自然就会提高，不过这已经超出了本书的讨论范畴，在此不再赘述。

5.3 贝叶斯算法原理

贝叶斯算法是如何实现的？一个事件的条件概率是如何与其他相关事件的条件概率发生关联的？这些都将在本节进行一一介绍。

5.3.1 条件概率

要介绍贝叶斯算法，就要先从条件概率谈起。条件概率是概率论中一个非常重要且常见的概念。条件概率通常记为$P(B|A)$，表示在事件A发生的情况下，事件B发生的概率。

有读者可能会问,事件 A 发生的情况下事件 B 发生的概率,这与事件 A 和事件 B 同时发生有何区别? 结合第1章的内容,我们通过图示的方法来看一下它们的区别,如图5.3所示。

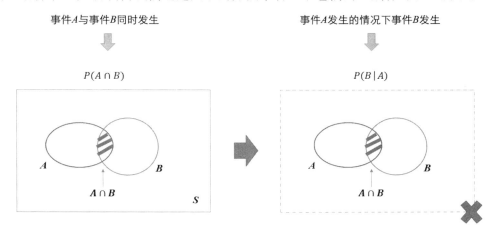

图5.3　事件同时发生与条件概率的区别

从图5.3可以看出,同时发生事件与条件概率事件最大的区别就是样本空间不同。事件 A 和事件 B 同时发生这一现象的样本空间是某个试验的所有可能结果;而对于条件概率,事件 A 发生的情况下,事件 B 发生的样本空间是某次试验的所有和事件 A 有关的结果。下面将用几个例子佐证这一点。

例5.1　小明和小花两人投骰子,每人各投掷一次,观察出现的数字组合情况。

设事件 A 为至少有一次出现数字"6",事件 B 为两次投掷的数字相加之和为11,求

(1)事件 A 和事件 B 同时发生的概率;

(2)事件 A 发生的情况下,事件 B 发生的概率。

解题思路:

对于问题(1),首先列出两个人投骰子的所有可能组合(图5.4)。

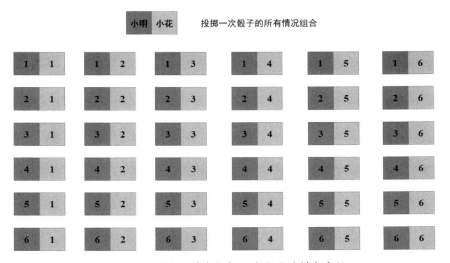

图5.4　小明和小花各投掷一次骰子的样本空间

事件 A 与事件 B 同时发生的情况如图 5.5 所示。

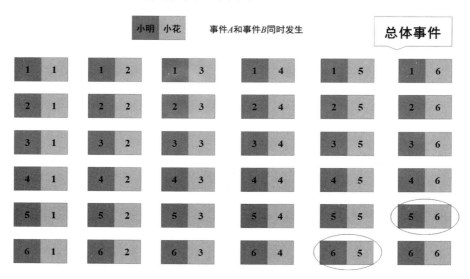

图 5.5 事件 A 和事件 B 同时发生的概率

因此

$$P(A \cap B) = \frac{2}{36} = \frac{1}{18}$$

对于问题 (2)，题目要求计算在事件 A 发生的情况下，事件 B 发生的概率，此时的样本空间已经由原来试验的所有结果变成了符合 A 条件的结果，如图 5.6 所示。

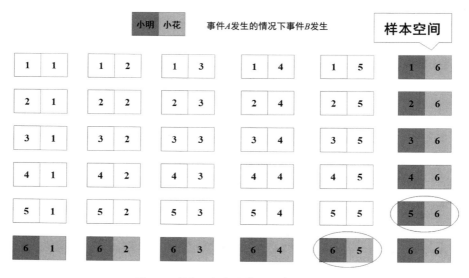

图 5.6 事件 A 发生的情况下事件 B 发生

如图 5.6 所示，深色的图片即为问题 (2) 的样本空间。显然，在事件 A 发生的情况下，事件 B 发生的概率为

$$P(B|A) = \frac{2}{11}$$

问题（2）中，事件 B 正好全部包含在事件 A 之内，如图 5.7 所示。如果把事件 B 改为两次投掷的数字之和相加为 7，结果会怎样呢？

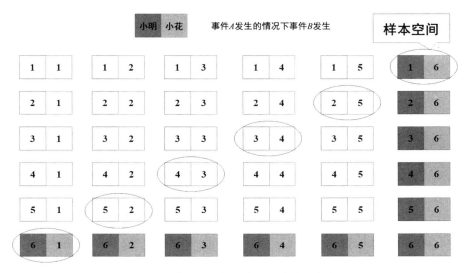

图 5.7 事件 A 发生的情况下事件 B 发生

如图 5.7 所示，事件 B 有 6 种组合形式，但是，"在事件 A 发生的情况下事件 B 发生"的情况依然只有 2 种组合形式，因此结果仍然是 2/11。

整理上述例子，可以发现

$$P(A) = \frac{11}{36}, P(AB) = \frac{1}{18}, P(B|A) = \frac{2}{11}$$

合并上述公式，得到

$$P(B|A) = \frac{P(AB)}{P(A)} \tag{5.1}$$

式（5.1）即为事件 A 发生的条件下事件 B 发生的概率。设试验的基本事件总数为 n，事件 A 包含的所有情况数量为 $m(m>0)$，事件 AB 包含的情况数量为 s，则有

$$P(B|A) = \frac{s}{m} = \frac{\dfrac{s}{n}}{\dfrac{m}{n}} = \frac{P(AB)}{P(A)}$$

对于上述公式，需要注意的一点就是 $P(A)>0$。

条件概率 $P(\cdot|A)$ 符合概率定义的三个条件如下。

（1）非负性：对于每一个事件 B，有 $P(B|A) \geq 0$。

（2）规范性：对于必然事件 S，有 $P(S|A) = 1$。

（3）可列可加性：设 B_1，B_2，… 是两两互斥事件，则

$$P\left(\bigcup_{i=1}^{\infty} B_i \mid A\right) = \sum_{i=1}^{\infty} P(B_i \mid A)$$

5.3.2 乘法定理

由条件概率式(5.1)可得

$$P(AB) = P(B|A)P(A) \tag{5.2}$$

式(5.2)称为乘法公式,其中$P(A) > 0$。

式(5.2)可以推广到多个事件的积事件的情况,令A、B、C为事件,且$P(AB) > 0$,则

$$P(ABC) = P(C|AB)P(B|A)P(A) \tag{5.3}$$

由于$P(AB) > 0$,因此$P(A) > 0$。

式(5.3)可以推广为更一般的情况,令$A_1, A_2, \cdots, A_n$为n个事件,$n \geq 2$,且$P(A_1 A_2 \cdots A_{n-1}) > 0$,则

$$P\left(A_1 A_2 \cdots A_n\right) = P\left(A_n | A_1 A_2 \cdots A_{n-1}\right) P\left(A_{n-1} | A_1 A_2 \cdots A_{n-2}\right) \cdots P\left(A_2 | A_1\right) P\left(A_1\right) \tag{5.4}$$

例5.2 某市市中心维修,路口的监控信号变得不稳定,有司机发现该路段一共有三处红绿灯,第一次闯红灯被拍下的概率为1/2,若第一次闯红灯未被拍下,第二次闯红灯被拍下的概率为2/5,若前两次均未被拍下,则第三次闯红灯被拍下的概率为7/10。求该司机连闯三次红灯未被拍下的概率(图5.8)。

闯红灯三次,吊销驾照

图5.8 某司机闯红灯情况

解题思路:

令$A_i (i = 1, 2, 3, \cdots)$表示事件"司机第$i$次闯红灯被拍下",令$B$表示事件"司机连闯三次红灯均未被拍下"。显然有$B = \overline{A_1}\,\overline{A_2}\,\overline{A_3}$,因此

$$P(B) = P\left(\overline{A_1}\,\overline{A_2}\,\overline{A_3}\right) = P\left(\overline{A_3} | \overline{A_1}\,\overline{A_2}\right) P\left(\overline{A_2} | \overline{A_1}\right) P\left(\overline{A_1}\right) = \left(1 - \frac{7}{10}\right)\left(1 - \frac{2}{5}\right)\left(1 - \frac{1}{2}\right) = \frac{9}{100}$$

例5.3 假设盒子中有红球X只,白球Y只。每次从盒子中任意取出一只球观察颜色并放回,然后放入a只与该球颜色相同的球。若连续取球三次,试求第一、三次取到红球,第二次取到白球的概率。

解题思路:

令$A_i (i = 1, 2, 3, \cdots)$表示事件"第$i$次取到的是红球",则$\overline{A_2}$表示"第二次取到的是白球",因此

$$P\left(A_1\overline{A_2}A_3\right) = P\left(A_3|A_1\overline{A_2}\right)P\left(\overline{A_2}|A_1\right)P\left(A_1\right) = \frac{X+a}{X+Y+2a}\frac{Y}{X+Y+a}\frac{X}{X+Y}$$

5.3.3 全概率公式与贝叶斯公式

全概率公式与贝叶斯公式是两个计算概率的重要公式,在介绍二者之前,首先解释样本空间的划分。

假设 S 为试验 E 的样本空间,B_1,B_2,$\cdots$,B_n 为 E 的一组事件,如果这组事件具有以下性质,那么称该组事件 B 为样本空间 S 的一个划分。

(1)$B_i \bigcap B_j = \varnothing$:$i \neq j$,$i$,$j = 1, 2, \cdots, n$。

(2)$S = B_1 \bigcup B_2 \cdots \bigcup B_n$。

由上面的性质可知,若 B 是样本空间的划分,对每次试验而言,事件 B_1,B_2,$\cdots$,B_n 中必有一个发生,且仅有一个发生。

以经典的投骰子为例,投骰子的样本空间 $S = \{1, 2, 3, 4, 5, 6\}$,它的一组事件 $B_1 = \{1, 2\}$,$B_2 = \{3\}$,$B_3 = \{4, 5, 6\}$ 就是 S 的一个划分,而事件 $C_1 = \{1, 2, 3\}$,$C_2 = \{3, 4\}$,$C_3 = \{5, 6\}$ 就不是 S 的划分。

有了空间划分的概念,这里可以做一个约定。

设试验 E 的样本空间为 S,A 是 E 的事件,B_1,B_2,$\cdots$,B_n 是样本空间 S 的一个划分,且 $P(B_i)>0(i = 1, 2, \cdots, n)$,则有

$$P(A) = P\left(A|B_1\right)P\left(B_1\right) + P\left(A|B_2\right)P\left(B_2\right) + \cdots + P\left(A|B_n\right)P\left(B_n\right) \tag{5.5}$$

式(5.5)称为全概率公式,证明如下。

因为

$$A = AS = A\left(B_1 \bigcup B_2 \bigcup \cdots \bigcup B_n\right) = AB_1 \bigcup AB_2 \bigcup \cdots \bigcup AB_n$$

且 $P(B_i)>0(i = 1, 2, \cdots, n)$,$B_i \bigcap B_j = \varnothing(i \neq j; i, j = 1, 2, \cdots, n)$,即

$$AB_i \bigcap AB_j = \varnothing,\text{得到}$$

$$P(A) = P(AB_1) + P(AB_2) + \cdots + P(AB_n)$$
$$= P(A|B_1)P(B_1) + P(A|B_2)P(B_2) + \cdots + P(A|B_n)P(B_n)$$

式(5.5)得证。

全概率公式的意义在于,很多时候 $P(A)$ 很难直接求得,但是很容易找到 S 的一个划分 B_1,B_2,$\cdots$,B_n,并且 $P(B_i)$ 和 $P(A|B_i)$ 或为已知,或容易求得,于是就可以根据式(5.5)求出 $P(A)$。

有了全概率作为铺垫,接下来介绍贝叶斯公式。

假设试验 E 的样本空间为 S,A 为 E 的事件,B_1,B_2,$\cdots$,B_n 是样本空间 S 的一个划分,并且 $P(A)>0$,$P(B_i)>0(i = 1, 2, \cdots, n)$,则有

$$P\left(B_i|A\right) = \frac{P\left(A|B_i\right)P\left(B_i\right)}{\sum_{j=1}^{n}P\left(A|B_j\right)P\left(B_j\right)},i = 1,2,\cdots,n \tag{5.6}$$

式(5.6)称为贝叶斯公式。贝叶斯公式可以看作条件概率与全概率的结合。

$$P\left(B_i|A\right) = \frac{P(B_iA)}{P(A)} = \frac{P\left(A|B_i\right)P\left(B_i\right)}{\sum_{j=1}^{n}P\left(A|B_j\right)P\left(B_j\right)}, i = 1, 2, \cdots, n$$

此时如果 n 取 2，并将 B_1 和 B_2 分别记成 B 和 $\bar{B}$，则全概率公式和贝叶斯公式可以分别写作如下两种常用形式。

全概率公式：

$$P(A) = P(A|B)P(B) + P\left(A|\bar{B}\right)P(\bar{B}) \tag{5.7}$$

贝叶斯公式：

$$P(B|A) = \frac{P(AB)}{P(A)} = \frac{P(A|B)P(B)}{P(A|B)P(B) + P\left(A|\bar{B}\right)P(\bar{B})} \tag{5.8}$$

例 5.4 某饭店所售食材是由三家市场提供的，根据已有的供货记录，现整理如下数据，如表 5-1 所示。

表 5-1 食材新鲜概率

食材提供商	不新鲜概率	提供菜品的比例
1	0.03	0.20
2	0.04	0.50
3	0.05	0.30

假设这三家供应商提供的菜品拿到厨房后都是混合储存，且无明显标志。在厨房任取一份菜品，求

（1）取出的菜不新鲜的概率；

（2）收到不新鲜的菜品分别由这三家供应商供应的概率。

解题思路：

令 A 表示"取到的是一份不新鲜的菜"，$B_i(i = 1, 2, 3)$ 表示"取到的菜品是由第 i 家供应商提供"。显然，B_1、B_2、B_3 是样本空间 S 的一个划分，并且

$$P\left(B_1\right) = 0.20, P\left(B_2\right) = 0.50, P\left(B_3\right) = 0.30$$

$$P\left(A|B_1\right) = 0.03, P\left(A|B_2\right) = 0.04, P\left(A|B_3\right) = 0.05$$

问题（1）求取出的一份菜不新鲜的概率，即求 $P(A)$，套用全概率公式得

$$P(A) = P\left(A|B_1\right)P\left(B_1\right) + P\left(A|B_2\right)P\left(B_2\right) + P\left(A|B_3\right)P\left(B_3\right) = 0.041$$

问题（2）求收到不新鲜菜品分别由这三家提供的概率，相当于求 $P(商家_i|菜品不新鲜)$，$i = 1, 2, 3$，代入数据得

$$P\left(B_1|A\right) = \frac{P\left(A|B_1\right)P\left(B_1\right)}{P(A)} \approx 0.146$$

$$P\left(B_2|A\right) = \frac{P\left(A|B_2\right)P\left(B_2\right)}{P(A)} \approx 0.488$$

$$P\left(B_3|A\right) = \frac{P\left(A|B_3\right)P\left(B_3\right)}{P(A)} \approx 0.366$$

结果表明,不新鲜菜品来自第二家供应商的可能性最大。

5.3.4 独立性

假设 E 有两个事件 A 和 B,若事件 $P(A)>0$,可以定义 $P(B|A)$。通常情况下,事件 A 的发生对事件 B 发生的概率是有影响的,此时 $P(B|A) \neq P(B)$。当这种影响不存在时,等式 $P(B|A) = P(B)$ 成立,因此

$$P(AB) = P(B|A)P(A) = P(A)P(B)$$

满足独立性的典型试验依然是抛硬币测试。假设事件 E 为"抛掷甲乙两枚硬币并观察正反面出现的情况",设事件 A 为"甲硬币出现正面朝上(正)",事件 B 为"乙硬币出现反面朝上(反)"。E 的样本空间为 S,如图5.9所示。

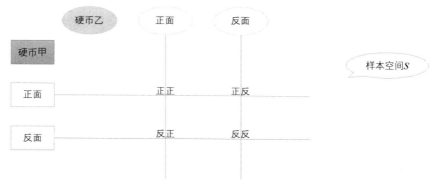

图 5.9　E 的样本空间

由于每次抛硬币都是相互独立事件,因此抛掷两轮硬币的组合情况共分为如下四种。

$$S = \{ 正正, \ 正反, \ 反正, \ 反反 \}$$

此时事件 A 发生的概率与事件 B 发生的概率相同,均为 $\dfrac{1}{2}$,如图5.10和图5.11所示。

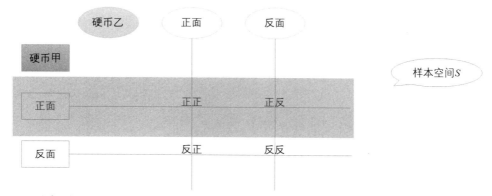

注：硬币甲出现正面朝上（正），此时不用考虑硬币乙的情况。

图 5.10　事件 A 发生的概率

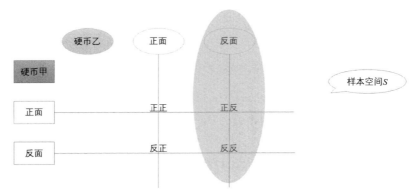

注：硬币乙出现反面朝上（反），此时不用考虑硬币甲的情况。

图 5.11　事件 B 发生的概率

在事件 A 发生的条件下，事件 B 发生的概率 $P(B|A)$ 为 $\dfrac{1}{2}$，如图 5.12 所示。

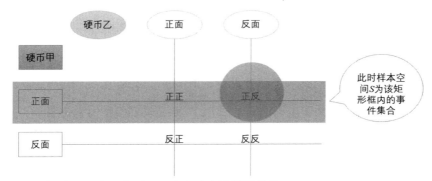

注：硬币乙出现反面朝上（反），此时不用考虑硬币甲的情况。

图 5.12　事件 A 发生条件下事件 B 发生的概率

事件 A 与事件 B 同时发生的概率 $P(AB)$ 为 $\dfrac{1}{4}$，如图 5.13 所示。

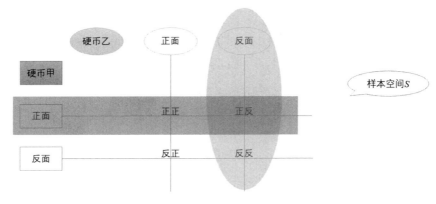

图 5.13　事件 A 与事件 B 同时发生的概率

从结果上看,事件 A 和事件 B 同时发生的概率等于事件 A 发生的概率乘以事件 B 发生的概率。

从上述四个事件的概率中不难发现, $P(B|A) = P(B)$, $P(AB) = P(A)P(B)$。这是由于无论硬币甲抛掷的结果是什么,都不会影响到硬币乙的测试,反之亦然。

现在,可以给相互独立事件做一个约定:设 A、B 是两个事件,如果满足等式

$$P(AB) = P(A)P(B)$$

则称事件 A、B 相互独立,简称 A、B 独立。显然,如果 $P(A) > 0$, $P(B) > 0$,那么 A、B 相互独立与 A、B 互斥不能同时成立。

证明过程如下。

如果 A、B 是互斥事件,则 $A \cap B = \varnothing$,即 $P\{A \cap B\} = 0$。

根据上述条件,有 $P(AB) = P(A)P(B) > 0$。

显然 $P(AB) > 0$ 与 $P\{A \cap B\} = 0$ 不能同时成立。因此,如果 $P(A) > 0$, $P(B) > 0$,则 A、B 相互独立与 A、B 互斥不能同时成立。

定理 5.1 设 A、B 是两个事件,且 $P(A) > 0$,若 A、B 相互独立,则 $P(B|A) = P(B)$,反之亦然。

定理 5.2 若事件 A、B 相互独立,则下列事件也相互独立。

$$A 与 \bar{B}, \bar{A} 与 B, \bar{A} 与 \bar{B}$$

显然要证明 A 与 $\bar{B}$ 相互独立,就是要证明

$$P(A\bar{B}) = P(A)P(\bar{B})$$

将上式的右边部分拆开得

$$P(A\bar{B}) = P(A)[1 - P(B)] = P(A) - P(A)P(B) = P(A) - P(AB)$$

将上式变形得

$$P(A) = P(A\bar{B}) + P(AB) = P(AB \cup A\bar{B}) = P(A)$$

A 与 $\bar{B}$ 独立得证。

$\bar{A}$ 与 B、$\bar{A}$ 与 $\bar{B}$ 相互独立证明过程略。

下面介绍将独立性的概念推广到三个事件的情况。

定义 5.1 设 A、B、C 是三个事件,如果满足等式

$$\begin{cases} P(AB) = P(A)P(B) \\ P(BC) = P(B)P(C) \\ P(AC) = P(A)P(C) \\ P(ABC) = P(A)P(B)P(C) \end{cases} \tag{5.9}$$

则称事件 A、B、C 相互独立。

一般情况下,假设 $A_1, A_2, \cdots, A_n$ 是 $n(n \geq 2)$ 个事件,如果其中任意 2 个,任意 3 个,$\cdots$,任意 n 个事件的积事件的概率都等于各事件之积,则称事件 $A_1, A_2, \cdots, A_n$ 相互独立。

(1)若事件 $A_1, A_2, \cdots, A_n (n \geq 2)$ 相互独立,则其中任意 $k(2 \leq k \leq n)$ 个事件也相互独立。

(2)若 n 个事件 $A_1, A_2, \cdots, A_n (n \geq 2)$ 相互独立,则将 $A_1, A_2, \cdots, A_n$ 中任意多个事件换成它们各

自的对立事件,所得的 n 个事件仍相互独立。

例 5.5 2020年新年伊始,全世界暴发了新冠肺炎疫情,为了防止外部输入病例进入国内,我国对某国际航班进行逐一排查。假设该航班人数为100人,排查方案如下:从该航班中随机选取三个人进行测试(假设所有人员在飞机上都处于相互隔离状态,不存在相互传染的可能性),如果三个人中至少有一个人在测试时结果呈现阳性,那么这趟航班所有人员都将被拒收。假设某人为阳性被机器正常检测出的概率为0.95,而检测为阴性的人被机器误判为阳性的概率为0.01,如果已知这趟航班的100名人员有四人为阳性,试问这趟航班被接收的概率是多少?

解题思路:

这道题目要求的问题就是在有四个人呈阳性的状态下,这趟航班依然被接收的概率,即这四个呈阳性的人均未被测出。设 $B_i (i = 0, 1, 2, 3)$ 表示事件"任意测试三个人,其中恰好有 i 个人呈阳性",设 A 表示事件"这趟航班被接收"。根据检测方法,航班被接收有如下四种情况。

(1)随机抽到的三个人均为阴性,且检查结果也为阴性,被接收,此事件的概率为

$$P(A|B_0) = 0.99^3$$

(2)随机抽到的三个人有一名为阳性,但是未被测出,被接收,此事件的概率为

$$P(A|B_1) = 0.99^2 \times 0.05$$

(3)随机抽到的三个人有两名为阳性,但是未被测出,被接收,此事件的概率为

$$P(A|B_2) = 0.99 \times 0.05^2$$

(4)随机抽到的三个人均为阳性,但是均未被测出,被接收,此事件的概率为

$$P(A|B_3) = 0.05^3$$

题目要求的是 $P(A)$,现在已知 $P(A|B_i)$,还需要知道 $P(B_i)$。根据排列组合的知识,读者很容易知道

$$P(B_0) = \frac{C_{96}^3}{C_{100}^3}, P(B_1) = \frac{C_4^1 C_{96}^2}{C_{100}^3}, P(B_2) = \frac{C_4^2 C_{96}^1}{C_{100}^3}, P(B_3) = \frac{C_4^3}{C_{100}^3}$$

因此

$$P(A) = \sum_{i=0}^3 P(A|B_i) P(B_i) = 0.8629$$

5.4 朴素贝叶斯算法原理

由前面内容可知,贝叶斯算法后验概率是由先验概率加数据推导得到,要解决的事情就是求某个事件的后验概率问题,即结果已经给出,需要反推出该结果的条件。该问题的难点在于先验概率是一个所有属性上的联合概率,很难从有限的训练样本上直接估计得到。为了解决这个问题,出现了朴素贝叶斯分类器。朴素贝叶斯分类器也称为"属性条件独立性假设":对于已知的类

别,假设所有属性相互独立,即每个属性独立地对分类结果产生影响。

基于属性条件独立假设,贝叶斯分类算法可以写为如下形式。

$$P(A|B) = \frac{P(B|A)P(A)}{P(B)} = \frac{P(A)}{P(B)}\prod_{i=1}^{n}P(B_i|A) \tag{5.10}$$

由于对所有类别而言 $P(x)$ 相同,因此贝叶斯分类判定准则可以写为

$$h_{nb}(x) = \arg\max_{b \in S}P(b)\prod_{i=1}^{d}p(x_i|b) \tag{5.11}$$

令 b 表示样本空间 S 中第 b 类样本组成的集合,如果有足够的独立同分布样本,则可以很容易地估计出样本 b 的先验概率,即

$$P(b) = \frac{|b|}{|S|} \tag{5.12}$$

对于离散的样本分布而言,令 $b \cap x_i$ 表示在 b 中第 i 个属性上取值为 x_i 的样本组成的集合,则条件概率 $P(x_i|b)$ 可以表示为

$$P(x_i|b) = \frac{|b \cap x_i|}{|b|} \tag{5.13}$$

对于连续型的样本分布而言,采用概率密度函数的形式,如令 $p(x_i|b) \sim \chi(\mu_{b,i}, \sigma_{b,i}^2)$,其中 $\mu_{b,i}$ 和 $\sigma_{b,i}^2$ 分别是第 b 类样本在第 i 个属性上取得的均值和方差。因此,条件概率表示如下。

$$p(x_i|b) = \frac{1}{\sqrt{2\pi}\,\sigma_{b,i}}\exp\left(-\frac{(x_i - \mu_{b,i})^2}{2\sigma_{b,i}^2}\right) \tag{5.14}$$

为了便于理解这个晦涩的概念,这里给大家举一个小例子。

例 5.6 老李开了一家面包店,请来老王做面点师。老王会做各种不同的面包,结果每年的销量却不尽如人意。为了弄清楚顾客的喜好,老李对自家的面包销售情况进行了统计,统计结果如表 5-2 所示。

表 5-2 面包销售情况

编号	颜色	内馅	味道	外观	尺寸/寸	触感	甜度	质量/g	叫卖
1	明黄	奶油	清香	圆形	1.5	软糯	0.697	0.460	是
2	玫红	奶油	浓香	圆形	1.5	软糯	0.774	0.376	是
3	玫红	奶油	清香	圆形	1.5	软糯	0.634	0.264	是
4	明黄	奶油	浓香	圆形	1.5	软糯	0.608	0.318	是
5	浅紫	奶油	清香	圆形	1.5	软糯	0.556	0.215	是
6	明黄	红豆	清香	圆形	2.5	稍黏	0.403	0.237	是
7	玫红	红豆	清香	方形	2.5	稍黏	0.481	0.149	是
8	玫红	红豆	清香	圆形	2.5	软糯	0.437	0.211	是
9	玫红	红豆	浓香	方形	2.5	软糯	0.666	0.091	否
10	明黄	薄荷	微辣	圆形	3.5	稍黏	0.243	0.267	否
11	浅紫	薄荷	微辣	三角	3.5	软糯	0.245	0.057	否

编号	颜色	内馅	味道	外观	尺寸/寸	触感	甜度	质量/g	叫卖
12	浅紫	奶油	清香	三角	3.5	稍黏	0.343	0.099	否
13	明黄	红豆	清香	方形	1.5	软糯	0.639	0.161	否
14	浅紫	红豆	浓香	方形	1.5	软糯	0.657	0.198	否
15	玫红	红豆	清香	圆形	2.5	稍黏	0.360	0.370	否
16	浅紫	奶油	清香	三角	3.5	软糯	0.593	0.042	否
17	明黄	奶油	浓香	方形	2.5	软糯	0.719	0.103	否

现在利用朴素贝叶斯分类方法对编号 1 进行分类(假设事先人们并不知道符合编号 1 特征的面包是否好卖)。

首先计算先验概率 $P(b)$,根据表 5-2,有

$$P(叫卖 = 是) = \frac{8}{17} \approx 0.471$$

$$P(叫卖 = 否) = \frac{9}{17} \approx 0.529$$

在此基础上,为每个不同的特性计算条件概率。

$$P_{明黄|是} = P(颜色 = 明黄|叫卖 = 是) = \frac{3}{8} = 0.375$$

$$P_{明黄|否} = P(颜色 = 明黄|叫卖 = 否) = \frac{3}{9} \approx 0.333$$

$$P_{奶油|是} = P(内陷 = 奶油|叫卖 = 是) = \frac{5}{8} = 0.625$$

$$P_{奶油|否} = P(内陷 = 奶油|叫卖 = 否) = \frac{3}{9} \approx 0.333$$

$$P_{清香|是} = P(味道 = 清香|叫卖 = 是) = \frac{6}{8} = 0.750$$

$$P_{清香|否} = P(味道 = 清香|叫卖 = 否) = \frac{4}{9} \approx 0.444$$

$$P_{圆形|是} = P(外观 = 圆形|叫卖 = 是) = \frac{7}{8} = 0.875$$

$$P_{圆形|否} = P(外观 = 圆形|叫卖 = 否) = \frac{2}{9} \approx 0.222$$

$$P_{1.5寸|是} = P(尺寸 = 1.5寸|叫卖 = 是) = \frac{5}{8} = 0.625$$

$$P_{1.5寸|否} = P(尺寸 = 1.5寸|叫卖 = 否) = \frac{2}{9} \approx 0.222$$

$$P_{软糯|是} = P(触感 = 软糯|叫卖 = 是) = \frac{6}{8} = 0.750$$

$$P_{软糯|否} = P(触感 = 软糯|叫卖 = 否) = \frac{6}{9} \approx 0.667$$

$$\left|\begin{array}{l} P_{甜度:0.697|是} = P(甜度 = 0.697|叫卖 = 是) \\ = \dfrac{1}{\sqrt{2\pi}\,0.129}\exp\left(-\dfrac{(0.697-0.574)^2}{2\cdot 0.129^2}\right) \approx 1.959 \end{array}\right.$$

$$\left|\begin{array}{l} P_{甜度:0.697|否} = P(甜度 = 0.697|叫卖 = 否) \\ = \dfrac{1}{\sqrt{2\pi}\,0.195}\exp\left(-\dfrac{(0.697-0.496)^2}{2\cdot 0.195^2}\right) \approx 1.203 \end{array}\right.$$

$$\left|\begin{array}{l} P_{质量:0.460|否} = P(质量 = 0.460|叫卖 = 否) \\ = \dfrac{1}{\sqrt{2\pi}\,0.108}\exp\left(-\dfrac{(0.460-0.154)^2}{2\cdot 0.108^2}\right) \approx 0.066 \end{array}\right.$$

根据式(5.10),有

$$\left|\begin{array}{l} \mathrm{P}(叫卖 = 是) \times P_{明黄|是} \times P_{奶油|是} \times P_{清香|是} \times \\ P_{圆形|是} P_{1.5寸|是} P_{软糯|是} P_{甜度:0.697|是} P_{质量:0.460|是} \approx 0.051 \end{array}\right.$$

$$\left|\begin{array}{l} \mathrm{P}(叫卖 = 否) \times P_{明黄|否} \times P_{奶油|否} \times P_{清香|否} \times \\ P_{圆形|否} P_{1.5寸|是} P_{软糯|否} P_{甜度:0.697|否} P_{质量:0.460|否} \approx 6.8 \times 10^{-5} \end{array}\right.$$

$0.051 > 6.8 \times 10^{-5}$,因此朴素贝叶斯分类器将编号1的面包判别为“好卖产品”。

这里有一点需要注意,由于样本集是有限个样本,因此很容易出现某个属性与类别无法同时出现的情况(理论上当数据量足够大时,这种情况是不会出现的),此时如果继续用上述方法进行估计,会出现概率为零的现象。例如,我们可以在表5-2中找到一个特征:味道=微辣,如图5.14所示。

10	明黄	薄荷	微辣	圆形	3.5 寸	稍黏	0.243	0.267	否
11	浅紫	薄荷	微辣	三角	3.5 寸	软糯	0.245	0.057	否

图5.14 微辣口味销售情况

此时对它进行分类,有

$$P_{微辣|是} = P(味道 = 微辣|叫卖 = 是) = \frac{0}{8} = 0$$

由于朴素贝叶斯分类采用的是连乘,因此无论该样本的其他属性取任何值,分类结果都将是该面包不好卖,这显然不合理(图5.15)。

图 5.15　惨淡的面包销售

为了避免出现上述情况,在进行概率估计时,可以用"拉普拉斯修正(Laplacian Correction)"事先对其进行预处理,通常也称"平滑(Smoothing)处理"。具体方法为:令 N 表示训练集 S 中可能的类别数,N_i 表示第 i 个属性可能的取值数,S_b 为样本的数量,则式(5.12)和式(5.13)分别可以表示为

$$\hat{P}(b) = \frac{|S_b| + 1}{|S| + N} \tag{5.15}$$

$$\hat{P}(x_i|b) = \frac{|S_{b,x_i}| + 1}{|S_b| + N_i} \tag{5.16}$$

放在本例中,则先验概率可以估计为

$$\hat{P}(\text{叫卖} = \text{是}) = \frac{8 + 1}{17 + 2} \approx 0.474$$

$$\hat{P}(\text{叫卖} = \text{否}) = \frac{9 + 1}{17 + 2} \approx 0.526$$

对于微辣口味的面包,则有

$$\hat{P}_{\text{微辣|是}} = \hat{P}(\text{味道} = \text{微辣|叫卖} = \text{是}) = \frac{0 + 1}{8 + 3} \approx 0.091$$

利用拉普拉斯修正,可以避免因为样本数量过少而导致估计为零的现象;同时,根据式(5.15)和式(5.16)可以看出,随着数据量的增加,修正过程引入的先验影响也会逐渐减弱。

5.5　概率小故事——你打游戏能赢吗

英雄联盟是当前很火的一款MOBA类型的游戏,尤其是2018年和2019年中国赛区连续两届拿下该游戏的世界赛冠军后,更是极大地提高了大家对这款游戏的热情,于是人们纷纷涌入峡谷争当勇士。很多人怀着一颗王者心,泪洒青铜门,望着眼前发黑的屏幕,爆炸的建筑物,扼腕叹息,捶胸顿足。很多仁人志士更是为了自己的满腔理想,头悬梁锥刺股地拼命练习,最后却无奈地发现,青铜大门实在太厚,王者之路不亚于难于上青天的蜀道(图5.16)。

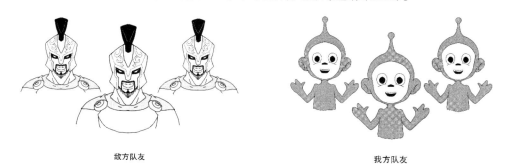

敌方队友　　　　　　　　　　　　我方队友

图5.16　双方队友

真的是我方实力太差,不适合峡谷这残酷的丛林法则吗?其实不然,英雄联盟毕竟是一款多人配合的游戏,有时选择团队要比选择角色更重要。那么如何选择一个胜率更大的团队,让自己永远处于不败之地呢?用数据说话,如表5-3所示。

表5-3　团队综合素质胜利表

上单	野区	中路	下路	胜负
强	强	强	强	胜
强	强	强	弱	胜
强	强	弱	弱	负
强	弱	弱	弱	负
弱	弱	弱	弱	负
强	弱	强	弱	胜
强	弱	强	强	胜
强	弱	弱	强	胜
弱	弱	弱	强	负
弱	弱	强	强	负
弱	强	弱	强	负
弱	强	强	弱	胜
弱	强	强	弱	胜
弱	弱	强	弱	负
弱	强	弱	弱	负

假设表5-3是某个玩家的15局游戏记录,现在对该玩家每次游戏匹配的队友属性进行数据分析,以此找出最适合该玩家的队友属性值。假设现在该玩家匹配到的队友属性如表5-4所示。

表5-4 队友属性

上路	打野	中路	下路	胜负
强	强	强	强	？

首先估计一个类先验概率 P(结果)，显然有

$$P(\text{胜利}) = \frac{7}{15} \approx 0.467$$

$$P(\text{失败}) = \frac{8}{15} \approx 0.533$$

计算出类先验概率后，再针对每个不同的条件计算出相应的条件概率 P(类别|结果)。

$$P_{\text{上路强|胜利}} = \frac{5}{7} \approx 0.714$$

$$P_{\text{上路强|失败}} = \frac{2}{8} = 0.25$$

$$P_{\text{野区强|胜利}} = \frac{4}{7} = 0.571$$

$$P_{\text{野区强|失败}} = \frac{3}{8} = 0.375$$

$$P_{\text{中路强|胜利}} = \frac{6}{7} \approx 0.857$$

$$P_{\text{中路强|失败}} = \frac{2}{8} = 0.25$$

$$P_{\text{下路强|胜利}} = \frac{4}{7} \approx 0.571$$

$$P_{\text{下路强|失败}} = \frac{3}{8} = 0.375$$

因此有

$$P_{\text{胜利}} \times P_{\text{上路强|胜利}} \times P_{\text{打野强|胜利}} \times P_{\text{中路强|胜利}} \times P_{\text{下路强|胜利}} \approx 0.093$$

$$P_{\text{失败}} \times P_{\text{上路强|失败}} \times P_{\text{打野强|失败}} \times P_{\text{中路强|失败}} \times P_{\text{下路强|失败}} = 0.0047$$

计算结果和预期的一样，这种情况下，基本判断该局游戏赢定了。

第6章

正态分布

正态分布是一个很神奇的数学现象,可以说每个人的生活都逃不开正态分布的规则。想一想,是不是每次考试,自己的成绩浮动都很小? 是不是每次投简历,给的薪酬都差不多? 为什么会出现这个问题? 通过本章的介绍,也许大家可以找到自己心中的答案。

本章涉及的主要知识点

- 生活中一些常见的正态分布现象;
- 正态分布实验及相关结论;
- 为什么正态分布在机器学习中如此重要;
- 如何计算正态分布。

6.1 生活中的正态分布现象

大家上学时应该都有这样一种经历,每次考完试,前几名总是那几个人,最后几名貌似也很稳定;我们无论怎么考,成绩都在某个水平线徘徊(图6.1);试卷的最后一题从来不给人惊喜,你一如既往地不会做;试卷检查得再仔细,总会发现由粗心导致的错误。如果把全班成绩分段进行统计,可能会发现成绩的正态分布现象。

图 6.1　成绩的正态分布现象

上下班通勤是一个很典型的事件,假设你住在城东,工作单位在城西,每天上下班都是高峰时间段。日复一日、年复一年的上班经历已经让你养成了面对红绿灯,面对堵车宠辱不惊的心态,为何？ 因为你发现,无论是一路火花带闪电地鸣着喇叭在车流人群中来回穿梭,还是按部就班地跟着别人的车往前挪,到单位的时间都相差不多。简单来说就是,车开得快也不会很提前,开得慢貌似也不会迟到,但是安全系数却极大提高了(图6.2)。

图 6.2　开车过快会增加违章概率

很多私企实行薪酬保密制度,让你对别人的工资愈加好奇。其实完全可以收起你的好奇心,因为你的薪酬和与你同岗位人员的薪酬是差不多的,甚至其他部门的薪酬和你的差距也不会很大(图6.3)。

天天加班,工资才发2000元,都不够我买生发液的!

我2500元,都不够还房贷的!

图6.3 同一个岗位市场薪资差距很小

6.2 正态分布

正态分布最早是由德国数学家和天文学家棣莫弗于1733年提出的,就在大家对这个概念还不甚理解时,一位名叫高斯的德国数学家率先将正态分布应用于天文学的研究中。由于高斯做的这项工作对后世影响深远,因此正态分布又称高斯分布。

正态分布实验

关于正态分布的试验有很多,其中最有代表性的就是高尔顿钉板。该实验的设计者是英国生物统计学家高尔顿,高尔顿钉板如图6.4所示。其中每一颗黑点表示钉在板上的一颗钉子,它们彼此之间的距离相等,且上一层每一颗钉子的水平位置恰好在下一层两颗钉子的中间。其中第一层只有一颗钉子,且位置正对着入口(在入口处的正下方)。

实验开始后,从入口处放入一颗直径略小于两颗钉子之间距离的钢球,钢球在碰到第一颗钉子后会以相同的概率向左或向右落下,钢球落下后会碰到第二颗钉子,此时依然会以相同的概率向左或向右落下,如此反复,直到钢球落到地面。如果把许多同样的钢球以同样的方式从入口放进高尔顿钉板,最后会发现,钢球最终形成了一个类似于古钟的造型(中间高、两头低且左右对称)。

这个形状和数学上的正态分布的密度函数形状类似,这就是高尔顿设计出来的用来研究随机现象的模型。

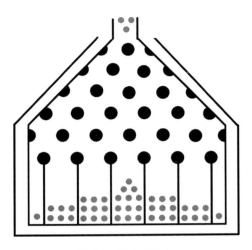

图6.4 高尔顿钉板

 6.3 为何机器学习经常用到正态分布

在大量的数据科学和机器学习中充斥着关于正态分布这个问题的讨论。那么,正态分布在机器学习中为何如此重要?

正态分布是概率分布的一种,且是使用最为广泛的概率分布。如果变量遵循正态分布的规律,那么变量的分布形式如图6.5所示。

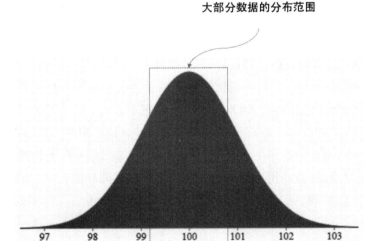

图6.5 正态分布图像特征

通过图6.5可以看出,正态分布只依赖数据集的以下两个特征。

(1)均值:样本所有取值的平均。

(2)方差:样本总体偏离均值的程度。

正态分布的这种统计特性使得人们在用机器学习进行变量分类时有了依据,对于具有正态分布特征的变量,都可以对它们进行预测;而对于不具备正态分布的变量,人们也可以设法将其表示成正态分布的形式。

正态分布的结果很容易解释,因为模和中位数是相等的,人们利用均值和标准差就可以解释整个数据的分布情况。

生活中大多数现象近似于正态分布,至于为何会这样,将在第9章进行详细讲解。

 6.4 正态分布的计算

既然正态分布如此重要,那么就有必要了解它的特性和计算方法,本节重点介绍正态分布的特性和计算公式。

6.4.1 正态分布的特性

正态分布的计算公式如下。

$$f(x) = \frac{1}{\sigma\sqrt{2\pi}} e^{-\frac{1}{2}\left(\frac{x-\mu}{\sigma}\right)^2} \tag{6.1}$$

式中,$f(x)$为连续型变量x处的概率密度;π和e为常数,分别为3.1415…和2.71828…;μ为总体参数,即所有变量的均值;σ为所有变量的方差。

不同的研究群体,均值和方差也不同,但是对于某一个总体而言,这两个值可以看作常量。这就是随机变量x的正态分布公式,记作$N(\mu, \sigma^2)$,表示具有均值μ和方差σ^2的正态分布。

正态分布具有如下特性。

(1)正态分布曲线以$x = \mu$为对称轴,然后向左右两侧对称扩散。这一点从正态分布的公式形态就可以看出,如图6.6所示。

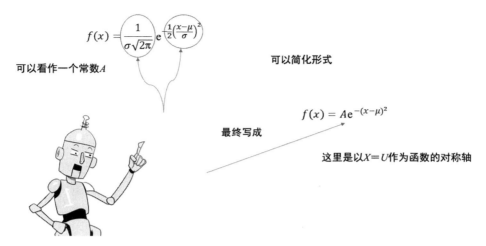

$$f(x) = \frac{1}{\sigma\sqrt{2\pi}} e^{-\frac{1}{2}\left(\frac{x-\mu}{\sigma}\right)^2}$$

可以看作一个常数A

可以简化形式

最终写成

$$f(x) = A e^{-(x-\mu)^2}$$

这里是以$X=U$作为函数的对称轴

图 6.6   正态分布的计算说明

（2）在 $x = \mu$ 处，$f(x)$ 取得极值且是极大值（图6.7）。这是由于 $e^{-\frac{1}{2}\left(\frac{x-\mu}{\sigma}\right)^2}$ 是一个在 $(-\infty, 0\,]$ 的增函数，且在 $[\,0, +\infty]$ 上的减函数，同时在0处连续。

登顶成功！

图 6.7   和爬山一样，正态分布通常会有一个极大值

（3）正态曲线的形状由 μ 和 σ 确定，其中 μ 确定了曲线对称轴的位置（这组数据的均值），σ 确定了该曲线的变化程度（该曲线的坡度，σ 越大，坡度越小）。需要注意的是，正态分布的曲线会无限向两边延伸，但是 $f(x)$ 的值恒不为零（图6.8）。

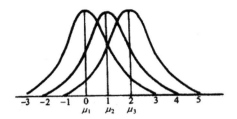 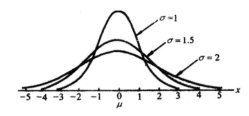

图6.8 正态分布的形状特征

（4）正态分布曲线是二项分布的极限形式，因此正态分布继承了二项分布的特征。二项分布的概率总和等于1，正态分布曲线与 X 轴之间包围面积之和也等于1。在正态分布中，变量出现在某个区间的概率等于该区间与 X 轴之间围成的面积，且该面积完全由 μ 和 σ 确定。最常用的概率分布如表6-1所示。

表6-1　正态分布的几种常见概率

区间	概率
$\mu \pm \sigma$	0.683
$\mu \pm 2\sigma$	0.955
$\mu \pm 3\sigma$	0.997

6.4.2 正态分布的计算公式

正态分布求解的是连续型随机变量的分布特征，尽管正态分布是二项分布的表现形式之一，但它们却有着不同的计算原理。和其他连续型概率分布一样，正态分布不能计算变量取某一个定值时的概率，只能计算变量落在某个区间内的概率。

假设随机变量 x 服从正态分布，那么它落在区间 (a, b) 的概率可以表示为 $P(a < x < b)$。由上面的知识可知，求随机变量落在区间 (a, b) 的概率相当于求该区间内正态分布曲线与 X 轴之间的面积，而对于求面积的问题则可以转化为高等数学中的定积分问题。因此，对于一般的正态曲线，其概率计算公式为

$$P(a < x < b) = \int_a^b \frac{1}{\sigma\sqrt{2\pi}} e^{-\frac{1}{2}\left(\frac{x-\mu}{\sigma}\right)^2} dx \tag{6.2}$$

更一般地，对于任意的 $P(x \leqslant X)$，它的分布函数可以表示如下。

$$F(X) = \int_{-\infty}^x \frac{1}{\sigma\sqrt{2\pi}} e^{-\frac{1}{2}\left(\frac{x-\mu}{\sigma}\right)^2} dx \tag{6.3}$$

正态分布曲线只能由 μ 和 σ 确定，现在令 $\mu = 0$，$\sigma = 1$，那么正态分布的概率密度公式可以表示如下。

$$f(x) = \frac{1}{\sqrt{2\pi}} e^{-\frac{1}{2}x^2} \tag{6.4}$$

如果用 μ 替代 x,则式(6.4)可以写为

$$f(x) = \frac{1}{\sqrt{2\pi}}\,\mathrm{e}^{-\frac{1}{2}\mu^2}$$ (6.5)

式(6.5)称为标准正态分布概率密度函数,记为 $\mu \sim N(0,1)$。

同样的,对于标准正态分布,它的分布函数可以表示为

$$F(\mu) = \int_{-\infty}^{\mu} \frac{1}{\sqrt{2\pi}}\,\mathrm{e}^{-\frac{1}{2}\mu^2}\,\mathrm{d}\mu$$ (6.6)

为了计算方便,统计学家根据分布函数中的 μ 值绘制了标准正态分布的累积分布函数数值表,通过查表可以很方便地获得随机变量在区间 $(-\infty, \mu)$ 上的概率,如图6.9所示。

X列组成前两位数字 **Y行组成末尾数字**

X/Y	0.00	001	0.02	0.03	0.04	0.05	0.06	0.07	0.08	.0.09
0.0	0.5000	0.5040	0.5080	0.5120	0.5160	0.5190	0.5239	0.5279	0.5319	0.5359
0.1	0.5398	0.5438	0.5478	0.5517	0.5557	0.5596	0.5636	0.5675	0.5714	0.5753
0.2	0.5793	0.5832	0.5871	0.5910	0.5948	0.5987	0.6026	0.6064	0.6103	0.6141
0.3	0.6179	0.6217	0.6255	0.6293	0.6331	0.6368	0.6406	0.6443	0.6480	0.6517
0.4	0.6554	0.6591	0.6628	0.6664	0.6700	0.6736	0.6772	0.6808	0.6844	0.6879
0.5	0.6915	0.6950	0.6985	0.7019	0.7054	0.7088	0.7123	0.7157	0.7190	0.7224
0.6	0.7267	0.7291	0.7324	0.7357	0.7389	0.7422	0.7454	0.7486	0.7157	0.7549
0.7	0.7580	0.7611	0.7642	0.7673	0.7703	0.7734	0.7764	0.7794	0.7823	0.7852
0.8	0.7881	0.7910	0.7939	0.7967	0.7995	0.8023	0.8051	0.8087	0.8106	0.8133
0.9	0.8159	0.8186	0.8212	0.8238	0.8264	0.8289	0.8315	0.8340	0.8365	0.8389
1.0	0.8413	0.8438	0.8461	0.8485	0.8508	0.8531	0.8554	0.8577	0.8599	0.8621
1.1	0.8643	0.8665	0.8686	0.8708	0.8729	0.8749	0.8770	0.8790	0.8810	0.8830
1.2	0.8849	0.8869	0.8888	0.8970	0.8925	0.8944	0.8962	0.8980	0.8997	0.9015

图6.9 标准正态分布表

图6.9所示为标准正态分布表,该表格最左端一列代表所查询数据的前两位数,第一行代表所查询数据的末尾数。当需要查询某个数据时,首先将该数据拆分,然后在表中找到对应位置的对应数据即可。

例如,查询数据0.07对应的值,则需要在表中找到0.0所在的行与0.07所在的列,交叉处即为要求的值(图6.10)。

0.5279

X/Y	0.00	001	0.02	0.03	0.04	0.05	0.06	0.07	0.08	0.09
0.0	0.5000	0.5040	0.5000	0.5120	0.5160	0.5190	0.5239	0.5279	0.5319	0.5359
0.1	0.5398	0.5438	0.5478	0.5517	0.5557	0.5596	0.5636	0.5675	0.5714	0.5753
0.2	0.5793	0.5832	0.5871	0.5910	0.5948	0.5987	0.6026	0.6064	0.6103	0.6141
0.3	0.6179	0.6217	0.6255	0.6293	0.6331	0.6368	0.6406	0.6443	0.6480	0.6517
0.4	0.6554	0.6591	0.6628	0.6664	0.6700	0.6736	0.6772	0.6808	0.6844	0.6879
0.5	0.6915	0.6950	0.6985	0.7019	0.7054	0.7088	0.7123	0.7157	0.7190	0.7224
0.6	0.7267	0.7291	0.7324	0.7357	0.7389	0.7422	0.7454	0.7486	0.7157	0.7549
0.7	0.7580	0.7611	0.7642	0.7673	0.7703	0.7734	0.7764	0.7794	0.7823	0.7852
0.8	0.7881	0.7910	0.7939	0.7967	0.7995	0.8023	0.8051	0.8087	0.8106	0.8133
0.9	0.8159	0.8186	0.8212	0.8238	0.8264	0.8289	0.8315	0.8340	0.8365	0.8389
1.0	0.8413	0.8438	0.8461	0.8485	0.8508	0.8531	0.8554	0.8577	0.8599	0.8621
1.1	0.8643	0.8665	0.8686	0.8708	0.8729	0.8749	0.8770	0.8790	0.8810	0.8830
1.2	0.8849	0.8869	0.8888	0.8970	0.8925	0.8944	0.8962	0.8980	0.8997	0.9015

图6.10　0.07的标准正态分布值

　　再如,查询1.16对应的值,方法同上。首先在表中找到1.1所在的行,然后找到0.06所在的列,交叉处则为所求值(图6.11)。

0.8770

X/Y	0.00	001	0.02	0.03	0.04	0.05	0.06	0.07	0.08	0.09
0.0	0.5000	0.5040	0.5080	0.5120	0.5160	0.5190	0.5239	0.5279	0.5319	0.5359
0.1	0.5398	0.5438	0.5478	0.5517	0.5557	0.5596	0.5636	0.5675	0.5714	0.5753
0.2	0.5793	0.5832	0.5871	0.5910	0.5948	0.5987	0.6026	0.6064	0.6103	0.6141
0.3	0.6179	0.6217	0.6255	0.6293	0.6331	0.6368	0.6406	0.6443	0.6480	0.6517
0.4	0.6554	0.6591	0.6628	0.6664	0.6700	0.6736	0.6772	0.6808	0.6844	0.6879
0.5	0.6915	0.6950	0.6985	0.7019	0.7054	0.7088	0.7123	0.7157	0.7190	0.7224
0.6	0.7267	0.7291	0.7324	0.7357	0.7389	0.7422	0.7454	0.7486	0.7157	0.7549
0.7	0.7580	0.7611	0.7642	0.7673	0.7703	0.7734	0.7764	0.7794	0.7823	0.7852
0.8	0.7881	0.7910	0.7939	0.7967	0.7995	0.8023	0.8051	0.8087	0.8106	0.8133
0.9	0.8159	0.8186	0.8212	0.8238	0.8264	0.8289	0.8315	0.8340	0.8365	0.8389
1.0	0.8413	0.8438	0.8461	0.8485	0.8508	0.8531	0.8554	0.8577	0.8599	0.8621
1.1	0.8643	0.8665	0.8686	0.8708	0.8729	0.8749	0.8770	0.8790	0.8810	0.8830
1.2	0.8849	0.8869	0.8888	0.8970	0.8925	0.8944	0.8962	0.8980	0.8997	0.9015

图6.11　1.16的标准正态分布值

对于具有平均数 μ、标准差 σ 的一般正态分布，只要将它们转化为标准的正态分布，然后通过查表即可获取随机变量在某个区间内的概率。那么，如何将一般的正态分布转化为标准正态分布呢？这里详细列出分解转化过程。

先来回顾一下一般正态分布 $x \sim N(\mu, \sigma^2)$ 的概率密度函数

$$f(x) = \frac{1}{\sigma\sqrt{2\pi}}e^{-\frac{1}{2}\left(\frac{x-\mu}{\sigma}\right)^2}$$

假设求解随机变量 $x < k$ 的概率，即

$$P(x < k) = \int_{-\infty}^{k}\frac{1}{\sigma\sqrt{2\pi}}e^{-\frac{1}{2}\left(\frac{x-\mu}{\sigma}\right)^2}\mathrm{d}x$$

显然这里无法通过直接查表获取结果，此时人们希望的情况如图 6.12 所示。

$$P(x < k) = \int_{-\infty}^{k}\frac{1}{\sigma\sqrt{2\pi}}e^{-\frac{1}{2}\left(\frac{x-\mu}{\sigma}\right)^2}\mathrm{d}x \qquad \Longrightarrow \qquad P(x < k) = \int_{-\infty}^{k}\frac{1}{\sqrt{2\pi}}e^{-\frac{1}{2}x^2}\mathrm{d}x$$

图 6.12　标准正态分布公式

为了得到这种结果，可以先令 $z = \dfrac{x-\mu}{\sigma}$，然后求 $z < k$ 的概率

$$P(z < k) = P\left(\frac{x-\mu}{\sigma} < k\right) = P(x < k\sigma + \mu) \tag{6.7}$$

式 (6.7) 表示求 $P(z < k)$，相当于求随机变量 $x < k\sigma + \mu$ 时的概率，即

$$P(x < k\sigma + \mu) = \int_{-\infty}^{k\sigma+\mu}\frac{1}{\sqrt{2\pi}\,\sigma}e^{-\frac{1}{2}\left(\frac{x-\mu}{\sigma}\right)^2}\mathrm{d}x \tag{6.8}$$

由于

$$x = z\sigma + \mu$$
$$\mathrm{d}x = \sigma\mathrm{d}z$$

求解过程如图 6.13 所示。

$$P(x < k\sigma + \mu) = \int_{-\infty}^{k\sigma+\mu} \frac{1}{\sigma\sqrt{2\pi}} e^{-\frac{1}{2}\left(\frac{x-\mu}{\sigma}\right)^2} dx$$

$$P(z < k) = \int_{-\infty}^{k\sigma+\mu} \frac{1}{\sigma\sqrt{2\pi}} \boxed{e^{-\frac{1}{2}\left(\frac{x-\mu}{\sigma}\right)^2}} dx$$

第一步，用z替换x，方程右边保持不变

$$P(z < k) = \int_{-\infty}^{k\sigma+\mu} \frac{1}{\sigma\sqrt{2\pi}} \boxed{e^{-\frac{1}{2}\left(\frac{z\sigma+\mu-\mu}{\sigma}\right)^2}} \sigma dz \qquad \text{第二步，用z替换方程右边x}$$

$$P(z < k) = \int_{-\infty}^{k} \frac{1}{\sqrt{2\pi}} e^{-\frac{1}{2}z^2} dz$$

第三步，更改上下限制，完成替换

此时，求标准正态分布情况下x的概率相当于求一般正态分布下$\frac{x-\mu}{\sigma}$的概率

图6.13　正态分布公式简化过程

6.5 概率小故事——你的朋友都比你有人缘？

1991年美国掀起了"沙漠风暴"行动，就在大家都关注这一事件时，社会学家斯科特·L.菲尔德发表了一篇题为《为什么你的朋友比你拥有更多的朋友》的文章(图6.14)。

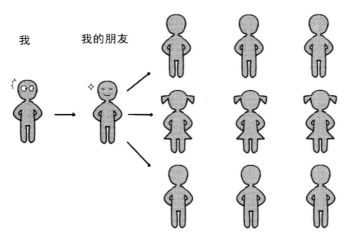

图6.14　为什么你的朋友比你拥有更多的朋友

斯科特·L.菲尔德发现，在几乎所有的社交网络中，人们朋友数量的平均值比人们朋友的朋友数量的平均值要低。换句话说就是，"我朋友的人脉很广"。

仔细想一想,这句话似乎很矛盾,因为友谊是相互的,如果每个人都认为自己的朋友数量少于自己朋友的朋友数量,那么反过来,自己朋友的朋友数量应该比他朋友的要多才对,那么为什么每个人又会觉得自己的朋友数量不如朋友的多呢? 其实这是一个普遍的想法,而造成这一想法的原因是大家的考虑角度不同。下面举一个例子,如图6.15所示(图中人物关系纯属虚构)。

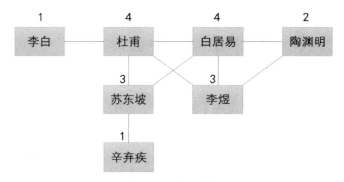

图 6.15   朋友关系

如图6.15所示,名字上方的是这个人的朋友数量,如李白有1个朋友,杜甫有4个朋友,白居易有4个朋友,陶渊明有2个朋友,苏东坡有3个朋友,李煜有3个朋友,辛弃疾有1个朋友。

我们首先计算每个人的平均朋友数量。假定有一个朋友记作1分,有两个朋友记作2分,那么这七个人的总得分是

$$1 + 4 + 4 + 2 + 3 + 3 + 1 = 18$$

平均每个人的朋友数量为 $\frac{18}{7} \approx 2.57$。

根据题意,每个人的朋友的朋友数量 > 自己的朋友数量,那么现在需要计算朋友的朋友数量。计算过程如下。

李白:杜甫得4分。

杜甫:李白得1分,苏东坡得3分,白居易得4分,李煜得3分。

白居易:杜甫得4分,陶渊明得2分,李煜得3分,苏东坡得3分。

陶渊明:白居易得4分,李煜得3分。

苏东坡:杜甫得4分,白居易得4分,辛弃疾得1分。

李煜:杜甫得4分,白居易得4分,陶渊明得2分。

辛弃疾:苏东坡得3分。

现将七个人的信息反馈加起来,正好得到一个总分:56分。

此时再对参与人员总数进行追加,得18。因此,此时朋友的朋友的朋友数量平均值约为3.11,计算结果大于每个人的平均数。想一想这是为什么(图6.16)?

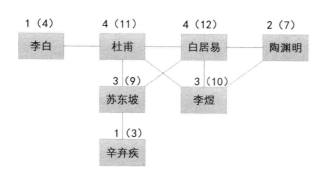

括号里面是"我"朋友的朋友数量。

左图表明：

"我"的朋友的朋友数量是56个，

"我"的朋友数量是18个，

因此，"我"的朋友的朋友平均值约3.11。

图6.16 "我"朋友的朋友数量

这就是典型的"友谊悖论"。那么"友谊悖论"是怎么来的呢？

首先来看"我"的朋友平均数2.57是如何得到的。

根据上面的计算可以发现，"我"一共是7个人，这就相当于有七个盘子，由于每个"我"的朋友数量不同，这就相当于在每个盘子上放了数量不同的苹果。有的放1个，有的放4个，有的放3个，有的放2个，经过统计，一共放了18个苹果。最后计算平均每个盘子的苹果数量约等于2.57个。

现在再来看"我的朋友"的朋友平均数3.11是如何得到的。

根据上面的分析，这里"我的朋友"一共是18个，这就相当于18个盘子，而"我的朋友的朋友"一共是56个。这又相当于56个苹果。这样一来，平均一个盘子里面就是大约3.11个苹果了。

那么56又是怎么来的呢？56其实就是数字"1""4""4""2""3""3""1"的加权和，加权是指这一个数字出现的次数。例如，杜甫是李白的朋友，也是苏东坡、李煜和白居易的朋友，因此杜甫有4个朋友这件事情就会被提及4次，相当于杜甫提供了16个苹果。同样地，白居易也提供了16个苹果，苏东坡和李煜则提供了9个苹果，陶渊明提供了4个苹果，而李白和辛弃疾只提供了1个苹果。这相当于每个数在加起来之前先做了平方运算。这个现象说明，你的朋友越多，你对朋友的朋友的总和产生的影响就越大。所以，当你身边出现了社交达人后，就会让你产生你的朋友都比你人缘好的错觉。因为某些数据会被重复使用。

经常看到新闻里报道某些房产"黑"中介的不法行为时提到：某个房子在卖给一个顾客之后，又被卖给了其他顾客，最后导致了很麻烦的事件发生。这里房子其实还是那一套房子，只是被重复使用了。因此外人在做数据统计时，会以为房子很多，这和友谊悖论是一个道理（图6.17至图6.19）。

图 6.17　老王将房子卖给李大妈

图 6.18　老王将房子卖给张大爷

图 6.19　张大爷和李大妈同时变为了一个房子的潜在业主

　　其实"友谊悖论"的现象在生活中非常常见,人们常常会因数据使用偏差导致对某些事件估算不准。例如,到图书馆时你会发现周围的人都在看书,感觉大家都很努力,而自己却只是偶尔来一次,跟这些人比起来实在是太差劲了。真实情况其实是大家之所以来,就是因为想要看书;而不看书的人,你当然不会在图书馆看到他们。

　　还有一种现象大家可能感受更直接,我们从朋友圈里发现别人过得都好惬意,不是在豪华饭店吃大餐,就是去旅游胜地看风景,让我们越看越焦虑。殊不知,这正是错误地夸大了收集的信息所导致的。毕竟大部分人不会把自己的日常琐事发到朋友圈,要发也都是有一定纪念意义的事情,这些事情对发布的人来说可能只是偶尔为之,但是对于手机这一头的观众来说就以为是别人的日常情况。于是大家都在哀叹为什么她/他过得比我好,这就是过度统计的结果。这不正和"为什么朋友的朋友比我的朋友多"是一个道理吗?

第7章

随机变量的数字特征

前面的章节讨论了离散型随机变量和连续型随机变量的变化规律以及用于描述它们的密度函数。但是在实际应用中,概率分布或密度函数通常很难获取。另外,人们有时关心的往往并不是它们的分布规律,而是它们的某些其他特征。如某篮球队运动员的平均身高、某个田径选手在某个时间段内的平均成绩、某一批电子元件的平均寿命以及各个单独电子元件寿命与平均寿命的偏离程度等。这种由随机变量的分布确定,且能刻画随机变量某一方面特征的常数统称为数字特征。

本章涉及的主要知识点

- 数学期望及其与平均数的关系;
- 随机变量如何计算数学期望;
- 方差的意义;
- 相关系数及如何表明两组数据之间的关系。

7.1 数学期望

数学期望又称均值,如某次考试,班上每个学生的成绩都是离散的数据,将这些学生的成绩相加然后除以人数,得到的就是这个班级这次考试成绩的平均值,同时也称数学期望(图7.1)。因为每个班级人数不同,所以通过比较某次考试成绩的平均值可以很好地衡量不同班级的教学水平。数学期望是随机变量中很重要的一个数字特征,本节将就数学期望的定义、公式及性质进行简单介绍。

图7.1　某学生考试成绩远低于班级平均分

7.1.1 数学期望的定义

某跳远选手进行跳远训练,规定:进入区域A得5分,进入区域B得3分,进入区域C得1分,未过线得分为0。如图7.2所示。

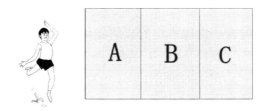

图7.2　跳远规定

该选手每次跳远的得分结果X是一个随机变量,假设X的分布律为

$$P\{X = k\} = p_k, k = 0, 1, 3, 5$$

现在该选手进行跳远训练N次,其中得0分A_1次,得1分A_2次,得3分A_3次,得5分A_4次。该选手在这一轮训练中的单次平均得分可以表示为总得分数÷总起跳次数,具体表述如下。

$$单次平均得分 = \frac{A_1 \times 0 + A_2 \times 1 + A_3 \times 3 + A_4 \times 5}{N} = \sum_{k=0}^{5} k \frac{A_k}{N}$$

式中，$\dfrac{A_k}{N}$ 为事件 $\{X = k\}$ 的频率，当 N 很大时，$\dfrac{A_k}{N}$ 可以近似看作事件 $\{X = k\}$ 的概率 p_k。也就是说，假设试验次数无限大，随机变量 X 的观测值的算术平均 $\sum_{k=0}^{n} k \dfrac{A_k}{N}$ 可以写作 $\sum_{k=0}^{n} k p_k$，将 $\sum_{k=0}^{n} k p_k$ 称为随机变量 X 的数学期望或均值。

7.1.2 ▲ 离散型随机变量的数学期望

假设离散型随机变量 X 的分布律为
$$P\{X = k\} = p_k, k = 1, 2, 3, \cdots$$
若
$$\sum_{k=1}^{\infty} x_k p_k$$
绝对收敛，则称 $\sum_{k=1}^{\infty} x_k p_k$ 为随机变量 X 的数学期望，记为 $E(X)$，即
$$E(X) = \sum_{k=1}^{\infty} x_k p_k$$
离散型随机变量的数学期望经常应用于体育比赛中，如图 7.3 所示。

去掉一个最低分，去掉一个最高分。

图 7.3　某跳水运动员的成绩均值

以跳水运动员为例，他/她在一次跳水中的成绩就是每个裁判给出成绩的总和除以裁判人数，其中当次的最高/低分不记入统计。

7.1.3 ▲ 连续型随机变量的数学期望

设连续型随机变量 X 的概率密度为 $f(x)$，若积分
$$\int_{-\infty}^{\infty} x f(x) \, dx$$
绝对收敛，则称积分 $\int_{-\infty}^{\infty} x f(x) \, dx$ 的值为随机变量 X 的数学期望，同样记为 $E(X)$，即
$$E(X) = \int_{-\infty}^{\infty} x f(x) \, dx$$
由于数学期望 $E(X)$ 完全由随机变量 X 的概率分布确定，因此当 X 服从某一分布时，也称

$E(X)$是该分布的数学期望。

7.1.4 随机变量函数的数学期望

根据上述数学期望的公式可知,数学期望和概率密度有着直接的关系。因此,当给出的条件是随机变量的函数时,可以先求出它的概率密度,然后代入相关公式进行数学期望的求解。

例7.1 某工厂生产一批电子元件,一等品占60%,二等品占30%,次品占10%。其中生产一件一等品可以获利5元,生产一件二等品可以获利2元,生产一件次品损失3元。假设该工厂大量生产该类产品,求工厂生产每件产品的期望利润是多少?

解题思路:

根据离散型数学期望的计算公式可知

$$E(每件产品的期望利润) = \sum_{利润种类}^{利润总类} x_{某件产品利润} \times p_{生产该产品的概率}$$

由题目可知,利润分为+5元、+2元和−3元,其中生产产品利润+5元的概率为60%,生产产品利润+2元的概率为30%,亏本3元的概率为10%。把数据代入上述公式,得

$$E(每件产品的期望利润) = 5 \times 0.6 + 2 \times 0.3 - 3 \times 0.1 = 3.3(元)$$

因此,如果该工厂大量生产该产品,期望利润为每件获利3.3元。

例7.2 老王家里买了一组吊灯(图7.4),假设灯泡的寿命$X_k(k = 1, 2, \cdots)$服从同一个指数分布,且概率密度为

$$f(x) = \begin{cases} \dfrac{1}{\theta} e^{-x/\theta}, x > 0, 且 \theta > 0 \\ 0, x \leqslant 0 \end{cases}$$

求该组吊灯寿命的数学期望。

偷偷拿走一个没问题吧……

图7.4 串联的灯泡坏掉一个就全都不发光

解题思路:

由于灯具采用串联模式,因此求该组灯具的数学期望需要先求最先坏掉的灯的概率分布函数。以任取两个灯泡为例,根据之前随机变量函数的分布的知识,首先求出该组灯具的分布函数。

$$F(x) = \begin{cases} 1 - e^{-\frac{x}{\theta}}, x > 0 \\ 0, x \leqslant 0 \end{cases}$$

则 $N = \min\{X_1, X_2\}$ 的分布函数为

$$F_{\min}(x) = 1 - \left[1 - F(x)\right]^2 = \begin{cases} 1 - e^{-\frac{2x}{\theta}}, & x > 0 \\ 0, & x \leqslant 0 \end{cases}$$

因此 N 的概率密度为

$$f_{\min}(x) = \begin{cases} \dfrac{2}{\theta} e^{-2x/\theta}, & x > 0 \\ 0, & x \leqslant 0 \end{cases}$$

根据数学期望的计算公式得

$$E(X) = \int_{-\infty}^{\infty} x f_{\min}(x)\, \mathrm{d}x = \int_{0}^{\infty} \frac{2x}{\theta} e^{-2x/\theta}\, \mathrm{d}x = \frac{\theta}{2}$$

7.1.5 数学期望的性质

数学期望具有以下性质。

(1)设 C 是常数,则 $E(C) = C$。

(2)设 X 是一个随机变量,C 是常数,则 $E(CX) = CE(X)$。

(3)设 X、Y 是两个随机变量,则 $E(X + Y) = E(X) + E(Y)$。

(4)设 X、Y 是相互独立的随机变量,则 $E(XY) = E(X)E(Y)$。

证明性质(3)

设二维随机变量 (X, Y) 的概率密度为 $f(x, y)$,边缘概率密度为 $f_X(x)$、$f_Y(y)$。

由于

$$E(X + Y) = \int_{-\infty}^{\infty}\int_{-\infty}^{\infty} (x + y) f(x, y)\, \mathrm{d}x\mathrm{d}y = \int_{-\infty}^{\infty}\int_{-\infty}^{\infty} x f(x, y)\, \mathrm{d}x\mathrm{d}y + \int_{-\infty}^{\infty}\int_{-\infty}^{\infty} y f(x, y)\, \mathrm{d}x\mathrm{d}y$$

其中

$$\int_{-\infty}^{\infty}\int_{-\infty}^{\infty} x f(x, y)\, \mathrm{d}x\mathrm{d}y = E(X)$$

$$\int_{-\infty}^{\infty}\int_{-\infty}^{\infty} y f(x, y)\, \mathrm{d}x\mathrm{d}y = E(Y)$$

性质(3)得证。

证明性质(4)

由于 X 和 Y 相互独立,因此

$$\begin{aligned} E(XY) &= \int_{-\infty}^{\infty}\int_{-\infty}^{\infty} xy f(x, y)\, \mathrm{d}x\mathrm{d}y \\ &= \int_{-\infty}^{\infty}\int_{-\infty}^{\infty} xy f_X(x) f_Y(y)\, \mathrm{d}x\mathrm{d}y \\ &= \left[\int_{-\infty}^{\infty} x f_X(x)\, \mathrm{d}x\right]\left[\int_{-\infty}^{\infty} y f_Y(y)\, \mathrm{d}y\right] \\ &= E(X)E(Y) \end{aligned}$$

性质(4)得证。

7.2 方差

日常生活中,有时仅知道一组数据的均值是不够的,人们还想知道有多少数据在均值之上,有多少数据低于均值,以及偏离的程度如何(图7.5)。

图7.5 南郭先生的技艺明显低于正常水平

7.2.1 方差概述

假设有一批电器元件,已知它们的平均寿命是 $E(X)=2000h$,用户对该电器元件的寿命要求是超过1800h即可,那么这批电器元件是否一定能满足客户要求呢? 显然不能,因为其平均寿命是2000h,则有可能是这批元件的寿命都在1900~2100h;也有可能是一部分元件寿命远高于2000h,另一部分元件寿命远低于1800h(如有一半产品寿命接近2500h以上,剩下一半不到1500h,此时满足客户要求的产品实际上只有一半)。因此,为了判断这批电子元件是否真正满足客户需求,还需要对这批电子元件的寿命与它们均值之间的偏离程度进行估算。如果偏离程度小,说明产品寿命都是在均值附近,满足客户需求;如果偏离程度大,则说明该批产品的寿命情况不稳定(图7.6)。

图7.6 表面以大西瓜招揽顾客,里面用小西瓜充数

7.2.2 方差的研究意义

大家先来看如下场景。

老王退休了,手上攒了一些钱,想做投资怕有风险,存在银行又不甘心,于是老王决定买房子。老王拿起手机,打开了房产App开始查看起来(图7.7)。

图 7.7 房子均价

看到房价比想象中的低,老王很开心,于是继续咨询。

老王:喂,是×××房产公司吗?

某房产公司员工A:喂,您好,很高兴为您服务。

老王:请问咱们市中心地段的房子单价现在多少?

某房产公司员工A:您好,先生,市中心的房子均价在2.5万元左右,请问您要看多大户型的呢?

老王:对不起,打扰了。

挂了电话,老王觉得这一定是个意外,于是找了一个离市中心不是很远的另外一处房产的中介电话。

老王:喂,是×××房产公司吗?

某房产公司员工B:喂,您好,很高兴为您服务,请问有什么可以帮您?

老王:咱们这里离市中心也不远,现在房价多少啊?

某房产公司员工B:先生,您好,这里的房价目前相当实惠,离市中心就隔一个街区,发展势头良好,价格还未涨起来……

老王越听越激动,迫不及待地说:你直接说房价吧。

某房产公司员工B:好的,先生,目前均价在2.3万元左右,如果一次性付清,可以在总价基础上优惠3万~5万元不等。

老王:……

在连续打了五个中介电话后,老王内心一片凄凉,明明均价是1.6万元,为何问了几个都是在

2万元以上？就在老王万分绝望的时候,他看到了标价1.3万元的房子,可是仔细一看,发现这地方几乎已经在郊区了。

老王内心暗暗感叹,买房子这事,还真不能看均价,不同地点的房子价格偏离均价太多了,根本不具备参考价值(图7.8)。

图7.8　不能轻易参考"均价"

老王买房的案例给人们的提示:有时均值的参考意义不大,除了看均值外,还需要了解各个参数相对于均值的浮动水平,而这个浮动水平就是方差。方差越小,说明数据的分散性越小,即数据稳定;反之,说明数据不稳定。

那么该如何表示随机变量X相对于均值的偏离程度或波动呢?

图7.9列出了几种方差形式的假想。

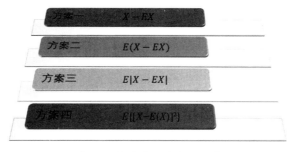

方案一　$X - EX$

方案二　$E(X - EX)$

方案三　$E|X - EX|$

方案四　$E\{[X - E(X)]^2\}$

图7.9　方差的几种表示思路

方案一:X是随机变量;$E(X)$是数学期望,可以看作一个常数。因此,$X - E(X)$是随机变量,不适合做方差。

方案二:根据方差的性质,一个随机变量减去一个常数,它的数学期望相当于该随机变量的数学期望减去该常数,因此$E[X - E(X)] = E(X) - E(X) = 0$。

方案三:绝对值符号涉及分段计算问题,计算不方便。

方案四:完美解决了由于绝对值导致的问题。

因此,方差的定义如下。

设随机变量 X 的数学期望为 $E(X)$,若 $E\left\{\left[X-E(X)\right]^2\right\}$ 存在,则称 $E\left\{\left[X-E(X)\right]^2\right\}$ 为 X 的方差,记作 $D(X)$ 或 $\mathrm{Var}(X)$,即

$$D(X) = \mathrm{Var}(X) = E\left\{\left[X-E(X)\right]^2\right\}$$

实际应用中,人们还会引入量 $\sqrt{D(X)}$,记为 $\sigma(X)$,该符号通常称为标准差或均方差。

7.2.3 方差的计算性质

从图7.10可以发现,方差的计算和数学期望一样,也分为离散型和连续型两种情况。

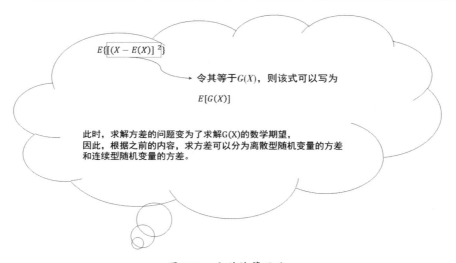

图7.10 方差计算思路

若 X 为离散型随机变量,概率分布为 $P(X = x_i) = p_i$,$i = 1, 2, \cdots$,则方差可以表示为

$$\begin{aligned}
D(X) &= E\left\{\left[X-E(X)\right]^2\right\} \\
&= \left[x_1 - E(X)\right]^2 p_1 + \left[x_2 - E(X)\right]^2 p_2 + \left[x_3 - E(X)\right]^2 p_3 \cdots \\
&= \sum_{i=1}^{\infty}\left[x_i - E(X)\right]^2 p_i
\end{aligned}$$

若 X 为连续型随机变量,概率密度为 $f(x)$,则

$$D(X) = E\left\{\left[X-E(X)\right]^2\right\} = \int_{-\infty}^{\infty}\left[x-E(X)\right]^2 f(x)\,\mathrm{d}x$$

方差有如下四个性质。

(1) $D(C) = 0$。

(2) $D(X + C) = D(X)$。

（3）$D(CX) = C^2 D(X)$。

（4）$D(X) = 0$的充分必要条件为

$$P\{X = E(X)\} = 1$$

性质（1）~（3）的证明如图 7.11 所示。

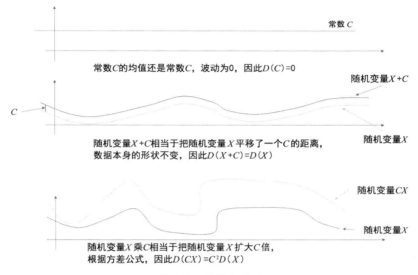

常数 C

常数 C 的均值还是常数 C，波动为 0，因此 $D(C)=0$

随机变量 $X+C$

C

随机变量 $X+C$ 相当于把随机变量 X 平移了一个 C 的距离，数据本身的形状不变，因此 $D(X+C)=D(X)$

随机变量 X

随机变量 CX

随机变量 X

随机变量 X 乘 C 相当于把随机变量 X 扩大 C 倍，根据方差公式，因此 $D(CX)=C^2D(X)$

图 7.11 方差与波动

例 7.3 假设 $P\{X = E(X)\} = 1$，证明下面的公式成立。

$$D(X) = E(X^2) - [E(X)]^2$$

证明：由方差的定义可知

$$D(X) = E\left\{[X - E(X)]^2\right\} = E\left\{X^2 - 2XE(X) + [E(X)]^2\right\}$$

根据数学期望的性质得到

$$E\left\{X^2 - 2XE(X) + [E(X)]^2\right\} = E(X^2) - 2E(X)E(X) + [E(X)]^2$$
$$= E(X^2) - [E(X)]^2$$

公式得证。

上述情况为单变量情况下方差的性质，当存在两个随机变量 X、Y 时，则有

$$D(X + Y) = D(X) + D(Y) + 2E\left\{[X - E(X)][Y - E(Y)]\right\} \tag{7.1}$$

若 X、Y 相互独立，则式（7.1）可以写成如下形式。

$$D(X + Y) = D(X) + D(Y)$$

该公式证明过程如下。

第一步，令 $(X + Y)$ 为一个整体 Z，则

$$D(X + Y) = D(Z) = E\{[Z - E(Z)]^2\}$$

将 $(X + Y)$ 替换 Z，则

$$E\{[Z - E(Z)]^2\} = E\left\{[(X + Y) - E(X + Y)]^2\right\}$$

第二步，根据数学期望的性质（3），得

$$
\begin{aligned}
E\left\{[(X + Y) - E(X + Y)]^2\right\} &= E\left\{[X + Y - E(X) - E(Y)]^2\right\} \\
&= E\left(\{[X - E(X)] + [Y - E(Y)]\}^2\right)
\end{aligned}
\tag{7.2}
$$

展开式（7.2）最右端可得

$$
式(7.2) = E\left\{[X - E(X)]^2 + [Y - E(Y)]^2 + 2[X - E(X)][Y - E(Y)]\right\}
\tag{7.3}
$$

展开式（7.3）得到

$$
式(7.3) = E\left\{[X - E(X)]^2\right\} + E\left\{[Y - E(Y)]^2\right\} + 2E\left\{[X - E(X)][Y - E(Y)]\right\}
\tag{7.4}
$$

第三步，根据方差的定义得

$$
式(7.4) = D(X) + D(Y) + 2E\left\{[X - E(X)][Y - E(Y)]\right\}
\tag{7.5}
$$

展开式（7.5）右端第三项得

$$
2E\left\{[X - E(X)][Y - E(Y)]\right\} = 2E[XY - XE(Y) - YE(X) + E(X)E(Y)]
\tag{7.6}
$$

由方差性质得

$$
\begin{aligned}
式(7.6) &= 2[E(XY) - E(X)E(Y) - E(Y)E(X) + E(X)E(Y)] \\
&= 2[E(XY) - E(X)E(Y)]
\end{aligned}
$$

若 X、Y 相互独立，则 $2[E(XY) - E(X)E(Y)] = 0$，于是

$$D(X + Y) = D(X) + D(Y)$$

7.2.4 ▎ 离散型分布的期望与方差

下面列出几种常见的离散型分布的方差计算公式。

（1）0-1分布。设离散型随机变量 X 的概率分布为

$$
P = \begin{cases} p, & X = 1 \\ q, & X = 0, p + q = 1 \end{cases}
$$

则

$$E(X) = 1 \times p + 0 \times q = p$$

$$E(X^2) = 1^2 \times p + 0^2 \times q = p$$

$$D(X) = E(X^2) - [E(X)]^2 = p - p^2 = pq$$

（2）二项分布。设 $X \sim b(n, p)$，即离散型随机变量 X 的概率分布为

$$P(X = k) = C_n^k p^k q^{n-k}, k = 0, 1, \cdots, n$$

则

$$
\begin{aligned}
E(X) &= \sum_{i=0}^{n} k \times C_n^k p^k q^{n-k} = \sum_{i=0}^{n} k \times \frac{n!}{k!(n-k)!} p^k q^{n-k} \\
&= \sum_{i=1}^{n} \frac{n!}{(k-1)!(n-k)!} p^k q^{n-k}
\end{aligned}
$$

$$= np \sum_{i=1}^{n} \frac{(n-1)!}{(k-1)![(n-1)-(k-1)]} p^{k-1} q^{(n-1)-(k-1)}$$

$$= np(p+q)^{n-1} = np$$

$$E(X^2) = \sum_{i=0}^{n} k^2 C_n^k p^k q^{n-k}$$

$$= \sum_{i=1}^{n} (k-1) \frac{n!}{(k-1)!(n-k)!} p^k q^{n-k} + \sum_{i=1}^{n} \frac{n!}{(k-1)!(n-k)!} p^k q^{n-k}$$

$$= \sum_{i=2}^{n} \frac{n(n-1)p^2(n-2)!}{(k-2)![(n-2)-(k-2)]!} p^{k-2} q^{(n-2)-(k-2)} + np$$

$$= n(n-1)p^2 + np$$

$$D(X) = E(X^2) - [E(X)]^2 = n(n-1)p^2 + np - (np)^2 = npq$$

（3）泊松分布。设随机变量 X 的概率分布为

$$P(X=k) = \frac{\gamma^k}{k!} e^{-\gamma}, k = 0, 1, \cdots$$

则

$$E(X) = \sum_{k=0}^{\infty} k \times \frac{\gamma^k}{k!} e^{-\gamma} = \gamma e^{-\gamma} \sum_{k=1}^{\infty} \frac{\gamma^{k-1}}{(k-1)!} = \gamma e^{-\gamma} e^{\gamma} = \gamma$$

$$E(X^2) = \sum_{k=1}^{\infty} k^2 \times \frac{\gamma^k}{k!} e^{-\gamma}$$

$$= \sum_{k=0}^{\infty} (k-1+1) \frac{\gamma^k}{(k-1)!} e^{-\gamma}$$

$$= e^{-\gamma} \sum_{k=2}^{\infty} \frac{\gamma^k}{(k-2)!} + e^{-\gamma} \sum_{k=1}^{\infty} \frac{\gamma^k}{(k-1)!}$$

$$= e^{-\gamma} \gamma^2 \sum_{k=2}^{\infty} \frac{\gamma^{k-2}}{(k-2)!} + e^{-\gamma} \gamma \sum_{k=1}^{\infty} \frac{\gamma^{k-1}}{(k-1)!} = \gamma^2 + \gamma$$

$$D(X) = E(X^2) - [E(X)]^2 = \gamma^2 + \gamma - \gamma^2 = \gamma$$

（4）退化分布。退化分布也称单点分布，即离散型随机变量只有一个取值 c，此时 $P(X=c)=1$，则

$$E(X) = c \times 1 = c$$

$$E(X^2) = E(c^2) = c^2$$

$$D(X) = E(X^2) - [E(X)]^2 = c^2 - c^2 = 0$$

（5）有限个均匀分布。设离散型随机变量 X 的概率分布为

$$P(X=x_i) = \frac{1}{n}, i = 1, 2, \cdots, n$$

即 $P(X=x_i) = p$，则

$$E(X) = x_1 \times p + x_2 \times p + \cdots + x_n \times p = p \times \sum_{i=1}^{n} x_i$$

$$E(X^2) = x_1^2 \times p + x_2^2 \times p + \cdots + x_n^2 \times p = p \times \sum_{i=1}^{n} x_i^2$$

$$D(X) = E(X^2) - \left[E(X) \right]^2 = p \sum_{i=1}^{n} x_i^2 - p^2 \left(\sum_{i=1}^{n} x_i \right)^2$$

7.2.5 连续型分布的方差

下面列出几种常见的连续型随机变量的期望和方差。

（1）均匀分布（图7.12）。

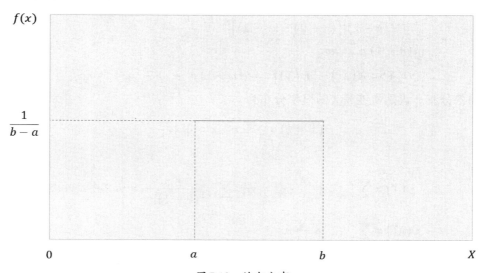

图7.12　均匀分布

设连续型随机变量X在区间$[a,b]$上服从均匀分布，且密度函数为

$$f(x) = \begin{cases} \dfrac{1}{b-a}, a \leqslant x \leqslant b \\ 0, \text{其他} \end{cases}$$

则

$$E(X) = \int_{-\infty}^{\infty} xf(x)\,\mathrm{d}x = \int_{-\infty}^{a} 0\,\mathrm{d}x + \int_{a}^{b} x\frac{1}{b-a}\,\mathrm{d}x + \int_{b}^{\infty} 0\,\mathrm{d}x$$

$$= \frac{1}{b-a} \int_{a}^{b} x\,\mathrm{d}x = \frac{1}{b-a} \times \frac{x^2}{2}\Big|_a^b = \frac{a+b}{2}$$

$$E(X^2) = \int_{-\infty}^{\infty} x^2 f(x)\,\mathrm{d}x = \int_{-\infty}^{a} 0\,\mathrm{d}x + \int_{a}^{b} x^2\frac{1}{b-a}\,\mathrm{d}x + \int_{b}^{\infty} 0\,\mathrm{d}x = \frac{a^2 + ab + b^2}{3}$$

$$D(X) = E(X^2) - \left[E(X) \right]^2 = \frac{a^2 + ab + b^2}{3} - \left(\frac{a+b}{2} \right)^2 = \frac{(b-a)^2}{12}$$

（2）指数分布（图7.13）。

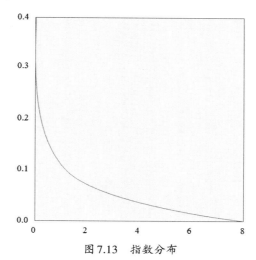

图7.13　指数分布

设随机变量X服从γ的指数分布，且密度函数为

$$f(x) = \begin{cases} \gamma e^{-\gamma x}, & x > 0 \\ 0, & x \leqslant 0 \end{cases}$$

则

$$E(X) = \int_{-\infty}^{\infty} x f(x) \mathrm{d}x = \int_{-\infty}^{0} 0 \mathrm{d}x + \int_{0}^{\infty} x \gamma e^{-\gamma x} \mathrm{d}x$$

$$= -\int_{0}^{\infty} x \mathrm{d}(e^{-\gamma x}) = -x e^{-\gamma x} \big|_{0}^{\infty} + \int_{0}^{\infty} e^{-\gamma x} \mathrm{d}x$$

$$= 0 + \left(-\frac{1}{\gamma} e^{-\gamma x}\right) \big|_{0}^{\infty} = \frac{1}{\gamma}$$

$$E(X^2) = \int_{-\infty}^{\infty} x^2 f(x) \mathrm{d}x = \int_{0}^{\infty} x^2 \gamma e^{-\gamma x} \mathrm{d}x$$

$$= -x^2 e^{-\gamma x} \big|_{0}^{\infty} + 2 \int_{0}^{\infty} x e^{-\gamma x} \mathrm{d}x = \frac{2}{\gamma^2}$$

$$D(X) = E(X^2) - [E(X)]^2 = \frac{2}{r^2} - \frac{1}{r^2} = \frac{1}{r^2}$$

（3）正态分布（图7.14）。

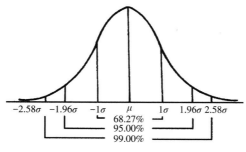

图7.14　正态分布

设随机变量 $X \sim N(\mu, \sigma^2)$，且概率密度为

$$f(x) = \frac{1}{\sqrt{2\pi}\,\sigma} e^{-\frac{(x-\mu)^2}{2\sigma^2}}, \quad -\infty < x < \infty$$

则

$$E(X) = \int_{-\infty}^{\infty} x f(x)\,dx = \int_{-\infty}^{\infty} x \frac{1}{\sqrt{2\pi}\,\sigma} e^{-\frac{(x-\mu)^2}{2\sigma^2}}\,dx$$

令

$$y = \frac{x-\mu}{\sigma}$$

则

$$x = \sigma y + \mu, \quad dx = \sigma dy$$

上述正态分布的公式可以简化为

$$\int_{-\infty}^{\infty} \frac{1}{\sqrt{2\pi}} (\sigma y + \mu) e^{-\frac{y^2}{2}}\,dy = \frac{\sigma}{\sqrt{2\pi}} \int_{-\infty}^{\infty} y e^{-\frac{y^2}{2}}\,dy + \frac{\mu}{\sqrt{2\pi}} \int_{-\infty}^{\infty} e^{-\frac{y^2}{2}}\,dy$$

$$= 0 + \frac{\mu}{\sqrt{2\pi}} \sqrt{2\pi} = \mu$$

$$D(X) = \int_{-\infty}^{\infty} [x - E(X)]^2 f(x)\,dx$$

$$= \int_{-\infty}^{\infty} (x-\mu)^2 \frac{1}{\sqrt{2\pi}\,\sigma} e^{-\frac{(x-\mu)^2}{2\sigma^2}}\,dx$$

令 $y = \dfrac{x-\mu}{\sigma}$，则

$$x = y\sigma + \mu, \quad dx = \sigma dy$$

上式可以写为

$$\int_{-\infty}^{\infty} (y\sigma + \mu - \mu)^2 \frac{1}{\sqrt{2\pi}\,\mu} e^{-\frac{y^2}{2}} \sigma dy$$

$$= \int_{-\infty}^{\infty} \frac{\sigma^2}{\sqrt{2\pi}} y^2 e^{-\frac{y^2}{2}}\,dy = -\sigma^2 \int_{-\infty}^{\infty} \frac{y}{\sqrt{2\pi}}\,d\left(e^{-\frac{y^2}{2}}\right)$$

$$= -\frac{\sigma^2}{\sqrt{2\pi}} y e^{-\frac{y^2}{2}}\Big|_{-\infty}^{\infty} + \sigma^2 \int_{-\infty}^{\infty} \frac{1}{\sqrt{2\pi}} e^{-\frac{y^2}{2}}\,dy = \sigma^2$$

7.3 协方差及相关系数

对于二维随机变量 (X, Y)，人们之前讨论的数学期望和方差都是 X 和 Y 本身的数字特征，那么这两个随机变量之间存在怎样的数学关系呢？本节将通过协方差及相关系数对该问题进行阐述。

7.3.1 协方差

在7.2.3节的最后可以发现,如果两个随机变量X和Y相互独立,则

$$E\{[X - E(X)][Y - E(Y)]\} = 0$$

该公式的意义相当于若

$$E\{[X - E(X)][Y - E(Y)]\} \neq 0$$

则随机变量X和Y相互之间存在一定的关系。

基于上述内容,可以做这样一个约定。

令

$$E\{[X - E(X)][Y - E(Y)]\}$$

为随机变量X和Y的协方差,记为$\mathrm{Cov}(X, Y)$,即

$$\mathrm{Cov}(X, Y) = E\{[X - E(X)][Y - E(Y)]\}$$

令

$$\rho_{XY} = \frac{\mathrm{Cov}(X, Y)}{\sqrt{D(X)} \sqrt{D(Y)}}$$

称为随机变量X和Y的相关系数。

由上述约定可知

$$\mathrm{Cov}(X, Y) = \mathrm{Cov}(Y, X), \mathrm{Cov}(X, X) = D(X) \tag{7.7}$$

由上述定义及式(7.1)可知,对于任意两个随机变量X和Y,有下列等式成立。

$$D(X + Y) = D(X) + D(Y) + 2\mathrm{Cov}(X, Y) \tag{7.8}$$

将式(7.8)的协方差部分展开得到

$$\mathrm{Cov}(X, Y) = E(XY) - E(X)E(Y) \tag{7.9}$$

式(7.9)常用来计算协方差。

7.3.2 协方差的性质

协方差具有如下几点性质。

(1)$\mathrm{Cov}(aX, bY) = ab\mathrm{Cov}(X, Y)$,其中$a$、$b$是常数。

(2)$\mathrm{Cov}(X_1 + X_2, Y) = \mathrm{Cov}(X_1, Y) + \mathrm{Cov}(X_2, Y)$。

首先证明性质(1)。根据协方差的定义知道,性质(1)左边可以写为

$$\begin{aligned}
\mathrm{Cov}(aX, bY) &= E\{[aX - E(aX)][bY - E(bY)]\} \\
&= E[abXY - abYE(X) - abXE(Y) + abE(X)E(Y)] \\
&= abE[XY - YE(X) - XE(Y) + E(X)E(Y)]
\end{aligned}$$

同理,性质(1)右边可以写为

$$abCov(X, Y) = abE\{[X - E(X)][Y - E(Y)]\}$$
$$= abE[XY - XE(Y) - YE(X) + E(X)E(Y)]$$

因此,性质1得证。

然后证明性质(2)。

同样根据协方差的定义,性质2的左边可以写为

$$Cov(X_1 + X_2, Y) = E\{[X_1 + X_2 - E(X_1 + X_2)][Y - E(Y)]\}$$
$$= E\{[X_1 + X_2 - E(X_1) - E(X_2)][Y - E(Y)]\}$$
$$= E[X_1Y + X_2Y - YE(X_1) - YE(X_2) - X_1E(Y) - X_2E(Y) + E(X_1)E(Y) + E(X_2)E(Y)]$$

调整上式变量间的顺序,得到

$$E\{[X_1Y - YE(X_1) - X_1E(Y) + E(X_1)E(Y)] + [X_2Y - YE(X_2) - X_2E(Y) + E(X_2)E(Y)]\}$$
$$= Cov(X_1, Y) + Cov(X_2, Y)$$

因此,性质(2)得证。

例7.4 有一条线段形状类似一条直线,用 Y 表示该线段。为了形象地说明该线段的数学特性,这里用关于 X 的线性函数 $a + bX$ 来近似表示该线段。若要使得该函数足够逼近这条直线,求 a、b 的取值。

解题思路:

很显然,当该函数代表的线段与 Y 之间的误差最小时(损失函数最小),满足题目要求(图7.15)。

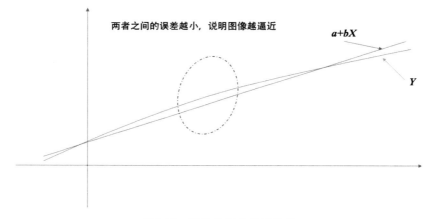

图 7.15 两条线段的质量关系

根据上述讨论,两个图像之间的均方误差表示如下。

$$误差 = E\{[Y - (a + bX)]^2\}$$
$$= E[Y^2 + (a + bX)^2 - 2Y(a + bX)]$$
$$= E(Y^2 + a^2 + b^2X^2 + 2abX - 2aY - 2bXY)$$
$$= E(Y^2) + a^2 + b^2E(X^2) + 2abE(X) - 2aE(Y) - 2bE(XY) \tag{7.10}$$

因此,当误差的偏导数为零时,线段 $a + bX$ 与 Y 最为接近。

$$\begin{cases} \dfrac{\partial 误差}{\partial a} = 2a + 2bE(X) - 2E(Y) = 0 \\ \dfrac{\partial 误差}{\partial b} = 2bE(X^2) - 2E(XY) + 2aE(X) = 0 \end{cases}$$

解上述方程组得

$$b = \frac{\text{Cov}(X, Y)}{D(X)}$$

$$a = E(Y) - bE(X) = E(Y) - E(X) \frac{\text{Cov}(X, Y)}{D(X)}$$

将 a、b 代入式(7.10)得

$$\min_{a,b} E\left\{ \left[Y - (a + bX) \right]^2 \right\} = E\left\{ \left[Y - (a + bX) \right]^2 \right\} = \left(1 - \rho_{XY}^2\right) D(Y) \tag{7.11}$$

7.3.3 相关系数

观察式(7.11)可以发现,相关系数具有如下性质。

(1) $\left| \rho_{XY} \right| \leqslant 1$。

(2) $\left| \rho_{XY} \right| = 1$,当且仅当 $P\{Y = aX + b\} = 1$ 时成立,其中 a、b 为常数。

相关系数 ρ_{XY} 描述的是随机变量 X 和 Y 的线性相关程度,当 $\rho_{XY} = 0$ 时,称 X 和 Y 不相关(图7.16)。

图 7.16   小明的考试结果与下雨的关系

首先证明性质(1)。根据式(7.11)可知

$$E\left\{ \left[Y - (a + bX) \right]^2 \right\} \geqslant 0$$

$$D(Y) \geqslant 0$$

因此

$$1 - \rho_{XY}^2 \geqslant 0 \rightarrow \left| \rho_{XY} \right| \leqslant 1$$

性质(1)得证。

然后证明性质(2)。若 $\left| \rho_{XY} \right| = 1$，则

$$E\left\{ \left[Y - (a + bX) \right]^2 \right\} = 0$$

由于

$$D\left\{ \left[Y - (a + bX) \right]^2 \right\} = E\left\{ \left[Y - (a + bX) \right]^2 \right\} - \left\{ E\left[Y - (a + bX) \right] \right\}^2$$

因此

$$D\left\{ \left[Y - (a + bX) \right]^2 \right\} = -\left\{ E\left[Y - (a + bX) \right] \right\}^2$$

由于

$$D\left\{ \left[Y - (a + bX) \right]^2 \right\} \geqslant 0$$
$$\left\{ E\left[Y - (a + bX) \right] \right\}^2 \geqslant 0$$

因此

$$D\left\{ \left[Y - (a + bX) \right]^2 \right\} = E\left[Y - (a + bX) \right] = 0$$

根据方差的性质(4)得

$$P\left\{ Y - (a + bX) = 0 \right\} = 1$$

即

$$P\{ Y = a + bX \} = 1$$

同理，若

$$P\left\{ \left[Y - (a' + b'X) \right]^2 = 0 \right\} = 1$$

则

$$E\left\{ \left[Y - (a' + b'X) \right]^2 \right\} = 0$$

即

$$E\left\{ \left[Y - (a' + b'X) \right]^2 \right\} \geqslant E\left\{ \left[Y - (a + bX) \right]^2 \right\} = \left(1 - \rho_{XY}^2 \right) D(Y)$$

因此

$$\left| \rho_{XY} \right| = 1$$

性质(2)得证。

例7.5 假设二维随机变量的联合分布律如表7-1所示。

表7-1 二维随机变量的联合分布律

Y	X	
	0	1
0	m	0
1	0	n

其中 $m + n = 1$，求相关系数 ρ_{XY}。

解题思路：

根据题目已知条件，可由 X 和 Y 的联合分布律得到 X 与 Y 的边缘分布率

$$P_X = \begin{cases} m, X = 0 \\ n, X = 1 \end{cases}$$

$$P_Y = \begin{cases} m, Y = 0 \\ n, Y = 1 \end{cases}$$

显然，关于随机变量 X 和 Y 的边缘分布率都服从0-1分布。因此

$$E(X) = m$$
$$D(X) = mn$$
$$E(Y) = m$$
$$D(Y) = mn$$

由协方差的公式得

$$\mathrm{Cov}(X, Y) = E(XY) - E(X)E(Y) = 0 \times 0 \times n + 0 \times 1 \times 0 + 1 \times 0 \times 0 + 1 \times 1 \times m - m \times m$$
$$= m - m^2 = nm$$

再代入相关系数计算公式得

$$\rho_{XY} = \frac{\mathrm{Cov}(X, Y)}{\sqrt{D(X)}\sqrt{D(Y)}} = \frac{mn}{\sqrt{mn}\sqrt{mn}} = 1$$

例7.6 设二维随机变量 X 和 Y 服从二维正态分布，它的概率密度为

$$f(x, y) = \frac{1}{2\pi\sigma_1\sigma_2\sqrt{1-\rho^2}} \exp\left\{\frac{-1}{2(1-\rho^2)}\left[\frac{(x-\mu_1)^2}{\sigma_1^2} - 2\rho\frac{(x-\mu_1)(y-\mu_2)}{\sigma_1\sigma_2} + \frac{(y-\mu_2)^2}{\sigma_2^2}\right]\right\}$$

求二维随机变量是否相关。

解题思路：

同例7.5一样，已知联合概率密度，先求出关于 X 和 Y 的边缘概率密度，即

$$f_X(x) = \frac{1}{\sqrt{2\pi}\,\sigma_1} e^{-\frac{(x-\mu_1)^2}{2\sigma_1^2}}, \quad -\infty < x < \infty$$

$$f_Y(y) = \frac{1}{\sqrt{2\pi}\,\sigma_2} e^{-\frac{(y-\mu_2)^2}{2\sigma_2^2}}, \quad -\infty < y < \infty$$

根据正态分布的方差与均值的计算方法得

$$E(X) = \mu_1$$
$$E(Y) = \mu_2$$
$$D(X) = \sigma_1^2$$
$$D(Y) = \sigma_2^2$$

这里补充两个协方差的计算公式。

离散型随机变量 X 和 Y 的协方差计算公式为

$$\text{Cov}(X,Y) = \sum_i \sum_j [x_i - E(X)][y_j - E(Y)]p_{ij}$$

其中

$$P\{X = x_i, Y = y_j\} = p_{ij}; i, j = 1, 2, 3, \cdots$$

连续型随机变量 X 和 Y 的协方差计算公式为

$$\text{Cov}(X,Y) = \int_{-\infty}^{\infty} \int_{-\infty}^{\infty} [x - E(X)][y - E(Y)]f(x,y)\,\mathrm{d}x\mathrm{d}y \tag{7.12}$$

现在回到例 7.6，参考式 (7.12) 得

$$\text{Cov}(X,Y) = \int_{-\infty}^{\infty} \int_{-\infty}^{\infty} (x - \mu_1)(y - \mu_2)f(x,y)\,\mathrm{d}x\mathrm{d}y$$

$$= \frac{1}{2\pi\sigma_1\sigma_2\sqrt{1-\rho^2}} \int_{-\infty}^{\infty} \int_{-\infty}^{\infty} (x-\mu_1)(y-\mu_2) \times \exp\left[\frac{-1}{2(1-\rho^2)}\left(\frac{y-\mu_2}{\sigma_2} - \rho\frac{x-\mu_1}{\sigma_1}\right)^2 - \frac{(x-\mu_1)^2}{2\sigma_1^2}\right]\mathrm{d}y\mathrm{d}x$$

对上式进行简化，令

$$t = \frac{1}{\sqrt{1-\rho^2}}\left(\frac{y-\mu_2}{\sigma_2} - \rho\frac{x-\mu_1}{\sigma_1}\right)$$

$$\mu = \frac{x - \mu_1}{\sigma_1}$$

则

$$\text{Cov}(X,Y) = \frac{1}{2\pi} \int_{-\infty}^{\infty} \int_{-\infty}^{\infty} \left(\sigma_1\sigma_2\sqrt{1-\rho^2}\,t\mu + \rho\sigma_1\sigma_2\mu^2\right)e^{-\frac{\mu^2+t^2}{2}}\,\mathrm{d}t\mathrm{d}u$$

$$= \frac{\rho\sigma_1\sigma_2}{2\pi}\left(\int_{-\infty}^{\infty}\mu^2 e^{-\frac{\mu^2}{2}}\,\mathrm{d}u\right)\left(\int_{-\infty}^{\infty} e^{-\frac{t^2}{2}}\,\mathrm{d}t\right) + \frac{\sigma_1\sigma_2\sqrt{1-\rho^2}}{2\pi}\left(\int_{-\infty}^{\infty}\mu e^{-\frac{\mu^2}{2}}\,\mathrm{d}u\right)\left(\int_{-\infty}^{\infty} t e^{-\frac{t^2}{2}}\,\mathrm{d}t\right)$$

$$= \frac{\rho\sigma_1\sigma_2}{2\pi}\sqrt{2\pi}\sqrt{2\pi} = \rho\sigma_1\sigma_2$$

即

$$\text{Cov}(X,Y) = \rho\sigma_1\sigma_2$$

因此

$$\rho_{XY} = \frac{\text{Cov}(X,Y)}{\sqrt{D(X)}\sqrt{D(Y)}} = \rho$$

通过例 7.6 可以看出，二维正态随机变量 X 和 Y 的概率密度中的参数 ρ 就是 X 和 Y 的相关系数。因此，二维正态随机变量的分布可以由 X 和 Y 各自的数学期望、方差及它们的相关系数决定。

若随机变量 X 和 Y 服从二维正态分布，那么 X 和 Y 的相互独立条件为 $\rho = 0$。当 $\rho = \rho_{XY}$ 时，对于二维正态分布而言，X 和 Y 不相关等价于 X 和 Y 相互独立。

随机变量的矩与切比雪夫不等式

前面介绍的都是随机变量在低阶情况下的一些表示,本节将简单讲述高阶随机变量的数字特征及切比雪夫不等式的概念。

7.4.1 矩的定义

首先介绍随机变量矩的定义。设 X 和 Y 是随机变量,如果有

$$E(X^k), k = 1, 2, 3, \cdots$$

存在,则称它为 X 的 k 阶原点矩,也称 X 的 k 阶矩。

若

$$E\left\{\left[X - E(X)\right]^k\right\}, k = 2, 3, \cdots$$

存在,则称它为 X 的 k 阶中心矩。

若

$$E(X^k Y^l); k, l = 1, 2, 3, \cdots$$

存在,则称它为 X 和 Y 的 $k+l$ 阶混合矩。

同样的,若

$$E\left\{\left[X - E(X)\right]^k \left[Y - E(Y)\right]^l\right\}, k, l = 1, 2, 3, \cdots$$

存在,则称它为 X 和 Y 的 $k+l$ 阶混合中心矩。

回顾本章前面讲述的内容,对于随机变量 X 的数学期望 $E(X)$,如果把 $E(X)$ 表示为 $E(X^1)$,则数学期望为 X 的一阶原点矩,方差 $D(X)$ 为 X 的二阶中心距,协方差则可以看作 X 和 Y 的二阶混合中心矩。

7.4.2 n 维随机变量的矩

介绍 n 维随机变量的协方差矩阵之前,可以先从二维随机变量的矩说起,再将二维随机变量的矩的形式进行放大,即为 n 维随机变量的矩的形式。

假设存在二维随机变量 X_1、X_2,若

$$E\left\{\left[X_1 - E(X_1)\right]^2\right\}$$

$$E\left\{\left[X_2 - E(X_2)\right]^2\right\}$$

$$E\left\{\left[X_1 - E(X_1)\right]\left[X_2 - E(X_2)\right]\right\}$$

$$E\left\{\left[X_2 - E\left(X_2\right)\right]\left[X_1 - E\left(X_1\right)\right]\right\}$$

上述四式均存在，即二维随机变量有四个二阶中心距，令

$$c_{11} = E\left\{\left[X_1 - E\left(X_1\right)\right]^2\right\}$$

$$c_{22} = E\left\{\left[X_2 - E\left(X_2\right)\right]^2\right\}$$

$$c_{12} = E\left\{\left[X_1 - E\left(X_1\right)\right]\left[X_2 - E\left(X_2\right)\right]\right\}$$

$$c_{21} = E\left\{\left[X_2 - E\left(X_2\right)\right]\left[X_1 - E\left(X_1\right)\right]\right\}$$

将 $c_{ij}; i = 1, 2; j = 1, 2$ 按矩阵形式排列得

$$\begin{vmatrix} c_{11} & c_{12} \\ c_{21} & c_{22} \end{vmatrix}$$

该矩阵称为随机变量 X_1、X_2 的协方差矩阵。

当下标 ij 的取值范围是 $n(n > 2)$ 时，二维随机变量的协方差矩阵变为 n 维随机变量的协方差矩阵。

假设 n 维随机变量 $(X_1, X_2, X_3, \cdots, X_n)$ 的二阶混合中心矩存在，即

$$c_{ij} = \text{Cov}\left(X_i, X_j\right) = E\left\{\left[X_i - E\left(X_i\right)\right]\left[X_j - E\left(X_j\right)\right]\right\}; i, j = 1, 2, \cdots, n$$

存在，因此

$$C = \begin{vmatrix} c_{11} & c_{12} \cdots c_{1n} \\ c_{21} & c_{22} \cdots c_{2n} \\ \vdots & \vdots \ddots \vdots \\ c_{n1} & c_{n2} \cdots c_{nn} \end{vmatrix}$$

被称为 n 维随机变量 $(X_1, X_2, X_3, \cdots, X_n)$ 的协方差矩阵（图7.17）。

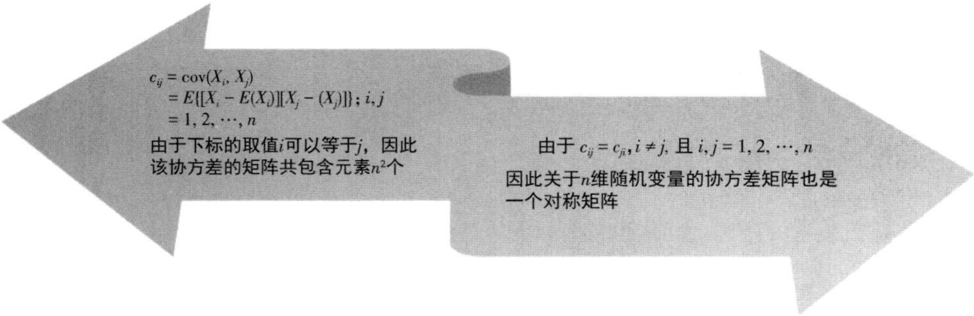

$c_{ij} = \text{cov}(X_i, X_j)$
$= E\{[X_i - E(X_i)][X_j - (X_j)]\}; i, j$
$= 1, 2, \cdots, n$
由于下标 i 可以等于 j，因此该协方差的矩阵共包含元素 n^2 个

由于 $c_{ij} = c_{ji}, i \neq j$, 且 $i, j = 1, 2, \cdots, n$
因此关于 n 维随机变量的协方差矩阵也是一个对称矩阵

图 7.17 关于 n 维协方差矩阵的说明

7.4.3 n 维正态随机变量的概率密度

同7.4.2节对 n 维随机变量的矩的说明一样，这里同样先从二维正态随机变量的形式开始

推导。

首先来看二维正态随机变量(X_1, X_2)的概率密度。

$$f_{(x_1, x_2)} = \frac{1}{2\pi\sigma_1\sigma_1\sqrt{1-\rho^2}} \exp\left\{ \frac{-1}{2(1-\rho^2)}\left[\frac{(x_1-\mu_1)^2}{\sigma_1^2} - 2\rho\frac{(x_1-\mu_1)(x_2-\mu_2)}{\sigma_1\sigma_2} + \frac{(x_2-\mu_2)^2}{\sigma_2^2} \right] \right\}$$

其中

$$X = \begin{vmatrix} x_1 \\ x_2 \end{vmatrix}$$

$$\mu = \begin{vmatrix} \mu_1 \\ \mu_2 \end{vmatrix}$$

由于随机变量服从正态分布，因此矩阵μ就是随机变量X的数学期望，则(X_1, X_2)的协方差矩阵为

$$C = \begin{vmatrix} c_{11} & c_{12} \\ c_{21} & c_{22} \end{vmatrix}$$

协方差矩阵的表示形式，如图7.18所示。

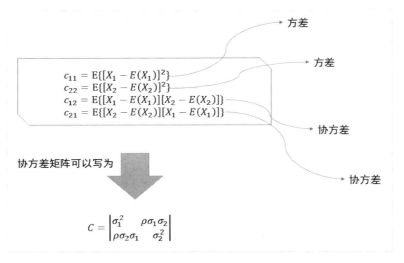

图7.18 协方差矩阵的表示形式

协方差矩阵的表示形式中

$$-\rho\sigma_1\sigma_2 = -\rho\sigma_2\sigma_1$$

用行列式形式表示图7.18中协方差的矩，得

$$\det C = \sigma_1^2\sigma_2^2 - \sigma_1^2\sigma_2^2\rho^2$$

C的逆矩阵为

$$C^{-1} = \frac{1}{\det C}\begin{vmatrix} \sigma_2^2 & -\rho\sigma_1\sigma_2 \\ -\rho\sigma_1\sigma_2 & \sigma_1^2 \end{vmatrix}$$

行列式的计算规则，如图7.19所示。

行列式的求法如下。

$$Z=\begin{vmatrix} a & b \\ c & d \end{vmatrix}$$

假设行列式Z的表示如上，则Z的行列式即该矩阵的对角线相减，即

$$Z = ad - bc$$

行列式的逆矩阵求法如下。
如果矩阵A可逆，则

$$A^{-1} = \frac{A^*}{|A|}$$

式中，A^*为A的伴随矩阵，A^*可以表示为

$$\begin{vmatrix} A_{11} & A_{21} & A_{31} & \dots & A_{n1} \\ A_{12} & A_{22} & A_{32} & \dots & A_{n2} \\ \vdots & \vdots & \vdots & \ddots & \vdots \\ A_{1n} & A_{2n} & A_{3n} & \dots & A_{nn} \end{vmatrix}$$

图7.19　行列式的计算规则

为了得到n维正态随机变量的概率密度函数，首先需要用一个普适性更强的表示方法对二维正态随机变量重新表征。根据以上基本条件得

$$(X-\mu)^{\mathrm{T}}C^{-1}(X-\mu) = \frac{1}{\det C}\begin{vmatrix} x_1-\mu_1 & x_2-\mu_2 \end{vmatrix}\begin{bmatrix} \sigma_2^2 & -\rho\sigma_1\sigma_2 \\ -\rho\sigma_1\sigma_2 & \sigma_1^2 \end{bmatrix}\begin{vmatrix} x_1-\mu_1 \\ x_2-\mu_2 \end{vmatrix}$$

$$= \frac{1}{\det C}\begin{vmatrix} (x_1-\mu_1)\sigma_2^2+(x_2-\mu_2)(-\rho\sigma_1\sigma_2) \\ (x_1-\mu_1)(-\rho\sigma_1\sigma_2)+(x_2-\mu_2)\sigma_1^2 \end{vmatrix}\begin{vmatrix} x_1-\mu_1 \\ x_2-\mu_2 \end{vmatrix}$$

$$= \frac{1}{\det C}\{[(x_1-\mu_1)\sigma_2^2+(x_2-\mu_2)(-\rho\sigma_1\sigma_2)](x_1-\mu_1)+ [(x_1-\mu_1)(-\rho\sigma_1\sigma_2)+(x_2-\mu_2)\sigma_1^2](x_2-\mu_2)\}$$

整理上式大括号内的项得

$$\frac{1}{\det C}[(x_1\sigma_2^2-\mu_1\sigma_2^2-\rho\sigma_1\sigma_2 x_2+\rho\sigma_1\sigma_2\mu_2)(x_1-\mu_1)+(\rho\sigma_1\sigma_2\mu_1-\rho\sigma_1\sigma_2 x_1+\sigma_1^2 x_2-\sigma_1^2\mu_2)(x_2-\mu_2)]$$

$$= \frac{1}{\det C}(x_1^2\sigma_2^2-\mu_1\sigma_2^2 x_1-\rho\sigma_1\sigma_2 x_2 x_1+\rho\sigma_1\sigma_2\mu_2 x_1-x_1\sigma_2^2\mu_1+\mu_1^2\sigma_2^2+\rho\sigma_1\sigma_2 x_2\mu_1-\rho\sigma_1\sigma_2\mu_2\mu_1+ \rho\sigma_1\sigma_2\mu_1 x_2-\rho\sigma_1\sigma_2 x_1 x_2+\sigma_1^2 x_2^2-\sigma_1^2\mu_2 x_2-\rho\sigma_1\sigma_2\mu_1\mu_2+\rho\sigma_1\sigma_2 x_1\mu_2-\sigma_1^2 x_2\mu_2+\sigma_1^2\mu_2^2)$$

$$= \frac{1}{\sigma_1^2\sigma_2^2(1-\rho^2)}(x_1^2\sigma_2^2-\mu_1\sigma_2^2 x_1-\rho\sigma_1\sigma_2 x_2 x_1+\rho\sigma_1\sigma_2\mu_2 x_1-x_1\sigma_2^2\mu_1+\mu_1^2\sigma_2^2+\rho\sigma_1\sigma_2 x_2\mu_1- \rho\sigma_1\sigma_2\mu_2\mu_1+\rho\sigma_1\sigma_2\mu_1 x_2-\rho\sigma_1\sigma_2 x_1 x_2+\sigma_1^2 x_2^2-\sigma_1^2\mu_2 x_2-\rho\sigma_1\sigma_2\mu_1\mu_2+\rho\sigma_1\sigma_2 x_1\mu_2-\sigma_1^2 x_2\mu_2$$

$$= \frac{1}{(1-\rho^2)}\left(\frac{x_1^2}{\sigma_1^2}-\frac{x_1\mu_1}{\sigma_1^2}-\frac{\rho x_2 x_1}{\sigma_1\sigma_2}+\frac{\rho\mu_2 x_1}{\sigma_1\sigma_2}-\frac{x_1\mu_1}{\sigma_1^2}+\frac{\mu_1^2}{\sigma_1^2}+\frac{\rho x_2\mu_1}{\sigma_1\sigma_2}-\frac{\rho\mu_2\mu_1}{\sigma_1\sigma_2}+\frac{\rho\mu_1 x_2}{\sigma_1\sigma_2}-\frac{\rho x_1 x_2}{\sigma_1\sigma_2}+\frac{x_2^2}{\sigma_2^2}- \right.$$

$$\left.\frac{\mu_2 x_2}{\sigma_2^2}-\frac{\rho\mu_1\mu_2}{\sigma_1\sigma_2}+\frac{\rho x_1\mu_2}{\sigma_1\sigma_2}-\frac{x_2\mu_2}{\sigma_2^2}+\frac{\mu_2^2}{\sigma_2^2}\right)$$

$$= \frac{1}{(1-\rho^2)} \left[\frac{1}{\sigma_1^2} \left(x_1^2 - x_1\mu_1 - x_1\mu_1 + \mu_1^2 \right) + \frac{1}{\sigma_2^2} \left(x_2^2 - \mu_2 x_2 - \mu_2 x_2 + \mu_2^2 \right) + \right.$$

$$\left. \frac{\rho}{\sigma_1\sigma_2} \left(-x_2 x_1 + \mu_2 x_1 + x_2\mu_1 - \mu_2\mu_1 + \mu_1 x_2 - x_1 x_2 - \mu_1\mu_2 + x_1\mu_2 \right) \right]$$

$$= \frac{1}{(1-\rho^2)} \left[\frac{1}{\sigma_1^2} \left(x_1 - \mu_1 \right)^2 + \frac{1}{\sigma_2^2} \left(x_2 - \mu_2 \right)^2 - \frac{2\rho}{\sigma_1\sigma_2} \left(x_1 - \mu_1 \right) \left(x_2 - \mu_2 \right) \right]$$

上式已经非常接近二维随机变量的概率密度表达式。因此,(X_1, X_2)的概率密度可以写为

$$f \left(x_1, x_2 \right) = \frac{1}{2\pi^{2/2} (\det C)^{1/2}} \exp \left[-\frac{1}{2} (X - \mu)^\mathrm{T} C^{-1} (X - \mu) \right]$$

上式需要注意的一点是,当只有一个随机变量x_1时,分母上的$2\pi^{2/2}$应变为$2\pi^{1/2}$。

现在引入n维随机变量的情况。与二维随机变量类似,首先引入相关矩阵。

$$X = \begin{vmatrix} x_1 \\ x_2 \\ \vdots \\ x_n \end{vmatrix}$$

$$\mu = \begin{vmatrix} \mu_1 \\ \mu_2 \\ \vdots \\ \mu_n \end{vmatrix}$$

则n维随机变量的概率密度为

$$f \left(x_1, x_2, \cdots, x_n \right) = \frac{1}{2\pi^{n/2} (\det C)^{1/2}} \exp \left[-\frac{1}{2} (X - \mu)^\mathrm{T} C^{-1} (X - \mu) \right]$$

式中,C为$(X_1, X_2, \cdots, X_n)$的协方差矩阵。

7.4.4 ▎ n维随机变量的性质

n维正态随机变量具有如下四条重要性质。

(1)若随机变量$(X_1, X_2, \cdots, X_n)$属于n维正态随机变量,则随机变量的每个元素$X_i, i = 1, 2, \cdots$都是正态随机变量;同样的,若随机变量$X_1, X_2, \cdots, X_n$都属于正态随机变量,且相互独立,则称$(X_1, X_2, \cdots, X_n)$为n维正态随机变量。

(2)现有n维随机变量$(X_1, X_2, \cdots, X_n)$,若它们服从n维正态分布,则$X_1, X_2, \cdots, X_n$的任意线性组合均服从一维正态分布,如

$$l_1 X_1 + l_2 X_2 + \cdots + l_n X_n$$

式中,l_n不全为零,该性质反过来同样成立。

(3)若存在n维正态分布变量$(X_1, X_2, \cdots, X_n)$,对它们做线性变换,如

$$Y = KX + B$$

其中

$$X = X_1, X_2, \cdots, X_n$$
$$K = k_1, k_2, \cdots, k_n$$
$$B = b_1, b_2, \cdots, b_n$$

变化后的 Y 亦服从多维正态分布,该性质称为线性变换不变性。

(4) n 维正态分布各元素间的相关性与独立性关系与二维随机变量一样,相互独立则两两不相关。

7.4.5 切比雪夫不等式

假设随机变量 X 具有数学期望

$$E(X) = \mu$$

方差

$$D(X) = \sigma^2$$

则对于任意的正数 ε,有如下不等式成立。

$$P\{|X - \mu| \geq \varepsilon\} \leq \frac{\sigma^2}{\varepsilon^2}$$

该等式被称为切比雪夫不等式。

切比雪夫不等式表达的数学含义:大多数事件会集中在平均值附近。例如,田径 100m 赛跑中,选手的平均成绩都在 10s 左右,不太可能出现一个人能跑进 2s 的情况。

7.5 概率小故事——赌博默示录

老王和老李酷爱玩牌,他们之前的玩牌方法已经玩够了,于是想出来一个新的玩牌方式(图7.20)。

图 7.20　赌博游戏

玩牌规则如下。

(1)每个人下注100元。

(2)投骰子比大小,谁大算谁赢。

(3)谁先赢到10局,最终比赛算谁赢。

然而,游戏快要结束了,道具坏了。此时老王赢了8局,老李赢了7局,游戏被迫中止。这下可急坏了老王,于是产生了下面的对话。

老王:李哥啊,再买骰子回来也没有兴致玩儿了,要不就收盘吧,钱我就笑纳了。

老李:老王,开什么玩笑,你怎么知道你能赢? 这次不算!

眼看着两个人要扭打在一起,旁边围了不少群众,其中有一个叫帕西奥利的年轻人说:别吵了,大爷们。我看这样吧,王大爷赢了8局,李大爷赢了7局。你们就按照这个比例分钱,王大爷分 $\frac{8}{15}$,李大爷分 $\frac{7}{15}$,这样不就好了(图7.21)?

图 7.21 帕西奥利分配方式

两个老人一听,这样可以,于是一拍即合,高兴地拿钱而去。回到家之后,老王越想越觉得好像哪里不对,但是又说不上来,于是老王发布了一条悬赏,让社会各界有识之士帮忙分析,如果谁最后能说服他,他就愿意将奖金全部拿出来。

重赏之下必有诸葛,很快老王家就来了一群专家学者帮忙出谋划策。其中有一个小伙子叫塔泰格利。他给出了这样一种分配方式(图7.22)。

图 7.22　塔泰格利分配法

塔泰格利的想法是这样的,王大爷先是赢了李大爷,因此王大爷自己的赌本要全额收回,那么剩下李大爷的赌本如何分配? 考虑到王大爷比李大爷多赢了一局,因此王大爷再从李大爷手里拿走 1/10 的赌本。为什么这样分配呢? 其实是遵循如下想法。

(1)赌局刚开始,李大爷和王大爷各自有 100 元赌本,这 100 元钱是一个基数。

(2)随着赌局的进行,李大爷和王大爷之间出现了胜负关系(平局也是一种胜负关系,这里假定王大爷赢了李大爷,反过来也是一样)。

(3)假定王大爷赢了李大爷 n 局,则王大爷应该拿到 $100+10n$ 元钱(根据题目要求,赢满 10 局为限,则每局相当于 10 元钱),同样,王大爷应该拿到 $100-10n$ 元钱(图 7.23)。

听小帕的,你拿106元,我拿94元!　　　　　小塔说得对,我应该拿110元。

图 7.23　两种分配方式

后来,法雷斯塔尼和卡丹诺都参与进来,希望通过这个游戏的分配制度让自己在数学界一炮走红。他们提出了各种推理模型,尽管看起来都挺像模像样,但是最后都被证实是错误的。但是有一点值得肯定的是,他们都发现,起决定作用的并不在于两个人分别胜了多少场,而在于两个人的胜场和最终胜场之间的距离。

就在在场人员都一筹莫展的时候,有一个叫巴斯噶的小伙子跳了出来,他准确地指出了问题的关键(图 7.24)。

王大爷赢了8局，李大爷赢了7局，只能说明王大爷比李大爷先赢到10局的概率更大而已，但是并不能代表最终王大爷一定能赢。而两位大爷现在的胜负关系也不是最终结果。因此应该根据最终胜利的概率来分配赌金。

图7.24　巴斯噶的分配理论

很明显，巴斯噶的说法最符合两人的心理，毕竟游戏没有结束，胜负都是未知。如果提前分配赌本，当然以最终大家的获胜概率为准。因为现在的胜负关系没有尘埃落定，举个极端的例子，老王赢了9局，老李只赢了1局，如果接下来的9局老李连胜，最终获胜的就是老李（当然概率比较低）。

现在回到老王和老李的牌局中来，通过整理之前的信息可知，最多再进行4局游戏就能分出胜负。假如是老王获胜，他需要在接下来的4局中至少赢2局；假如是老李获胜，则需要在4局中至少赢3局。

表7-2　四局游戏的排列组合

局数	胜负关系			
1	老王	老王	老李	老李
2	老王	老李	老王	老李
3	老王	老李	老李	老王
4	老李	老王	老王	老李
5	老李	老王	老李	老王
6	老李	老李	老王	老王
7	老王	老王	老王	老李
8	老王	老李	老王	老王
9	老王	老王	老李	老王
10	老李	老王	老王	老王
11	老王	老王	老王	老王
12	老李	老李	老李	老王
13	老李	老李	老王	老李
14	老李	老王	老李	老李
15	老王	老李	老李	老李
16	老李	老李	老李	老李

如表7-2所示,剩下的4局比赛,老王和老李的胜负关系的组合共16种,其中老王获得最终胜利的情况为局数1~11,老李获得最终胜利的情况为局数12~16。因此,最终的赌本分配,老王应该获得总数的11/16,老李应该获得总数的5/16。

这种分配方法立刻得到了在场所有人的认可,原因很简单,这种算法不仅考虑了两个人之前的游戏结果,更是在这个结果的基础上增加了对于继续玩下去的一种期待。这也是"数学期待"这个名字的由来。

故事到这里应该结束了,但是总有好事者会提出异议(图7.25,图7.26)。

如图7.25和图7.26所示,有人认为,按照游戏规则,老王赢2局游戏就结束,赢3局和4局的情况不会发生,同样,老李赢3局游戏就结束,赢4局的情况也不会发生,如果把这些情况加进去,明显老王占了便宜。

图7.25　好事者对分配结果提出异议之老王

图7.26　好事者对分配结果提出异议之老李

乍一听还挺有道理,但是结果真的如此吗?其实这个人只说对了一半。的确老王赢2局或老李赢3局游戏就结束了,但是老王最终赢的概率却不是3/5,老李最终赢的概率也不是2/5。这里以老王的胜率做一个简单的分析,如图7.27所示。

老王的实际胜率

情况	老王胜利图				概率
1	老王胜 1/2	老王胜 1/2			1/4
2	老王胜 1/2	1/2 老李胜	老王胜 1/2		1/8
3	老王胜 1/2	1/2 老李胜	1/2 老李胜	老王胜 1/2	1/16
4	1/2 老李胜	老王胜 1/2	老王胜 1/2		1/8
5	1/2 老李胜	老王胜 1/2	1/2 老李胜	老王胜 1/2	1/16
6	1/2 老李胜	1/2 老李胜	老王胜 1/2	老王胜 1/2	1/16

图 7.27　老王胜率分析

如图7.27所示,老王的确只要赢得任意2局即可获得最终胜利,因此老王获胜的情况只有6种,而非表格里面的11种,但是这6种获胜的情况概率如下。

情况一:老王连胜两局,由独立事件概率得

$$P\{情况一\} = \frac{1}{2} \times \frac{1}{2} = \frac{1}{4}$$

情况二:老王胜一、三局,老李第二局获胜,则由独立事件概率得

$$P\{情况二\} = \frac{1}{2} \times \frac{1}{2} \times \frac{1}{2} = \frac{1}{8}$$

其中第二个 $\frac{1}{2}$ 是老李获胜的概率。

情况三到情况六的算法同情况一和情况二,分别为 $\frac{1}{16}, \frac{1}{8}, \frac{1}{16}, \frac{1}{16}$。因此老王最终获胜的概率就是这六种情况之和,为 $\frac{11}{16}$,而老李获胜的概率加上老王获胜的概率为1,因此老李获胜的概率就是 $\frac{5}{16}$。

这就是历史上有名的分赌本问题。

第 8 章

机器学习中的损失函数

本书开篇即提到,本书中的数学概念都是为了进行机器学习而需要储备的基本知识。机器学习就是"使用算法解析数据,从中学习,然后对世界上的某件事情做出决定或预测"。这句话表明,建立一个合适的数学模型是机器学习的核心任务。那么什么才是合适的数学模型?是否随意建立一个数学模型就可以让计算机去学习?显然不是。只有预测结果令人满意的数学模型才是人们需要的,通过"最小化损失函数"的方法可以达到这一目的。本章的重点就是围绕机器学习中的损失函数进行深入浅出的说明。

本章涉及的主要知识点

- 信息论与交叉熵损失函数的关系;
- 交叉熵损失函数的定义及应用;
- 如何通过代码实现交叉熵损失函数;
- 解决多分类与二分类问题的损失函数;
- 均方差损失函数与其他自定义损失函数。

8.1 交叉熵损失函数

本节重点介绍机器学习中常用的损失函数——交叉熵损失函数的概念及应用,通过举例的方式让读者对交叉熵的概念有一个直观的了解。

8.1.1 信息论与熵

1. 信息论

信息论是从物理学中借鉴而来的,它是一种用来描述概率分布或概率分布之间相似性的手段。它的基本思想就是,小概率事件的发生一定伴随着大量的信息。通俗地说,就是一个不太可能或很少见的事情发生了,一定比常态事件包含更多的外部信息。例如,有一则消息“一个女生结婚三个月后怀孕了”,这是一件很平常的事情,信息量非常少且不会引起人们关注;但是如果把消息改为“一个男生结婚三个月后怀孕了”,就是一件超乎想象的事情(图8.1)。

图8.1 “男产”事件

通过信息论的基本思想对信息进行量化,通常遵循以下三个性质。

(1)非常可能发生的事件信息量比较少,并且在极端情况下,确定能够发生的事件应该没有信息量。

(2)不太可能发生的事件具有更高的信息量。

(3)独立事件重复发生应具有倍增的信息量。例如,投掷的硬币两次正面朝上传递的信息量应该是投掷一次硬币正面朝上信息量的两倍。

为了满足上述三点性质,定义一个事件 $X = x$ 的自信息(self-information)为

$$I(x) = -\log[P(x)] \tag{8.1}$$

对上述公式说明如下。

（1）$P(x)$是随机事件$X = x$发生的概率，因此$0 < P(x) \leqslant 1$（这里要注意，$P(x)$一定大于0，否则无意义）。

（2）log表示自然对数，其底数为e，该对数是一个增函数。由于在区间$(0,1)$内函数值为负数，因此，在前面增加一个负号，表示事件发生的可能性越大，$I(x)$就越小（图8.2）。

（3）$I(x)$的单位是奈特，1奈特代表一个事件发生概率为$\dfrac{1}{e}$时传递的信息量。

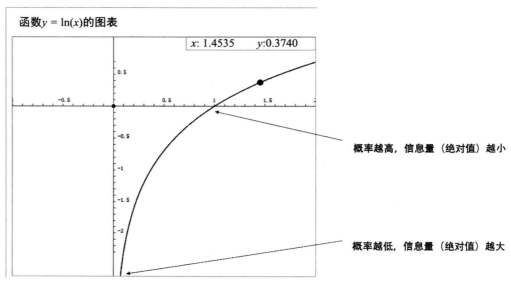

图8.2　自信息曲线

2. 熵

熵是描述上述信息量的期望值的一种术语，数学表述如下。

$$H(X) = E[I(x)] \tag{8.2}$$

这里关于期望值的概念可以参考7.1节。在实际应用中，人们会通过香农熵(Shannon Entropy)对整个事件概率分布的不确定性总量进行量化，数学表述如下。

$$H(X) = E_P[I(x)] = -E_P[\log P(x)] \tag{8.3}$$

不难发现，式(8.3)和式(8.2)其实是同一个公式，$E(X)$是随机变量X的数学期望，相关公式如下。

离散时

$$E(X) = \sum_{k=1}^{\infty} x_k p_k \tag{8.4}$$

连续时

$$E(X) = \int_{k=1}^{\infty} x f(x)\,\mathrm{d}x \tag{8.5}$$

代入式(8.3)后,离散时

$$H(X) = -\sum_{k=1}^{n} p_k \log(p_k) \tag{8.6}$$

连续时

$$H(X) = -\int_{k=1}^{n} f(x) \log f(x) \, \mathrm{d}x \tag{8.7}$$

式中,k 为类别;n 为类别总数。

为了便于读者对这一概念的理解,下面举一个简单的例子。

老耶一家有七口人,大家吃饭的偏好各不相同,为了满足大家各自的需要,同时又不会增加做饭的工作量,老耶家对吃饭主食的规定如下。

早餐:一律吃面包。

午餐:三份米饭,四份面条。

晚餐:两份水饺,两份包子,三份米饭(图8.3)。

图 8.3　老耶一家的"午餐"

现在分别计算这三顿主食的香农熵。

$$\begin{cases} H(早餐) = -1\log\big[p(面包)\big] = -1 \times 0 = 0 \\ H(午餐) = -\frac{3}{7}\log\big[p(米饭)\big] + \left\{-\frac{4}{7}\log\big[p(面条)\big]\right\} = -\frac{3}{7}\ln\left(\frac{3}{7}\right) - \frac{4}{7}\ln\left(\frac{4}{7}\right) \approx 0.68 \\ H(晚餐) = -\frac{2}{7}\log\big[p(水饺)\big] + \left\{-\frac{2}{7}\log\big[p(包子)\big]\right\} + \left\{-\frac{3}{7}\log\big[p(米饭)\big]\right\} \approx 1 \end{cases} \tag{8.8}$$

分析过程为如下。

(1)将早餐看作一次随机试验,则面包是该试验的唯一事件。

(2)将午餐看作一次随机试验,则米饭和面条是该试验的两个基本事件。

(3)将晚餐看作一次随机试验,则水饺、包子和米饭是该次试验的三个基本事件。

香农熵就是确定每次试验时基本事件发生概率时的信息量大小。

很显然,按照这种生活模式,早上吃面包是必然事件;中午吃米饭或面条的可能性居中;晚上的主食变动较大,难以预测(图8.4)。

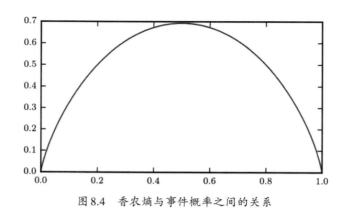

图8.4　香农熵与事件概率之间的关系

图8.4形象地展示了香农熵与事件概率之间的关系。从图中很容易发现,概率接近1或0这种确定性事件时,香农熵取值变小;当概率趋近0.5(均匀分布)时,香农熵取值达到最大。

8.1.2 交叉熵的定义

前面介绍了信息论和熵的基本概念,现在进入本节的主题——交叉熵。交叉熵是如何应用到机器学习或深度学习中的呢?

要想弄明白这个问题,先来看一看什么是损失函数。损失函数是用来估量模型的预测值与真实值的不一致程度的一种方法,它是一个非负函数。一般来说,损失函数越小,模型的鲁棒性越好。这里的"损失"是指人们为了实现某一个目的而搭建的模型的预测结果与真实结果之间的差距。例如,现实生活中,人们往往知道真实事件的结果,但是通向这个结果的真实模型是不存在的。因此,要做的就是搭建一个逼近真实模型的近似模型,并利用这个模型对输入条件进行预测,损失函数的基本原理如图8.6所示。

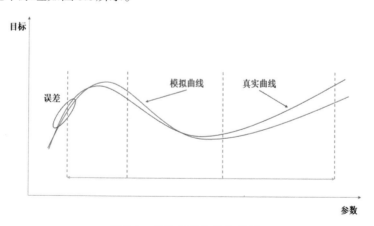

图8.5　损失函数的基本原理

损失函数最大的作用之一就是衡量机器学习的预测能力,减小损失函数的目的就是尽量使真实曲线接近预测曲线(当然也不是越接近越好,原因见第13章过拟合和欠拟合内容)。

在深度学习领域,交叉熵用来刻画两个概率分布方向向量之间的距离,是分类问题中使用比较广的一种损失函数。从这句话可知,距离越小,函数越精确。那么如何判断两个概率分布之间的这个距离是大还是小(图8.6)? 大家接着往下看——交叉熵的计算公式。

图 8.6 拍照的效果与实景之间的差异

8.1.3 交叉熵的计算公式

$$H(P,Q) = -\sum_x P(x)\log Q(x) \tag{8.9}$$

式(8.9)即为交叉熵的计算公式,看起来与式(8.6)、式(8.7)类似,区别在于式(8.9)的左边是 $H(P,Q)$ 而非 $H(X)$,前者代表概率分布 Q 对概率分布 P 估计的准确程度。所以,在使用交叉熵损失函数时,一般设定 P 代表准确结果,Q 代表预测值。

那么式(8.9)是如何得到的? 通过前面的学习已知,一个分布的香农熵是指遵循该分布的事件产生的期望信息总量。这里做一个约定,对于 X 的同一个随机变量,如果有两个单独的概率分布 $P(x)$ 和 $Q(x)$,则可以使用KL散度来衡量这两个分布之间的距离,相关公式如下。

$$D_{KL}(P /\!/ Q) = E_{X-P}\left[\log \frac{P(x)}{Q(x)}\right] = E_{X-P}\{\log[P(x)] - \log[Q(x)]\} \tag{8.10}$$

KL散度是一个非负值,当 $D_{KL} = 0$ 时,表示 $P(x)$ 和 $Q(x)$ 取值相同。在机器学习算法中,经常会用到KL散度来衡量两个概率分布之间的距离,但是实际做法中人们不会直接使用KL散度,而是使用它的替代形式,即式(8.9)所示的交叉熵。交叉熵和KL散度关系密切,用 $H(P,Q)$ 表示交叉熵,则有

$$H(P,Q) = H(P) + D_{KL}(P /\!/ Q) \tag{8.11}$$

将式(8.3)和式(8.10)代入式(8.11)得

$$H(P,Q) = -E_{X-P}[\log P(x)] + E_{X-P}\{\log[P(x)] - \log[Q(x)]\} \tag{8.12}$$

将式(8.12)简化后得

$$H(P,Q) = -E_{X-P}\{\log[Q(x)]\} \tag{8.13}$$

很显然,式(8.9)较式(8.13)列容易被接受。

8.1.4 交叉熵的应用

为了便于理解,本节以 MINIST 手写体数字识别为例,详细说明交叉熵是如何判断数学模型的预测结果是否与真实值接近的。

手写体数字识别问题可以归纳为一个十分类问题,主要判断一张图片中的阿拉伯数字是 0~9 中的哪一个。解决此类分类问题最常用的方法是设置 n 个网络的输出节点,节点的个数要与类别的个数一致。对于网络输入的每一个样本,神经网络的输出都是一个 n 维向量,向量中的每一个结果都对应 n 个类别中的某一类别的概率值。

例如,在理想情况下,如果一个样本属于类别 k,那么该类别对应的输出节点的输出值应该为 1,其他节点的输出值均为 0。以手写体数字识别中的 1 为例,网络模型的输出结果可能是【0.1, 0.8, 0.1, .0, .0, .0, .0, .0, .0, .0】或【0.2, 0.5, 0.2, 0.1, .0, .0, .0, .0, .0, .0】。根据输出结果,人们的直觉是选择其中概率最大的那个数作为最终答案,所以这两个结果都能判断出数字的结果为 1。当然最理想的输出结果一定是【.0, 1.0, .0, .0, .0, .0, .0, .0, .0, .0】。

现在利用交叉熵的公式分别对网络模型的两个输出结果进行计算,判断哪个结果与理想结果最为接近。其计算过程如下。

针对结果【0.1, 0.8, 0.1, .0, .0, .0, .0, .0, .0, .0】:

$$H(P,Q) = -[\,0\log 0.1 + 1*\log 0.8 + 0*\log 0.1 + 7*(0*\log 0)\,] \approx 0.01 \tag{8.14}$$

针对结果【0.2, 0.5, 0.2, 0.1, .0, .0, .0, .0, .0, .0】:

$$H(P,Q) = -[\,0\log 0.2 + 1\log 0.5 + 0\log 0.2 + 0\log 0.1 + 6(0*\log 0)\,] \approx 0.3 \tag{8.15}$$

显然,人们更倾向于第一种结果(图 8.7)。

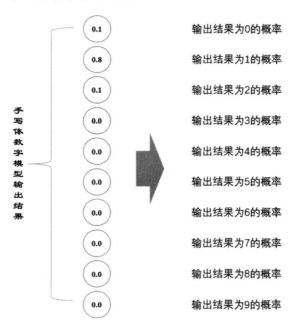

图 8.7　MINIST 手写体输出结果

8.1.5 代码实现

本书以 TensorFlow 为例说明交叉熵损失函数的实现方式。TensorFlow 作为一款非常流行的深度学习框架,本身封装了大量的函数模型,这为用户使用该软件提供了极大的便利。但是很不巧的是,交叉熵的计算过程并没有被 TensorFlow 封装进去。因此,用该框架进行交叉熵计算之前需要事先了解以下几点。

(1)reduce_mean()函数用于求平均值,该函数原型为

```
#reduce_mean (input_tensor, axis,keep_dims, name, reduction_indices)
```

该函数用法如下。

```
a = tf.constant ( [ [1.0, 2.0, 3.0 4.0 5.0], [6.0, 7.0, 8.0, 9.0, 10.0] ] )
print (tf.reduce_mean (a).eval () )
# 输出
5.5
```

(2)log()函数用于求对数函数 ln,该函数原型为

```
#log (x, name)
```

该函数用法如下。

```
a = tf.constant ( [ 1.0, 2.0, 3.0, 4.0, 5.0 ] )
print (tf.log(a).eval () )
# 输出
[0.0 0.6931472 1.0986123 1.3862944 1.6094379]
```

(3)clip_by_value()函数用于指定数值上下限,该函数原型为

```
#clip_by_value (clip_value_min, clip_value_max, name)
```

其中,clip_value_min 和 clip_value_max 分别代表函数的下限和上限。该函数用法如下。

```
a = tf.constant ( [ [ 1.0, 2.0, 3.0, 4.0, 5.0 ], [ 6.0, 7.0, 8.0, 9.0 ,10.0] ] )
print (tf.clip_by_value (3.5, 7.5).eval ())

# 输出
[ [3.5, 3.5, 3.5, 4.0, 5.0]
 [6.0, 7.0, 7.5, 7.5, 7.5] ]
```

显然,通过 clip_by_value()函数,将小于 3.5 的数全部替换为 3.5,将大于 7.5 的数全部替换为 7.5,这样做的目的是防止进行对数运算时出现违反运算规则的情况。

现在以 y 代表模型的预测值向量,以 y_代表真实值标签,则交叉熵 cross_entropy 的计算过程可以表示为

```
cross_entropy = -tf.reduce_mean ( y_ * tf.log ( tf.clip_by_value (y, le-5, 1.0)))
```

8.2 Sigmoid 函数与 Softmax 回归问题

Sigmoid 函数与 Softmax 函数都用来对数据进行分类，其中 Sigmoid 函数用于二分类，而 Softmax 函数用于多分类，当然也可以用于二分类。接下来将介绍它们具体的区别。

8.2.1 Softmax 概述

Softmax 是机器学习中非常重要的分类函数之一，主要用于解决多分类的问题（当然也包括二分类问题）。其常见的应用实例有 MNIST 手写体数字识别问题、服装分类问题等。Softmax 通常位于神经网络的最后一层，它的作用是将前面输出层的数据转化为概率分布，如图 8.8 所示。

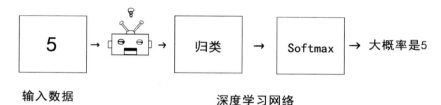

图 8.8 Softmax 使用示例

在机器学习中，Softmax 通常位于网络的最后一层，它将之前网络的输出信息转化为总和为 1 的概率分布，然后对该结果进行交叉熵计算损失，最终确定输出结果。

8.2.2 Softmax 解决多分类问题的原理

假设原始数据经过神经网络计算后输出结果为 $y_1, y_2, \cdots, y_n$，那么再经过 Softmax 回归处理后的输出可以表示如下。

$$\text{Softmax}(y_j) = y_j' = \frac{e^{y_j}}{\sum_{j=1}^{n} e^{y_j}} \tag{8.16}$$

式（8.16）解释如下。

y_j 表示模型的输入参数，经过深度学习模型计算之后，这些参数的数量不发生变化，但是这些参数的数值转换为 y_j'。式（8.16）最右端的 $\frac{e^{y_j}}{\sum_{j=1}^{n} e^{y_j}}$ 代表经过 Softmax 转换后的概率分布，其中分母表示所有数据经过深度学习网络转换后的数值总和，分子代表其中一个数据经过 Softmax 转换后的结果（图 8.9）。

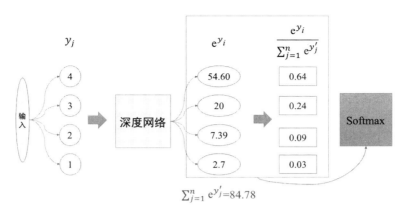

图 8.9　Softmax 分类

上图表明输入是 4 的可能性最大。

8.2.3　解决二分类问题的 Sigmoid 函数

Sigmoid 也称为逻辑激活函数(Logistic Activation Function),它将一个实数值压缩到 0~1。当最终目标是预测概率时,它可以被应用到输出层。它使很大的负数向 0 转变,很大的正数向 1 转变。

Sigmoid 函数表达式如图 8.10 所示。

$$\sigma(z) = \frac{1}{1 + e^{-z}} \tag{8.17}$$

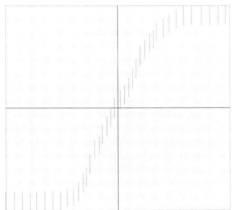

图 8.10　Sigmoid 函数

如图 8.10 所示,Sigmoid 的值域属于 $(0,1)$,并且当输入超过一定范围后,函数的敏感性会急剧降低。

与 Softmax 函数一样,Sigmoid 函数在神经网络中的位置也是位于最后一层,鉴于 Sigmoid 函数的图像特征,Sigmoid 函数通常用于二分类问题。

式(8.17)中

$$z = wx + b$$

式中,x 为网络的输入值;w 为权重;b 为阈值(图 8.11)。当对输入数据设置不同的权值时(相当于对输入数据进行放大或缩小),Sigmoid 函数会发生相应的变化,这种变化对网络计算大有帮助。

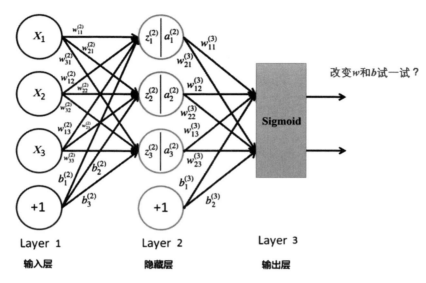

图 8.11　Sigmoid 分类网络

当权值增加时,相当于放大了输入数据,此时经过 Sigmoid 转化后,输入数据会迅速接近 0 或 1,如图 8.12 所示。

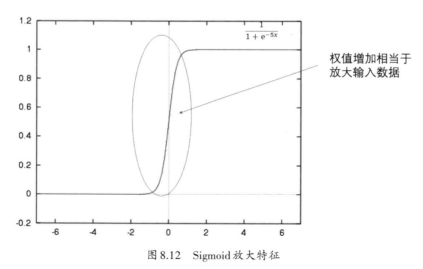

图 8.12　Sigmoid 放大特征

当权重在 $(0, 1)$ 时,相当于将输入数据进行缩小,此时 Sigmoid 似乎变成了一条斜线,这和之前介绍的 Sigmoid 函数性质不一样,真的是这样吗(图 8.13)?

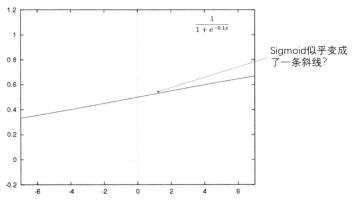

图 8.13　缩小输入数据，Sigmoid 变成斜线

观察图 8.14 可以得出，Sigmoid 图形趋势没有变化，当权重将输入数据缩小后，图像只是在较小的取值空间内，Sigmoid 接近一条斜线。

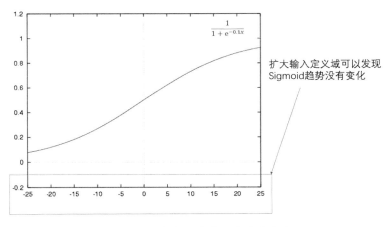

图 8.14　扩大定义域发现依然是曲线

下面有一种极端情况，当权重非常小时，Sigmoid 的状态如图 8.15 所示。

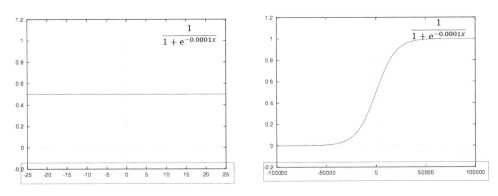

图 8.15　当权重非常小时的 Sigmoid 曲线

图 8.15 表明,当输入数据在某个范围内时,总可以通过设定不同的权值,使得该范围内的 Sigmoid 函数近似为不同斜率的线性函数。同样地,Sigmoid 函数也可以左右平移,如图 8.16 所示,整个图像向右平移 3 个单位,并以 5 倍速率向中间收缩。

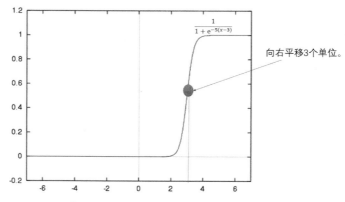

图 8.16　Sigmoid 函数图像缩小和平移特点

Sigmoid 函数具有如下特点。

(1)当权重 w 不为 0 时,Sigmoid 结果在 0~1 且非线性。

(2)当权重 w 为 0 时,Sigmoid 结果为 $\sigma(z) = \dfrac{1}{1 + e^{b}}$,该值为一个常数。

(3)权重和阈值都可以取任意值。

(4)当权重小于 0 时,Sigmoid 变为减函数。

8.3　概率小故事——同一天生日问题

小明是一名插班生,这一天恰逢开学,老师让小明上台进行自我介绍。当时的情况如下。

老师:小明你好,欢迎来到未来小学,加入三年级一班。

小明:老师好、各位同学好。

老师:小明,咱们班平时点名都是按照学号点,因为你正好是第 50 位同学,所以你的学号就是 50。

小明:好的老师。

老师:小明,跟大家说说你有什么爱好吧,这样将来也好加入一个你喜欢的社团。

小明:好的老师,其实我会算卦。刚刚我观察了一下各位同学,我推测班级里有人生日为同一天(图 8.17)。

图 8.17　一语惊人的小明

小明话音刚落,全班"炸锅",老师连忙维持了一下纪律。

老师:同学们,安静,安静! 大家不妨顺着小明的说法做一个小游戏吧。

同学们:好啊!

老师:大家轮流报出自己的生日,如果听到和自己生日一样的,就站起来示意。

小伟:我是 5 月 13 日。

小强:我是 7 月 28 日。

小张:我是 11 月 11 日。

……

就在报了 40 多个人时,果然站起来两个人:小强和小王,两个人生日都是 7 月 28 日。

老师:哇,太不可思议了! 小明,你是如何做到的?

小明:老师,这其实是一个概率问题。假定一年有 365 天,班级里有 50 个人,如果至少有两个人的生日在同一天,相当于 50 个人的生日全都不同这个事件不成立。那么只要计算出 50 个人的生日各不相同的概率,然后用 1 减去这个概率就能知道 50 个人至少两个人的生日在同一天的概率是多少了。

具体做法如下。

假设 1 号同学生日为任意一天,则该同学这一天生日的概率可以看作 1。

假设 2 号同学与 1 号同学不在同一天生日,由于一年有 365 天,其中有一天不能是 2 号同学的生日,因此 2 号同学的生日的概率为 364/365。

假设 3 号同学的生日与 1 号和 2 号同学的生日都不相同,则 3 号同学的生日选择需要从 365 天减去 2 天,因此 3 号同学的生日的概率为 363/365。

依此类推,50 号同学的生日与其他 49 个同学都不相同的概率为 315/365(图 8.18)。

如图 8.18 所示,将 1~50 号同学生日各异的概率连乘,即得到大家生日各异的概率,结果约为 3%,这是一个反常识的现象。把班级人数调整后会发现:当班级只有 10 个人时,两个人同一天生日的概率大约为12%。

当班级人数为366（假定一年365天）时，才能确保一定有至少两个人生日在同一天。

这里的反常识在于人们潜意识地认为50个人的班级有两个人生日为同一天，这件事情太巧了，不太可能出现。其实生活中还有一种现象，概率非常低但是人们却潜意识地认为会发生（图8.19），比如买彩票。

事实上，50个人的生日各异的情况的概率约为3%，
相当于50个人至少两个人同一天生日的概率为97%

理论上，小明至少要去53个这样的班级，才会碰到一个生日全都不同的情况

图8.18 同学生日各异的概率

搏一搏，单车变摩托！

图8.19 反常识现象——中彩票

很多彩民会采取守号、机打或守号加机打的方式去买彩票，感觉总有一天幸运之神会降临，然而真的是这样吗？可以先看一看国内奖金最大的两种彩票的中奖概率。

大乐透：根据大乐透的玩法规则，很容易算出它的中奖概率约为2142万分之一。

双色球：同样地，根据双色球的游戏规则，它的中奖概率约为1772万分之一。

由此可以看出，想通过买彩票实现"财富自由"的概率是极低的。

第 9 章

大数定律

　　大数定律也叫伯努利定律,是历史上第一个极限定律。大数定律的关键在于数量要大,当随机试验大量地重复进行时,通常会呈现某些几乎必然会发生的现象,这就是大数定律。而现实生活中,很多人往往被小数定律误导,产生了各种各样的迷信思想。本章就将何为大数定律以及生活中的小数定律误导人们的现象进行简单的阐述。

本章涉及的主要知识点

● 大数定律的概念及生活中有哪些小数定律;
● 中心极限定律与大数定律的关系。

　　注意:通过对本章的学习,相信很多人会发现平时生活中那些经常伪装在大数定律之下的伪定律现象,从而很好地区分它们,避免被误导。

9.1 大数定律

概率论是一门科学,学者们通过大量的试验对某一现象进行总结发现,当试验次数足够多时,事件发生的频率会逐渐趋于稳定,而这个稳定的数值通常就是该事件的概率。那么什么才是稳定？本节将对其进行详细说明。

9.1.1 生活中的预言家们

生活中人们总喜欢根据个人的喜好给一些本来毫无关联的事物添加一层神秘的色彩。大家还记得保罗吗？就是那只著名的世界杯预言家——章鱼保罗(图9.1)。

章鱼保罗曾经预测了12场世界杯,且预测对了11场,如表9-1所示。

图9.1 章鱼保罗预测世界杯结果

表9-1 章鱼保罗的世界杯预测记录

国家队		章鱼保罗预测结果	实际结果	
			对	错
德国	波兰	德国胜	√	
德国	克罗地亚	克罗地亚胜	√	
德国	奥地利	德国胜	√	
德国	葡萄牙	德国胜	√	
德国	土耳其	德国胜	√	
德国	西班牙	德国胜		√
德国	澳大利亚	德国胜	√	
德国	塞尔维亚	塞尔维亚胜	√	
德国	加纳	德国胜	√	
德国	英格兰	德国胜	√	
德国	阿根廷	德国胜	√	
德国	西班牙	西班牙胜	√	

一开始,这只是德国一家水族馆博取噱头的一个游戏,但是一番"神仙"操作下来,章鱼保罗就出名了(图9.2)。

图 9.2　神奇的章鱼保罗

这么高的预测准确率,很容易使一些人相信保罗是有某些魔力的,但是果真如此吗?且不说保罗只是一只章鱼,从整个预测过程来看,总共只进行了12场预测,且每次都是二选一,只能说保罗的运气实在太好了,为水族馆带来了高收益,也给自己博了个好未来。

9.1.2　小数定律的骗局

章鱼保罗的事件其实是一个典型的小数定律事件。

小数定律是科学家们对"赌徒谬论"研究的总结,通俗来说就是现实生活中,人们往往会根据自己的偏好对一些客观的随机现象做出错误的判断或解释。正如章鱼保罗的例子,保罗每一次的"判断"都是一次随机事件,但是由于样本实在太少(仅有12次),因此人们错误地将这种随机因素认定为保罗拥有某种预测的能力,即人们滥用了典型事件,而忽略了基本概率。

给一只猴子一台计算机和一个键盘,让猴子随便打字。假设猴子可以一直打下去而不停歇,那么最后会发现,在这无穷尽的杂乱无章的文字中,会有一段文字和《圣经》一模一样。理论上这是正确的,但是这显然是不可能的(图9.3)。

图 9.3　猴子打字

之所以会出现保罗现象,是因为数据量非常少,随机现象看上去就很不"随机",让人感觉仿佛有迹可循,甚至像刻意被人安排一样。

典型的案例就是当年苹果ipod在推出随机播放功能时,人们在使用时发现它"很不随机",有些歌曲会一直播放。无奈之下,苹果公司只好放弃真正的随机算法,通过人为控制干预,使已播放的歌曲尽量不过早重复出现。用乔布斯的话说就是,通过"更不随机的做法让人们感觉更随机了"。

小数定律就是当统计数据量很少时,随机事件的发生虽然仍遵循随机的特点,但是表现出来的形式确有可能是各种极端的情况,而这些情况会对人们的判断产生误导,实际上它们和期望毫无关系(图9.4)。

图9.4　盲人摸象(由于数据量不全导致误判)

最典型的案例是抛硬币实验,当抛掷硬币的次数足够多时,出现正面的概率和出现反面的概率几乎是一样的,都是50%。但是如果只抛了5次、10次呢? 会出现2次正和3次反,或者5次正和5次反吗? 当然会,但是也有可能出现5次全正或全反、10次全正或全反。其实硬币落下后的正反概率还是50%,只是在某一段很少的基本事件中碰巧出现了这些极端现象而已。

再如,一个学生做了10道题对了8道题,和这个学生做了1000道题对了800道题完全不是一个概念。前者也许是运气好,而后者肯定是基本功扎实。

在对某个事件有充分了解之前,大家对其的认识就犹如盲人摸象,以偏概全。因此,理解"小数定律"的好处就是,当面对一些生活中无法解释的现象时,不会再感到无法理解,因为这只是在数据量稀少的情况下发生的偶然事件而已。

9.1.3　大数定律

大数定律是从大量的统计数据中推测事件发生频率的客观基础。大数定律的一个前提条件就是数据量要足够大。例如彩票,很多彩民都会统计哪些数字出现的概率高,哪些数字出现的概率低,从而进行选号来增加中奖率(图9.5)。

图9.5 大数定律在彩票中的应用

假设存在一组随机变量 $X_1, X_2, \cdots, X_n$，它们服从同一分布且相互独立，若其数学期望为 μ，那么对于前 n 个变量的算术平均数，存在实数 $\varepsilon > 0$，下式成立。

$$\lim_{n \to \infty} P\left\{\left|\frac{1}{n}\sum\nolimits_{k=1}^{n} X_k - \mu\right| < \varepsilon\right\} = 1 \tag{9.1}$$

证明如下。

由于该组随机变量的数学期望为 μ，因此

$$\frac{1}{n}\sum\nolimits_{k=1}^{n} E(X_k) = \mu$$

假设方差存在，且

$$D(X_k) = \sigma^2$$

由于随机变量之间相互独立，则

$$D\left(\frac{1}{n}\sum\nolimits_{k=1}^{n} X_k\right) = \frac{1}{n^2}\sum\nolimits_{k=1}^{n} D(X_k) = \frac{\sigma^2}{n}$$

结合切比雪夫不等式，可得

$$1 - \frac{\sigma^2/n}{\varepsilon^2} \leqslant P\left\{\left|\frac{1}{n}\sum\nolimits_{k=1}^{n} X_k - \mu\right| < \varepsilon\right\} \leqslant 1$$

令 $n \to \infty$，则

$$\lim_{n \to \infty} P\left\{\left|\frac{1}{n}\sum\nolimits_{k=1}^{n} X_k - \mu\right| < \varepsilon\right\} = 1$$

上式也称弱大数定律（辛钦大数定律）。

如图9.6至图9.9所示，$\frac{1}{n}\sum\nolimits_{k=1}^{n} X_k$ 是一个随机事件，n 取不同的值，随机变量的均值也会不同，当 n 趋近于无穷大时，$\frac{1}{n}\sum\nolimits_{k=1}^{n} X_k$ 的值趋近于数学期望 μ。

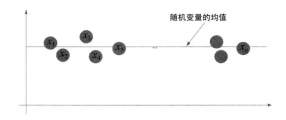

图9.6 数据量非常大时的均值

图9.7 3个数据的均值

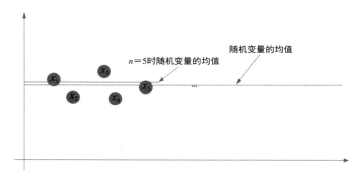

图9.8 5个数据的均值

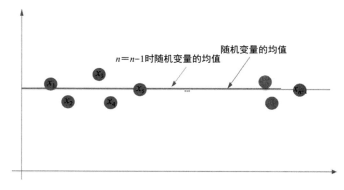

图9.9 n接近无穷时的均值情况

9.2 中心极限定理

大家在做数据处理时,经常会提到中心极限定理,久而久之就会形成一个概念,即中心极限定理是一个万能的处理大数据的理论依据。那么到底什么是中心极限定理呢?

老王去商场买衣服,恰逢商场做活动促销,老王粗略地逛了逛,发现有一家品牌店的门口写着"全场名牌降价,最低70元,最高130元,随挑随选"。老王觉得非常便宜,平均100元就可以买一件衣服了,于是兴冲冲地买了四五件衣服。但是老王没有注意的是,其他几家店门口也挂着降价的牌子,但是上面写的是"全场名牌降价,最低5元,最高20元"(图9.10)。

图9.10 中心极限定理

这是一个生活中很常见的场景,却折射出了中心极限定理的思想:货比三家,买东西前多逛逛总是没坏处的。

现实生活中有很多随机事件,假设这些事件为 A_i,它们本身的属性受大量相互独立的其他随机事件影响,这些其他的随机事件假设为 B_i,每一个 b 对 A_i 的影响是非常小的,但是当大量的 b 影响了 A_i 之后会发现,这些随机事件 A_i 会趋向于正态分布。这种现象就是中心极限定理存在的客观背景。

对于独立同分布的随机变量 $X_1, X_2, \cdots, X_n$,假设它们具有数学期望 $E(X_k) = \mu$,方差 $D(X_k) = \sigma^2 \geqslant 0 (k = 1, 2, \cdots)$,对该随机变量的和进行标准化得

$$G_n = \frac{\sum_{k=1}^{n} X_k - E(\sum_{k=1}^{n} X_k)}{\sqrt{D(\sum_{k=1}^{n} X_k)}} = \frac{\sum_{k=1}^{n} X_k - n\mu}{\sqrt{n}\,\sigma}$$

令 $T_X = \sum_{k=1}^{n} X_k$,则

$$G_n = \frac{T_X - n\mu}{\sqrt{n}\,\sigma}$$

假设 G_n 的分布函数为 $F_n(x)$，则对于任意的 x，有下式成立。

$$\lim_{n \to \infty} F_n(x) = \lim_{n \to \infty} P\left\{ \frac{T_X - n\mu}{\sqrt{n}\,\sigma} \leqslant x \right\} = \int_{-\infty}^{x} \frac{1}{\sqrt{2\pi}} e^{-\frac{t^2}{2}} dt = \varnothing(x) \tag{9.2}$$

证明过程可以参照本书第6章相关内容。

式（9.2）表明，对于任意随机变量 $X_1, X_2, \cdots, X_n$ 而言，若它们的均值 μ、方差 $\sigma^2 \geqslant 0$ 存在，且相互之间独立并服从同一分布形式，那么对于这些随机变量的和 $\sum_{k=1}^{n} X_k$，当 n 取足够大时，有

$$\frac{\sum_{k=1}^{n} X_k - n\mu}{\sqrt{n}\,\sigma} \overline{近似于} N(0,1) \tag{9.3}$$

中心极限定理的意义在于，在现实生活中，很多情况下很难直接求出 n 个随机变量的和 $\sum_{k=1}^{n} X_k$ 的分布函数，但是可以通过间接的方法去求。首先将总体样本进行分类，每次从总体样本中随机抽取 n 个，一共抽取 m 次；然后对这 m 组样本分别求平均值，最后会发现这 m 个平均值随着 n 的增大，趋近于正态分布（图9.11）。

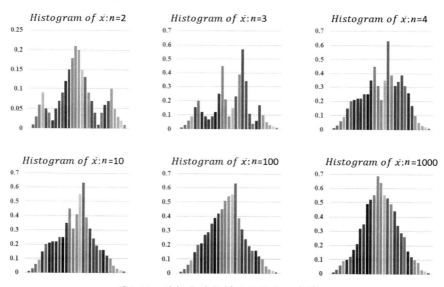

图9.11　随机变量抽样后的均值分布情况

下面展示一段伪代码对该理论进行验证，该段代码采用Python语言编写，结果如图9.12至图9.14所示。

```
01  导入数据库
02  导入绘图模式
03  在[1,6]范围内生成随机数,数量随意  #这里是模仿投骰子测试,随机数的数量尽量大
04  生成数据直方图
```

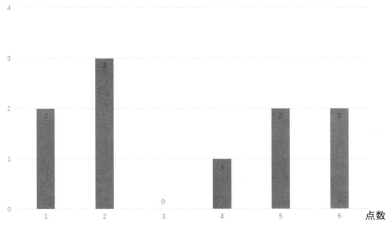

图9.12　投掷10次骰子点数情况

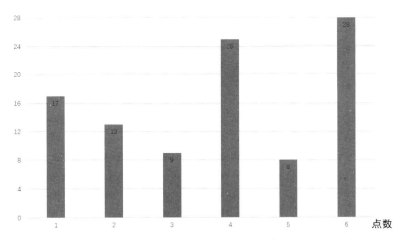

图9.13　投掷100次骰子点数情况

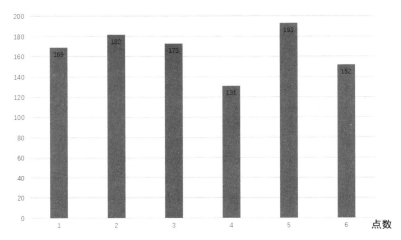

图9.14　投掷1000次骰子点数情况

图9.12至图9.14表明,随着测试次数的增大,每个数字出现的频次也趋于相同。根据中心极限定理,从这些随机结果中任意取 n 个数据为一组,一共取 m 组,则这 m 组数据的平均数符合正态分布。

更新之前的代码如下。

从之前的结果中随机抽取一组数据
```
01  建立一个样本集合
02  任取10个数据
03  输出这10个数据  #这里令10个数据为一组
```

概率小故事——捉羊问题

小明是一个快乐的放羊娃,每天最大的乐趣就是赶着自己可爱的小羊上山玩耍。

由于每天和小羊在一起,小明和小羊们产生了深厚的感情。但是天有不测风云,一天小明和往常一样带着羊儿们上山吃草,也许是草吃腻了,也许是羊产生了叛逆心理,在晚上收工后,小明给羊点名时发现少了16只。这可不得了,小明赶紧跑下山,叫了全村的男壮年(16个人)一起帮忙找羊(图9.15和图9.16)。

图9.15　羊儿们都跑了

交给叔叔们吧,记得来顿烤全羊哦!

羊都跑了!

图9.16　小明寻求村民的帮助

小明:叔叔们,我的羊跑下山了,大家快帮我找一找啊。找到了,我请大家吃烤全羊!

壮年们:没问题! 交给叔叔们了,放心吧,一个都跑不了。

小明:大家要快啊,要是今天晚上找不到,基本上就不可能找到了。

隔壁大爷:年轻人,莫紧张,这么多人还怕找不到吗? 再说了,为什么明天就很难找到了?

小明:大爷啊,山下有岔路,每隔1公里,一条路就变两条路了,我的羊跑之前都吃饱了,一个小时正好可以跑1公里。现在是晚上7点钟,到了12点咱们的16个人就真的不够找羊了,到了明天可能一只羊都找不到了。

隔壁大爷:怎么会呢?

小明:我给你们分析一下吧(图9.17)。

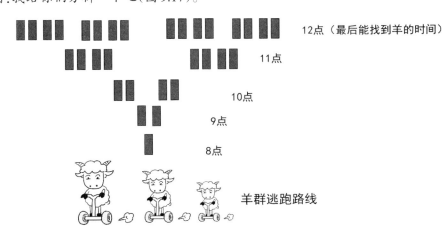

12点（最后能找到羊的时间）

11点

10点

9点

8点

羊群逃跑路线

图9.17　羊的逃跑路线

小明:我的羊群8点会到达大路上,之后按照每小时1公里计算,9点羊的面前会有两条路,羊群会随机进入这两条路,现在的16个人也可以一条路分8个人。

10点羊群会随机进入4条路,同样的人群也分为4条路线抓羊。

11点羊群随机进入8条路,12点羊群随机进入16条路,此时人群可以分为16条路线。如果12点结束之前人群追不上走丢的羊群,到了凌晨1点,路口又会分为32条,此时羊群会随机进入32条路口。

隔壁大爷:小明啊,晚上路不好走,但是这些小伙子们还是很有希望在1点前堵截住你的羊的。

壮年甲:我想到了,小明你的羊不喜欢集体活动,他们一定会尽量分散,如果到了凌晨1点,它们一定会分散在32条路线中的16条,还有一半的概率把它们全部抓到!

壮年乙丙丁:对啊,小明,你平时运气这么好,现在有一半机会可以在1点前把羊全部抓到,你就放心吧,50%的概率呢!

小明:不对,就算你们能在凌晨1点截到我的羊,全部抓回也不是50%的概率。

隔壁大爷:为什么不是50%? 你有16只羊,跑进了32条路,咱村正好有16个人,不是正好有一半概率给你全部抓回来吗?

小明:咱们可以把这个场景建立一个数学模型。32条路线可以看作32个盒子,16只羊相当于在16个盒子里面各放进去一只球,咱们16个人可以看作从这32个盒子中随机抽取了16个盒子,现在要求的就是16个盒子都是有球的概率。

小明:现在咱们可以把16个人在32条路线抓羊的事件看作不放回随机取样事件,如果想要抓回全部的羊,则相当于16次取样抓到的盒子都有球。

第一次抓到有球的盒子概率为

$$P(1) = \frac{16}{32} = 1/2$$

第二次抓到有球的盒子概率为

$$P(2) = \frac{15}{31} = 15/31$$

第三次抓到有球的盒子概率为

$$P(3) = \frac{14}{30} = 7/15$$

依此类推,第 n 次抓到有球的盒子概率为

$$P(n) = \frac{16 - n + 1}{32 - n + 1}$$

第16次抓到有球的盒子概率为

$$P(16) = \frac{16 - 16 + 1}{32 - 16 + 1} = 1/17$$

因此,若想在凌晨1点刚好把羊全部抓回来,那么概率为

$$P(抓回全部羊) = P(1) \times P(2) \times \cdots \times P(16) \approx 0$$

想要在凌晨1点前抓回全部的羊的可能性几乎为0。

那么,村民们最有可能帮助小明抓回几只羊呢?

这个问题可以简化为如下数学模型。

有32个盒子,其中空盒子16个,装球的盒子16个,现在从这些盒子中随机抽取16个盒子,问里面空盒子与装球盒子的比例是多少?

这是一个极大似然估计问题(后面的章节会专门讲述),这里用最朴实的方法,即穷举法说明这个问题。

穷举法就是统计这16个人最终抓到羊的数量的概率,如抓到1只羊的概率、抓到2只羊的概率,直到抓到16只羊的概率(图9.18)。

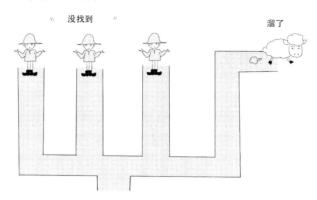

图9.18 村民抓羊概率是随机的

假如村民们一只羊也没有抓到,即村民判断错了羊的路线,去的全部是羊没有走的路线,相当于从32只盒子中取走了16个空盒子,假设此事件概率为$P(0)$,则

$$P(0) = \frac{n(\text{全部取走空盒子的组合数量})}{n(\text{32个盒子任取16个的组合数量})} = \frac{1}{C_{32}^{16}} \approx 0 \qquad (9.4)$$

式(9.4)中,由于一共有16个空盒子,现在从这16个空盒子中取走16个空盒子,即取走全部空盒子,组合方式唯一,因此分子为1;而从32个盒子中任取16个盒子,在不考虑排列顺序的情况下,组合数量为C_{32}^{16}。

村民抓回来一只羊,即32个盒子任取16个,其中1个盒子有球,假设此事件概率为$P(1)$,则

$$P(1) = \frac{n(\text{16个有球的盒子任取1个} \times \text{16个空盒子任取15个的排列数量})}{n(\text{32个盒子任取16个的组合数量})} = \frac{C_{16}^1 \times C_{16}^1}{C_{32}^{16}} \approx 0 \qquad (9.5)$$

式(9.5)中,16个带球盒子任取一个有16种可能情况,16个空盒子任取15个空盒子的情况与16个空盒子任取一个空盒子的情况相同,因此也有16种可能情况。同时,取带球盒子与取空盒子相互独立。因此,32个盒子任取16个,其中1个盒子有球的情况共有$C_{16}^1 \times C_{16}^1$种。

村民抓回来2只羊,相当于从32个盒子任取16个,其中2个盒子有球,假设此事件概率为$P(2)$,则

$$P(2) = \frac{n(\text{16个有球的盒子任取2个} \times \text{16个空盒子任取14个的排列数量})}{n(\text{32个盒子任取16个的组合数量})} = \frac{C_{16}^2 \times C_{16}^2}{C_{32}^{16}} \approx 0 \qquad (9.6)$$

式(9.6)中,16个带球盒子任取2个,有C_{16}^2种排列组合的情况(这里两次取到的盒子相同顺序不同,算一种情况)。同样地,16个空盒子任取14个的情况与16个空盒子任取2个的情况相同,因此也有C_{16}^2种排列组合的情况。由于取带球盒子与取空盒子事件相互独立,因此32个盒子任取16个,其中2个盒子有球的情况共有$C_{16}^2 \times C_{16}^2$种。

按照上述分析思路,假设村民抓回来3只羊的概率为$P(3)$,则

$$P(3) = \frac{n(16个有球的盒子任取3个 \times 16个空盒子任取13个的排列数量)}{n(32个盒子任取16个的组合数量)} = \frac{C_{16}^3 \times C_{16}^3}{C_{32}^{16}}$$

村民抓回来4只羊的概率为$P(4)$，则

$$P(4) = \frac{n(16个有球的盒子任取4个 \times 16个空盒子任取12个的排列数量)}{n(32个盒子任取16个的组合数量)} = \frac{C_{16}^4 \times C_{16}^4}{C_{32}^{16}}$$

村民抓回来5只羊的概率为$P(5)$，则

$$P(5) = \frac{n(16个有球的盒子任取5个 \times 16个空盒子任取11个的排列数量)}{n(32个盒子任取16个的组合数量)} = \frac{C_{16}^5 \times C_{16}^5}{C_{32}^{16}}$$

村民抓回来6只羊的概率为$P(6)$，则

$$P(6) = \frac{n(16个有球的盒子任取6个 \times 16个空盒子任取10个的排列数量)}{n(32个盒子任取16个的组合数量)} = \frac{C_{16}^6 \times C_{16}^6}{C_{32}^{16}}$$

村民抓回来7只羊的概率为$P(7)$，则

$$P(7) = \frac{n(16个有球的盒子任取7个 \times 16个空盒子任取9个的排列数量)}{n(32个盒子任取16个的组合数量)} = \frac{C_{16}^7 \times C_{16}^7}{C_{32}^{16}}$$

村民抓回来8只羊的概率为$P(8)$，则

$$P(8) = \frac{n(16个有球的盒子任取8个 \times 16个空盒子任取8个的排列数量)}{n(32个盒子任取16个的组合数量)} = \frac{C_{16}^8 \times C_{16}^8}{C_{32}^{16}}$$

村民抓回来9只羊的概率为$P(9)$，则

$$P(9) = \frac{n(16个有球的盒子任取9个 \times 16个空盒子任取7个的排列数量)}{n(32个盒子任取16个的组合数量)} = \frac{C_{16}^9 \times C_{16}^9}{C_{32}^{16}}$$

村民抓回来10只羊的概率为$P(10)$，则

$$P(10) = \frac{n(16个有球的盒子任取10个 \times 16个空盒子任取6个的排列数量)}{n(32个盒子任取16个的组合数量)} = \frac{C_{16}^{10} \times C_{16}^{10}}{C_{32}^{16}}$$

村民抓回来11只羊的概率为$P(11)$，则

$$P(11) = \frac{n(16个有球的盒子任取11个 \times 16个空盒子任取5个的排列数量)}{n(32个盒子任取16个的组合数量)} = \frac{C_{16}^{11} \times C_{16}^{11}}{C_{32}^{16}}$$

村民抓回来12只羊的概率为$P(12)$，则

$$P(12) = \frac{n(16个有球的盒子任取12个 \times 16个空盒子任取4个的排列数量)}{n(32个盒子任取16个的组合数量)} = \frac{C_{16}^{12} \times C_{16}^{12}}{C_{32}^{16}}$$

村民抓回来13只羊的概率为$P(13)$，则

$$P(13) = \frac{n(16个有球的盒子任取13个 \times 16个空盒子任取3个的排列数量)}{n(32个盒子任取16个的组合数量)} = \frac{C_{16}^{13} \times C_{16}^{13}}{C_{32}^{16}}$$

村民抓回来14只羊的概率为$P(14)$，则

$$P(14) = \frac{n(16个有球的盒子任取14个 \times 16个空盒子任取2个的排列数量)}{n(32个盒子任取16个的组合数量)} = \frac{C_{16}^{14} \times C_{16}^{14}}{C_{32}^{16}}$$

村民抓回来15只羊的概率为$P(15)$，则

$$P(15) = \frac{n(16个有球的盒子任取15个 \times 16个空盒子任取1个的排列数量)}{n(32个盒子任取16个的组合数量)} = \frac{C_{16}^{15} \times C_{16}^{15}}{C_{32}^{16}}$$

村民抓回来16只羊的概率为$P(16)$,则

$$P(16) = \frac{n(16个有球的盒子任取16个 \times 16个空盒子任取0个的排列数量)}{n(32个盒子任取16个的组合数量)} = \frac{C_{16}^{16} \times C_{16}^{16}}{C_{32}^{16}}$$

将村民抓羊回来的概率用表9-2表示如下。

表9-2 村民抓羊数量概率

0只羊	1只羊	2只羊	3只羊	4只羊
$\dfrac{1}{C_{32}^{16}}$	$\dfrac{C_{16}^{1} \times C_{16}^{1}}{C_{32}^{16}}$	$\dfrac{C_{16}^{2} \times C_{16}^{2}}{C_{32}^{16}}$	$\dfrac{C_{16}^{3} \times C_{16}^{3}}{C_{32}^{16}}$	$\dfrac{C_{16}^{4} \times C_{16}^{4}}{C_{32}^{16}}$
5只羊	6只羊	7只羊	8只羊	9只羊
$\dfrac{C_{16}^{5} \times C_{16}^{5}}{C_{32}^{16}}$	$\dfrac{C_{16}^{6} \times C_{16}^{6}}{C_{32}^{16}}$	$\dfrac{C_{16}^{7} \times C_{16}^{7}}{C_{32}^{16}}$	$\dfrac{C_{16}^{8} \times C_{16}^{8}}{C_{32}^{16}}$	$\dfrac{C_{16}^{9} \times C_{16}^{9}}{C_{32}^{16}}$
10只羊	11只羊	12只羊	13只羊	14只羊
$\dfrac{C_{16}^{10} \times C_{16}^{10}}{C_{32}^{16}}$	$\dfrac{C_{16}^{11} \times C_{16}^{11}}{C_{32}^{16}}$	$\dfrac{C_{16}^{12} \times C_{16}^{12}}{C_{32}^{16}}$	$\dfrac{C_{16}^{13} \times C_{16}^{13}}{C_{32}^{16}}$	$\dfrac{C_{16}^{14} \times C_{16}^{14}}{C_{32}^{16}}$
15只羊	16只羊			
$\dfrac{C_{16}^{15} \times C_{16}^{15}}{C_{32}^{16}}$	$\dfrac{C_{16}^{16} \times C_{16}^{16}}{C_{32}^{16}}$			

经过对结果进行匹配,发现除了抓8只羊的情况,其余抓羊数量的概率均有重复,用计算器求出具体数值,如图9.19所示。

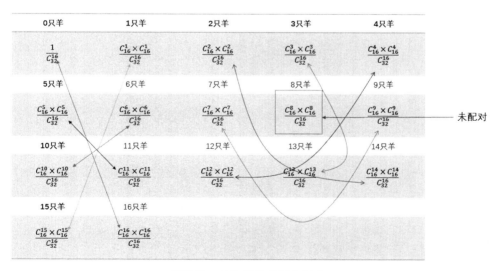

图9.19 村民抓羊数量与概率

如图9.20所示,如果村民可以赶在凌晨1点前堵截住羊群,则村民能够抓回的羊的数目为7~

9只,这个区间范围的概率占到村民所有抓捕情况的70%以上。这就涉及置信区间的问题,关于置信区间问题会在后面的章节详细介绍。

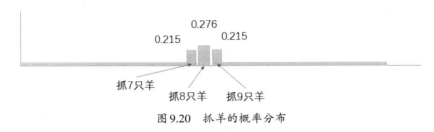

图9.20 抓羊的概率分布

第 10 章

样本及抽样分布

　　前面章节讲述的是概率论的相关内容,本章介绍数理统计的相关内容。那么概率论和数理统计有什么区别? 简单来说,概率论研究的是已知数据分布的前提下数据的特点和规律;而数理统计则是在对所要研究的数据分布不了解的情况下,通过反复的、独立的试验,再对所得到的观察值进行分析,从而推断所要研究的随机变量的特点和规律。

本章涉及的主要知识点

- 总体与样本的概念介绍;
- 基本的统计方法;
- 通过图的形式表示数据的分布规律;
- 抽样分布。

总体及样本

在统计学中,人们在对所研究的数据分布并不清楚的情况下,往往会通过分析找到它们的客观规律或者确定它们的分布情况,这种做法叫作数理统计(图10.1)。这种研究很重要,如在医学上研究某种病毒的扩散性、在生产制造中研究某件产品的合格程度等。通过对总体样本的分析,人们可以对某种事件有一个全面的把握,从而提前做出规划。

图 10.1 抽样也要考虑总体

10.1.1 ▮ 总体与个体的概念

1. 总体
在数理统计中,人们关心的是所要研究对象的某一个指标,为此会进行和这一指标相关的大量随机试验,而这些随机试验的所有可能结果称为总体。

2. 个体
上述构成总体的随机试验的每一个可能的结果都被称为个体。

如图10.2所示,所有高考考生的成绩放在一起就构成了一个整体,而每个考生的成绩则为这个整体的个体。其中整体包含的个体的数目称为总体的容量,容量有限的总体称为有限总体,容量无限的总体称为无限总体。例如,假如统计的是全世界所有考生的高考成绩,由于统计量太大,就可以假设其为无限总体。

图 10.2　总体与个体

例 10.1　判断图 10.3 中的场景,并指出哪些属于有限总体,哪些属于无限总体(图 10.3)。

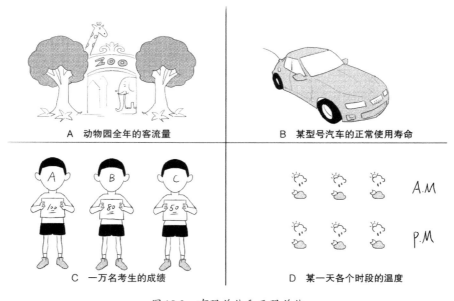

图 10.3　有限总体和无限总体

场景 A:令 N_i, $i = 1, 2, 3, \cdots, 365$ 代表每一天的客流量,显然总体数量为 365(假设每年都为 365 天),因此场景 A 为有限总体。

场景 B:某型号汽车的正常使用寿命,由于该汽车每年销售量很大,因此可以认为它是一个无限总体。

场景 C:随机抽取一万名考生的试卷,每个考生的成绩作为一个观察值,所有考生的成绩组成的总体包含一万个观察值,因此属于有限总体。

场景 D:某一天各个时段的温度,由于一天中各个时段是一个连续的数据,可以认为待采集样本量巨大,因此它是一个无限总体。

这里有限总体与无限总体的概念是相对的,如某人非常有钱,那么他的钱对于普通人来说就是取之不尽、用之不竭的,因此可以看作无限总体(图 10.4)。

当有限总体包含的数量非常大时，可以看作无限总体

先定个小目标，赚他一个亿！

图 10.4　有限总体与无限总体

10.1.2　总体分布

总体由一个个的个体组成,而个体又由一次次的随机试验观察得到。因此,研究总体的分布特征相当于研究个体的分布特征。令 X 表示总体事件中随机变量的集合,那么研究总体就相当于研究随机变量 X, X 的分布函数与相关特征就是总体的分布函数与相关特征。

例 10.2　某校高三举行摸底考试,考试结果分为不及格、一般、良好、优秀四个档次,每个档次对应的学生人数分别为 97 人、344 人、525 人、34 人。求该校高三学生摸底考试的总体分布情况。

对于例 10.2 而言,求本次摸底考试该校高三学生成绩的总体分布,就是求每个档次的人员比例。由此引出总体分布的概念:总体中不同类别的占比分布称为总体分布。

根据总体分布的定义,本例首先需要求出每个档次的考生占比情况。依据本题目,该校高三共有 1000 名考生,每个分数档次的考生占比依次为 $\frac{97}{1000}$、$\frac{344}{1000}$、$\frac{525}{1000}$、$\frac{34}{1000}$。

本例中的总体就是分数档次的集合,即{不及格,一般,良好,优秀}。

因此,总体分布如表 10-1 所示。

表 10-1　某校高三考试分数分布

分数档次	不及格	一般	良好	优秀
占比	$\frac{97}{1000}$	$\frac{344}{1000}$	$\frac{525}{1000}$	$\frac{34}{1000}$

例 10.3　假设现在有一条灯泡生产线,生产出来的灯泡经过检测只有两种结果:正品、次品。假如用 0 代表灯泡为正品,用 1 代表灯泡为次品。假设灯泡的次品率为 p,求该批灯泡的总体分布。

解题思路：

由于灯泡经过检测只有正品和次品两种结果，因此总体仅包含数字0和数字1(具体数目不详)。由于已知次品率，因此对于产品中的个体而言，分布律可以写为

$$P\{X = x\} = p^x(1 - p)^{1-x} \begin{cases} 1 - p, & x = 0 \\ p, & x = 1 \end{cases}$$

即总体符合0−1分布。

10.1.3 ▲ 总体的样本

总体是由一个个的个体组成，那么这一个个的个体就是总体的样本。关于样本的定义如下。

从总体中随机抽取 n 个个体，记为 $x_i(i = 1, 2, \cdots, n)$，将这个由 x_i 组成的集合称为总体的一个样本，其中 n 代表样本的容量，样本中的个体称为样品(图10.5)。

图 10.5　总体、样本与样品的关系

通常情况下，总体的分布规律很难得到，常见的做法是从总体中抽取部分个体组成样本，通过观察样本的特性推测总体的特性。在这个过程中，每次从总体抽取的个体都是相互独立且随机的，因此可以认为由这些个体组成的样本具有与总体相同的分布特性，这些样本称为简单随机样本。

10.1.4 ▲ 随机抽样

对于有限总体，通常采取放回抽样的方法得到简单随机样本，如果有限总体包含的个体数量远大于样本容量，则可以采用不放回抽样的方式。

对于无限总体，由于总体包含的个体数量远大于样本容量，因此可以采用不放回抽样的方法进行测试。

常见的随机抽样需要满足如下两个基本要求。

(1)样本具有随机性。样本具有随机性意味着总体中的每一个个体都要与总体具有相同的

分布特性,以此保证每一个个体有同等机会被选到。

(2)样本具有独立性。样本具有独立性意味着每次从样本中选取一个个体后,不会对后续的测试产生影响。

对于简单随机样本,有如下定义。

(1)假如 $x_1, x_2, \cdots, x_n$ 是总体 X 的一个样本且具有分布函数 F_x,则 $x_1, x_2, \cdots, x_n$ 的联合分布函数可以表示为

$$F(x_1, x_2, \cdots, x_n) = \prod_{i=1}^{n} F(x_i)$$

(2)假如 $x_1, x_2, \cdots, x_n$ 是总体 X 的一个样本且具有概率密度 f,则 $x_1, x_2, \cdots, x_n$ 的概率密度函数可以表示为

$$f(x_1, x_2, \cdots, x_n) = \prod_{i=1}^{n} f(x_i)$$

(3)假如 $x_1, x_2, \cdots, x_n$ 是总体 X 的一个样本且为离散型随机变量,则 $x_1, x_2, \cdots, x_n$ 的联合概率密度可以表示为

$$p(x_1, x_2, \cdots, x_n) = P(X = x_1, X = x_2, \cdots, X = x_n) = \prod_{i=1}^{n} P(X = x_i)$$

例 10.4 假设总体 X 服从 $E = \mu, D = \sigma^2$ 的正态分布,现在从该整体中任取样本 $(x_1, x_2, \cdots, x_n)$,求样本 $(x_1, x_2, \cdots, x_n)$ 的概率密度。

解题思路:

根据简单随机抽样的性质,$(x_1, x_2, \cdots, x_n)$ 样本间相互独立,且与总体 X 具有相同的分布特征,因此先求总体 X 的概率密度。根据题目要求,总体的概率密度为

$$f(x) = \frac{1}{\sigma\sqrt{2\pi}} e^{-\frac{1}{2}\left(\frac{x-\mu}{\sigma}\right)^2}$$

于是得到样本的概率密度为

$$f_n(x_1, x_2, \cdots, x_n) = \prod_{i=1}^{n} f(x_i) = \left(\frac{1}{\sigma\sqrt{2\pi}}\right)^n e^{\sum_{i=1}^{n}\left[-\frac{1}{2}\left(\frac{x_i-\mu}{\sigma}\right)^2\right]}$$

例 10.5 某小区一个晚上出入车辆的次数为 X,求这一总体的简单随机样本 $x_1, x_2, \cdots, x_n$ 的分布情况。

解题思路:

与例 10.4 一样,先求出总体 X 的分布情况。根据题目要求可知,总体 X 服从泊松分布,概率函数为

$$p(x) = P(X = x) = \frac{\lambda^x}{x!} e^{-\lambda}$$

因此得简单随机样本 $x_1, x_2, \cdots, x_n$ 的分布为

$$p(x_1, x_2, \cdots, x_n) = \prod_{i=1}^{n} P(X = x_i) = \prod_{i=1}^{n} \frac{\lambda^{x_i}}{x_i!} e^{-\lambda}$$

10.2　直方图和箱线图

数据本身都是杂乱无章的,为了研究它们的特性,人们会将测试得到的观察值进行一个有序排列,以方便找出它们的规律。其中比较常见的处理方式有直方图和箱线图两种,本节将一一进行介绍。

10.2.1　直方图

在我们平时的生活和工作中,比较常见的数据统计方式之一就是直方图,其清晰明了的表述方式可以很直接地呈现数据问题(图 10.6)。

图 10.6　直方图由矩形块组成

例 10.6　某医院一个月内有 100 名新生儿降生,这 100 名新生儿的出生体重如图 10.7 所示,请根据该图表绘制新生儿体重的频率直方图。

4.7	5.2	5.6	7.1	6.7	6.0	5.2	6.9	8.1	7.3
4.9	5.6	5.9	6.3	6.2	5.9	7.1	6.9	7.7	5.2
7.2	6.5	7.7	8.2	4.9	7.4	6.6	8.1	5.8	7.4
5.2	5.1	6.2	8.1	6.7	8.2	7.3	5.7	4.2	8.3
7.1	7.2	7.1	6.3	6.5	7.3	6.4	6.4	7.5	7.3
6.9	5.2	6.3	6.4	6.8	5.8	8.1	5.6	4.3	8.1
6.3	7.1	8.2	5.9	7.7	7.7	6.3	5.9	6.2	7.7
6.4	5.5	7.1	5.7	4.2	5.9	6.4	7.7	5.9	6.7
7.1	7.2	5.1	6.3	6.5	6.3	7.4	6.4	7.5	6.3
6.7	5.9	5.6	7.1	5.7	6.0	8.2	6.9	7.1	7.3

图 10.7　新生儿出生体重(斤)

解题思路：

首先需要对这些数据进行初步整理，找出这组数据的上下限。由表10-2得，该组数据的最大值为8.3，最小值为4.2，为了将所有数据包含在统计空间内，将统计空间定义为[4.15, 8.35]。现将区间等分为六份，则区间的间隔为 $\dfrac{8.35-4.15}{6}=0.7$，0.7 也称组距。最后求出落在每个区间内的频数，并据此求得对应的频率。结果如表10-2所示。

表10-2　新生儿出生体重(斤)比例

组别区间	频数(f_i)	频率(f_i/n)	累积频率
(4.15~4.85)	4	0.04	0.04
(4.85~5.55)	12	0.12	0.16
(5.55~6.25)	20	0.20	0.36
(6.25~6.95)	26	0.26	0.62
(6.95~7.65)	22	0.22	0.84
(7.65~8.35)	16	0.16	1

根据表10-2的数据，将该院新生儿的体重绘制出频率直方图，如图10.8所示。

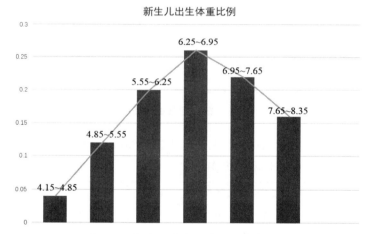

图10.8　新生儿出生体重的频率直方图

如图10.8所示，每个矩形的宽度为1，每个矩形的面积(相当于矩形的高度)等于数据落在该区间内的频率。该直方图的外轮廓曲线近似于总体的概率密度曲线，仔细观察本直方图还会发现，该直方图中间高，两端低，类似于正态分布的形式。当统计量足够大时，该直方图会无限接近正态分布。

关于直方图的画法有一点需要注意，即上下限的取值应该比数据的精度提高一位，防止数据落在分割点上(图10.9)。

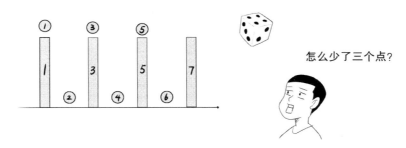

图 10.9　数据落在分割点的情况

如上图所示,有部分数据落在分割点上,让人以为是统计错误。

10.2.2　箱线图

箱线图(Box-plot)也称盒须图或箱形图等,是显示一组数据的分散情况的统计图。由于箱线图的形状很像一个箱子,因此得名。

箱线图在绘制时需要特别注意样本分位数。《概率论与数理统计》(第四版)[①]对分位数的描述如下。

假设样本的容量为n,观察值记作$x_1, x_2 \cdots, x_n$,样本p分位数$(0 < p < 1)$记作x_p,它有如下性质。

(1)至少有np个观察值$\leqslant x_p$;

(2)至少有$n(1 - p)$个观察值$\geqslant x_p$。

图10.10是某班级期末考试成绩,下面以此为例,详细说明四分位数的使用方法。

现在公布期末考成绩!

姓名	成绩
张三	87
李四	76
王五	92
白云	88
黑土	89
李雷	93
韩梅梅	77
小强	56
小明	65
小红	71
小丽	84

图 10.10　某班级期末考试成绩

四分位数就是把样本中的数据先从小到大排列,然后等分为四份,如图10.11所示。

① 盛骤,谢式千,潘承毅.概率论与数理统计[M].4版.北京:高等教育出版社,2008.

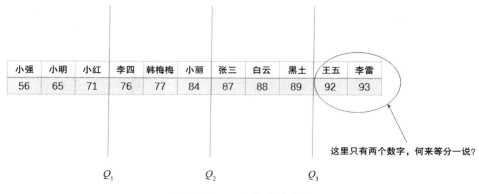

小强	小明	小红	李四	韩梅梅	小丽	张三	白云	黑土	王五	李雷
56	65	71	76	77	84	87	88	89	92	93

这里只有两个数字，何来等分一说？

Q_1　　　　Q_2　　　　Q_3

图 10.11　四分位数的用法

如图 10.11 所示，第一个四分位数 Q_1 又称下四分位数，相当于将样本中所有数值从小到大排列后取值前 25% 的样本，记作 $P = 0.25$，即 $x_{0.25}$。

第二个四分位数 Q_2（也可记为 M）也称中位数，相当于所有数据从小到大排列后中间的那个数，即 $P = 0.5$，即 $x_{0.5}$。

第三个四分位数 Q_3 也称上四分位数，相当于样本所有数据从小到大排列后取位置在 75% 以后的样本，记作 $P = 0.75$，即 $x_{0.75}$。

第三个四分位数与第一个四分位数之间的距离又称四分位间距。

理解了样本分位数的概念后，如何确定四分位数的位置呢？通常分为以下两种情况。

（1）np 不是整数。当 np 不是整数时，由于只能有一个分位点，因此该分位点的位置是大于 np 的最小整数，即该点位于 $np+1$ 的位置。例如，当 $n=11$，$p=0.8$ 时，$np=8.8$，所以至少有 8.8 个数据 $\le x_p$。又由于 $n(1-p) = 2.2$，因此至少有 2.2 个数据 $\ge x_p$。综上所述，x_p 位于第九个样本处。

（2）np 是整数。当 np 是整数时，有可能会出现两个符合要求的值，因此需要选择这两个点的平均值作为 x_p。

结合情况（1）和（2），得到 x_p 的计算公式为

$$x_p = \begin{cases} x_{(np+1)}, & \text{当} np \text{不是整数} \\ \dfrac{1}{2}\left[x_{np} + x_{(np+1)}\right], & \text{当} np \text{是整数} \end{cases}$$

当 $p=0.5$ 时，即所求取的分位点是中位数时，有

$$x_{0.5} \begin{cases} x_{(0.5n+1)}, & n = 1, 3, 5, \cdots \\ \dfrac{1}{2}\left[x_{0.5n} + x_{(0.5n+1)}\right], & n = 2, 4, 6, \cdots \end{cases}$$

因此，当 n 取奇数时的中位数就是样本最中间的数，当 n 取偶数时的中位数就是该组样本中间两个数的平均值。

例 10.7　假设有一组样本共包含 18 个数据，样本的数据值如图 10.12 所示，分别求取该组数据 $p = 0.2$、$p = 0.3$、$p = 0.5$ 时的分位数。

17	23	15	36	29	22
19	37	26	27	24	31
32	38	18	25	33	35

图 10.12　某组数据

解题思路：

首先将数据按照从小到大的顺序重新排列，如图 10.13 所示。

15	17	18	19	22	23
24	25	26	27	29	31
32	33	35	36	37	38

图 10.13　数据重排

根据上面提到的情况分别求解。

（1）$np = 18 \times 0.2 = 3.6$，np 不是整数，因此，$x_{0.2}$ 应该位于 3.6+1 的位置，即位置 4 处，$x_{0.2}=19$。

（2）$np = 18 \times 0.3 = 5.4$，np 不是整数，因此，$x_{0.3}$ 应该位于 5.4+1 的位置，即位置 6 处，$x_{0.3} = 23$。

（3）$np = 18 \times 0.5 = 9$，np 是整数，因此，$x_{0.5}$ 应该取该组数据中间两个数的均值，即 $x_{0.5} = \frac{1}{2}(26 + 27) = 26.5$。

介绍完样本分位数后，下面介绍箱线图（图 10.14）。

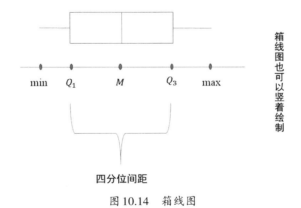

四分位间距

图 10.14　箱线图

如图 10.14 所示，箱线图由一个类似箱子的几何图形和一条直线组成。在下面对应的轴线上有五个基本元素，这五个基本元素也是箱线图的基本约束，分别为最小值 min，第一四分位数 Q_1、中位数 M（第二四分位数 Q_2）、第三四分位数 Q_3 和最大值 max。箱线图的画法如下。

第一步，绘制一条水平轴线，并在轴线上从左至右依次标注 min，Q_1，M，Q_3 和 max，如图 10.15 所示。

图 10.15　定义箱线图的区间

第二步,在数轴上绘制矩形箱体,如图10.16所示。

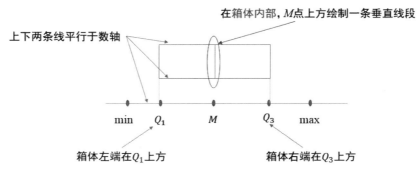

图 10.16 　绘制矩形箱体

第三步,补全箱线图的上下限,如图10.17所示。

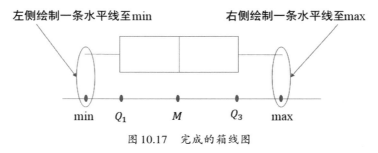

图 10.17 　完成的箱线图

观察箱线图的特点,可以发现箱线图具有以下几个重要特性。

(1)包含中心位置,即中位数所在的位置。中位数的概念很重要,其在数据统计中代表一种位置关系(图10.18)。

图 10.18 　平均数不平均?

(2)可以清晰明了地表明数据的分布情况。所有的数据均落在数轴上的[min,max]空间内,且被 Q_1、M、Q_3 三个点平均四等分。当某个区间长度较小时,说明该区间内的数据间隔小,数据点分布密集;反之则说明该区间内数据分布较分散。

（3）中位数在箱体中的位置可以说明数据是否对称。若中位数在箱体中部,说明数据较为对称;若中位数不在中部,可以根据中位数的位置判定数据的倾向。

例 10.8　现在用 Excel 生成一组 8 个随机数,经过排序后,数据如图 10.19 所示,试做出箱线图。

73	80	86	88	95	99	103	110

图 10.19　Excel 生成的随机数

解题思路:

首先确定箱线图的五个基本要素,绘制水平轴,可得水平轴最大值和最小值分别为

$$min = 73$$
$$max = 110$$

计算出分位点位置。

在本例中,$n = 8$,$p = 0.25$、0.5、0.75,因此

$$\begin{cases} Q_1 = \dfrac{1}{2}(80 + 86) = 83, \ np = 2 \\ Q_2 = \dfrac{1}{2}(88 + 95) = 91.5, \ np = 4 \\ Q_3 = \dfrac{1}{2}(99 + 103) = 101, \ np = 6 \end{cases}$$

最后依据五个基本元素绘制箱线图,并按照绘制箱线图的步骤添加各元素,最终得到的箱线图如图 10.20 所示。

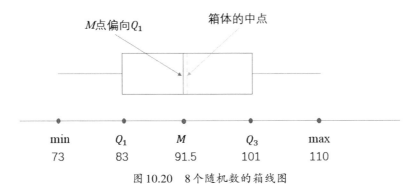

图 10.20　8 个随机数的箱线图

箱线图最大的优势是对多组数据进行对比和分析。

例 10.9　某高校举办运动会,其中有一项运动是跳远,现随机抽取男女运动员各 20 名,对他们的成绩绘制箱线图并做比较。

女子组跳远成绩如图 10.21 所示。

| 3.1 | 2.6 | 2.5 | 2.6 | 4.0 | 3.0 | 2.5 | 3.6 | 2.8 | 3.8 |
| 3.5 | 3.0 | 3.6 | 4.4 | 4.4 | 3.8 | 3.0 | 2.9 | 4.1 | 3.9 |

图 10.21　女子组跳远成绩

男子组跳远成绩如图 10.22 所示。

| 3.8 | 3.7 | 4.8 | 3.8 | 3.6 | 7.0 | 4.6 | 4.5 | 5.5 | 6.5 |
| 4.1 | 4.2 | 5.0 | 5.8 | 5.5 | 5.5 | 5.9 | 3.7 | 4.0 | 5.6 |

图 10.22　男子组跳远成绩

解题思路：

首先将男女组的成绩按分别从小到大的顺序重新排列。

女子组跳远成绩重新排列后如图 10.23 所示。

| 2.5 | 2.5 | 2.6 | 2.6 | 2.8 | 2.9 | 3.0 | 3.0 | 3.0 | 3.1 |
| 3.5 | 3.6 | 3.6 | 3.8 | 3.8 | 3.9 | 4.0 | 4.1 | 4.4 | 4.4 |

图 10.23　女子组跳远成绩重新排列

男子组跳远成绩重新排列后如图 10.24 所示。

| 3.6 | 3.7 | 3.7 | 3.8 | 3.8 | 4.0 | 4.1 | 4.2 | 4.5 | 4.6 |
| 4.8 | 5.0 | 5.5 | 5.5 | 5.5 | 5.6 | 5.8 | 5.9 | 6.5 | 7.0 |

图 10.24　男子组跳远成绩重新排列

确定女子组箱线图基本参数。

$$\begin{cases} \text{min} = 2.5 \\ Q_1 = 2.85 \\ M = 3.3 \\ Q_3 = 3.85 \\ \text{max} = 4.4 \end{cases}$$

确定男子组箱线图基本参数。

$$\begin{cases} \text{min} = 3.6 \\ Q_1 = 3.9 \\ M = 4.7 \\ Q_3 = 5.55 \\ \text{max} = 7.0 \end{cases}$$

作出箱线图，如图 10.25 所示。

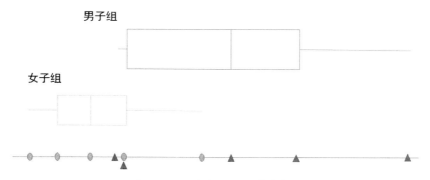

图 10.25　男女组跳远成绩箱线图

很显然,男子组的跳远成绩要好于女子组,同时男子组的成绩也更加分散。

箱线图除了可以对多组数据进行比较之外,还可以用来检查数据中是否存在异常值(图 10.26)。

图 10.26　丑小鸭

异常值是指在数据集中出现了某个观察值明显大于或小于其他数据,这种值的出现往往需要被特别关注。异常值出现的原因有很多,有可能是测试出现误差,有可能是观察方式出现异常,无论如何,异常值的出现都会对随后的计算或分析产生不当影响。因此,检查并修改异常值非常重要。箱线图的另一个好处就是可以方便地检查并修改存在的异常值。

处理箱线图异常值,先要确定四分位数间距。四分位数间距就是第一四分位数与第三四分位数之间的距离:$Q_3 - Q_1$,我们用 IQR 表示这个距离。一般来说,如果数据小于 $Q_1 - 1.5\text{IQR}$ 或者大于 $Q_3 + 1.5\text{IQR}$,就认为该数据可能出现异常。

对于存在异常数据的异常图需要进行修正,修正后的箱线图称为修正箱线图。与正常箱线图类似,修正箱线图同样有五个基本要素:min、Q_1、M、Q_3、max。除此之外,对于异常点,用 * 标记。

例 10.10　图 10.27 为某个班级某次模拟考试的成绩,根据成绩绘制修正箱线图。

2	68	72	59	81	79	92	94	65	77
86	66	95	73	64	88	89	74	92	60

图 10.27　某班级某次考试成绩

解题思路：

首先对该成绩从小到大重新排序，如图 10.28 所示。

2	59	60	64	65	66	68	72	73	74
77	79	81	86	88	89	92	92	94	95

图 10.28　重新排序后某班级某次考试成绩

确定五个基本要素点。

$$\begin{cases} \text{min} = 2 \\ Q_1 = 65.5 \\ M = 75.5 \\ Q_3 = 88.5 \\ \text{max} = 95 \end{cases}$$

确定四分位数间距。

$$\text{IQR} = Q_3 - Q_1 = 23$$

确定异常值的范围。

$$\begin{cases} Q_1 - 1.5\text{IQR} = 65 - 23 \times 1.5 = 30.5 \\ Q_3 + 1.5\text{IQR} = 88 + 23 \times 1.5 = 122.5 \end{cases}$$

绘制修正箱线图的步骤如图 10.29 所示。

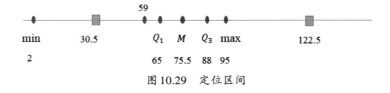

图 10.29　定位区间

如图 10.29 所示，数据的上下限应在 [30.5, 122.5]，显然数据点 2 属于异常点。根据异常箱线图的修正原则，此时有效最小点应该是大于 30.5 且离它最近的点 59。因此在对箱线图引线时，左侧水平线段到达 59 位置，右侧水平线段正常到达 95。

观察图 10.30 发现，该数据分布不均匀，整体向右倾斜。由于本次统计的是某个班级的某次考试成绩，出现了最低分 2 的情况，这应该是缺考等原因造成的，在进行学生成绩分析时可以将该数据去除。

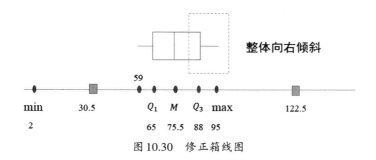

图 10.30　修正箱线图

<h1>10.3　抽样分布</h1>

　　现实生活中,由于数据量巨大,人们在进行统计工作时很难做到对所有样本进行分析,因此,人们想到了抽样分布的方法,即从大量样本中随机抽取一部分进行分析,然后根据这一部分的分析结果去推测总体样本的分布特点。例如,调查某个城市中学生的平均身高、调查某个行业从业人员的平均薪酬等。

<h3>10.3.1　几种常见的统计量</h3>

　　统计学最大的好处就是让人们面对海量数据时,学会了如何去进行有效的分析,从而得到自己关注的那个点的信息。例如,想了解某个工厂生产的灯泡寿命是否达标、某个公司的员工工资水平如何、某个地区学生的平均身高是多少等问题,显然把所有灯泡都拿来测试是不现实的,对全公司所有员工进行工资调研或对某个地区所有学生进行身高检查的工作量也非常巨大。比较合理的做法是选取一部分样本进行测试,这种方式称为抽样。

　　如图10.31所示,人口普查的主要目的之一是统计全国的人口情况,但在现实生活中,大多数情况下并不需要了解样本总数,而是要了解样本的特点。

　　当样本总量很大时,普查并不现实,因此需要采用抽样的方式归纳数据特点。那么如何保证通过抽样的方式准确计算总体的特点呢(图10.32)?

图 10.31　人口普查

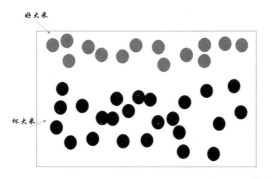

图 10.32　抽样如何代表总体

要想保证抽样的有效性,需要对抽样行为做出如下规定。

(1)抽样行为必须是随机的。

(2)样本中的每个个体被抽中的概率相同。

这种抽样方式称为随机抽样。有放回抽样是随机抽样的一种,当样本足够大时,可以采取不放回抽样。

综上可知,对总体做分析时可以首先进行随机抽样,但是在实际应用中往往并不使用样本本身,而是针对不同的样本构造和样本相关的函数,然后利用这些函数进行判断。

定义 10.1　设总体 X 包含样本 $X_1,X_2,\cdots,X_n,f(X_1,X_2,\cdots,X_n)$ 是样本的分布函数,若 $f(X_1,X_2,\cdots,X_n)$ 中不含未知参数,则称该分布函数是统计量。由于 $X_1,X_2,\cdots,X_n$ 是随机变量,因此统计量也是一个随机变量。

设 $x_1,x_2,\cdots,x_n$ 是样本 $X_1,X_2,\cdots,X_n$ 的样本值,则称 $f(x_1,x_2,\cdots,x_n)$ 是 $f(X_1,X_2,\cdots,X_n)$ 的观察值。

下面列出几个常用的统计量及它们的观察值。

样本平均值:

$$\bar{X} = \frac{1}{n}\sum_{i=1}^{n}X_i$$

$$\bar{x} = \frac{1}{n}\sum_{i=1}^{n}x_i$$

样本方差:

$$S^2 = \frac{1}{n-1}\sum_{i=1}^{n}(X_i - \bar{X})^2 = \frac{1}{n-1}\left(\sum_{i=1}^{n}X_i^2 - n\bar{X}^2\right)$$

$$s^2 = \frac{1}{n-1}\sum_{i=1}^{n}(x_i - \bar{x})^2 = \frac{1}{n-1}\left(\sum_{i=1}^{n}x_i^2 - n\bar{x}^2\right)$$

样本标准差:

$$S = \sqrt{S^2} = \sqrt{\frac{1}{n-1}\sum_{i=1}^{n}(X_i - \bar{X})^2}$$

$$s = \sqrt{s^2} = \sqrt{\frac{1}{n-1}\sum_{i=1}^{n}(x_i - \bar{x})^2}$$

k 阶(原点)矩:

$$A_k = \frac{1}{n} \sum_{i=1}^{n} X_i^k, k = 1, 2, \cdots$$

$$a_k = \frac{1}{n} \sum_{i=1}^{n} x_i^k, k = 1, 2, \cdots$$

k 阶中心距:

$$B_k = \frac{1}{n} \sum_{i=1}^{n} (X_i - \bar{X})^k, k = 2, 3, \cdots$$

$$b_k = \frac{1}{n} \sum_{i=1}^{n} (x_i - \bar{x})^k, k = 2, 3, \cdots$$

显然,观察值就是统计量,如样本均值、样本方差、样本标准差、样本 k 阶(原点)矩、样本中心距等。

10.3.2 经验分布函数

当已知总体的分布函数 $F(x)$ 后,可以做出与它相对应的统计量的经验分布函数。经验分布函数的计算公式如下。

$$F_n(x) = \frac{1}{n} K(x), \quad -\infty < x < \infty \tag{10.1}$$

式中,n 为样本数量;$K(x)$ 为样本中不大于 x 的随机变量的个数。

式(10.1)表明对样本 X_i 从小到大进行排序后,不大于某个样本观察值 x_i 的概率,是以样本总数为分母,以小于或等于该观察值的样本数量为分子的值。

式(10.1)也可以写为

$$F_n(x) = \begin{cases} 0, & x < x_1 \\ \dfrac{k}{n}, & x_k \leqslant x < x_{k+1}, \quad k = 1, 2, \cdots, n-1 \\ 1, & x \geqslant x_n \end{cases} \tag{10.2}$$

例 10.11 设某容量为 5 的样本数据如图 10.33 所示。

73	65	85	92	37

图 10.33 某样本数据

求它的经验分布函数。

解题思路:

首先对该数据重新排序,如图 10.34 所示。

37	65	73	85	92

图 10.34 排序后某样本数据

由式(10.2)得

$$F_n(x) = \begin{cases} 0, & x < 37 \\ \dfrac{1}{5}, & 37 \leq x < 65 \\ \dfrac{2}{5}, & 65 \leq x < 73 \\ \dfrac{3}{5}, & 73 \leq x < 85 \\ \dfrac{4}{5}, & 85 \leq x < 92 \\ 1, & x \geq 92 \end{cases}$$

若用横道图表示,则如图10.35所示。

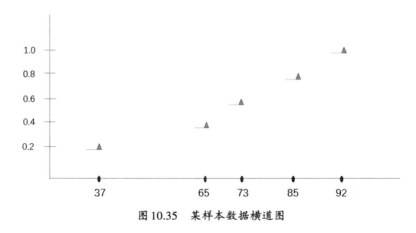

图 10.35　某样本数据横道图

一般情况下,图10.35可以看作一个阶梯函数,当数据逐步增大时,图像会发生相应变化。下面以标准正态随机数为例,根据观察样本的数量不同重新绘制经验分布函数图。

当$n=10$时,数据曲线如图10.36所示。

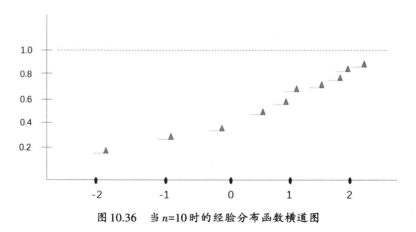

图 10.36　当$n=10$时的经验分布函数横道图

当$n=20$时,数据曲线如图10.37所示。

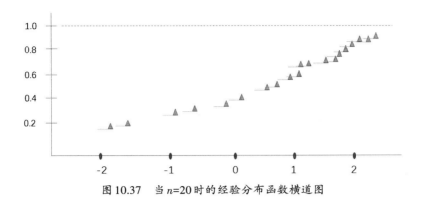

图 10.37　当 $n=20$ 时的经验分布函数横道图

当 $n=50$ 时，数据曲线如图 10.38 所示。

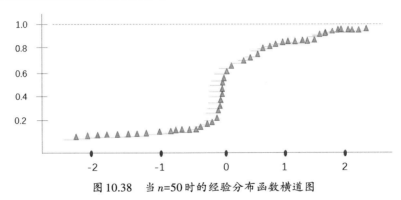

图 10.38　当 $n=50$ 时的经验分布函数横道图

当 $n=1000$ 时，数据曲线如图 10.39 所示。

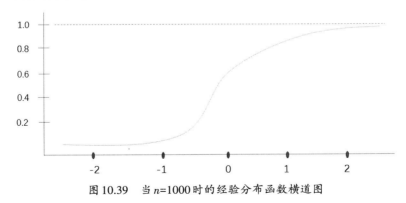

图 10.39　当 $n=1000$ 时的经验分布函数横道图

正态分布本身的数据分布如图 10.40 所示，试判断图 10.36 至图 10.39 的趋势是否正确。

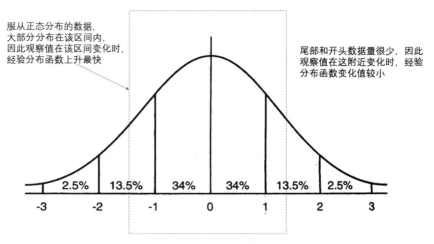

图 10.40 符合正态分布的数据

从图 10.40 可以看出,符合正态分布的数据两端部位数据量稀少,越靠近中间位置 $(-1, 1)$ 数据量越大。因此,当观察值在中间位置移动时,经验分布函数上升最快;当移动到右端时,由于数据量变得稀少(无限向右移动时,数据量几乎可以忽略不计),此时经验分布函数接近临界值1。

从图 10.36 至图 10.39 可以发现,对于经验分布函数而言,它满足以下三个性质。

(1)单调不减。

(2)有界性。

(3)右连续性。

上述经验分布函数的横道图也间接印证了格里纹科在1933年提出的说法:对于任意一个实数 x,当 $n \to \infty$ 时,$F(x)$ 收敛于1,即

$$P\left\{\lim_{n \to \infty} \sup_{-\infty < x < \infty} \left| F_n(x) - F(x) \right| = 0\right\} = 1 \tag{10.3}$$

式(10.3)说明,对于任意一个实数 x,当 n 足够大时,经验分布函数就是总体分布的一个很好的近似,此时经验分布函数可以当作总体分布函数使用。

10.3.3 几种重要的抽样分布及性质

前面描述了抽样分布的概念,这里介绍几种常用的抽样分布形式。

1. 卡方分布(χ^2分布)

假设 $X_1, X_2, \cdots, X_n$ 是相互独立且服从标准正态分布 $N(0, 1)$ 的样本,则称统计量

$$\chi^2 = X_1^2 + X_2^2 + \cdots + X_n^2 \tag{10.4}$$

服从自由度为 n 的 χ^2 分布,记为 $\chi^2 \sim \chi^2(n)$。

自由度是指等式右端包含的独立变量的个数。例如,$\chi^2 = X_1^2 + X_2^2 + X_3^2$,则自由度为3。

卡方分布的概率密度为

$$f(x) = \begin{cases} \dfrac{1}{2^{n/2} \Gamma\left(\dfrac{n}{2}\right)} x^{n/2-1} \mathrm{e}^{-x/2}, & x > 0 \\ 0, & \text{其他} \end{cases} \tag{10.5}$$

卡方分布曲线如图10.41所示。

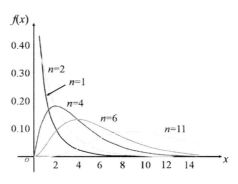

图10.41　卡方分布曲线

仔细观察图10.41,可以发现卡方分布具有如下特点。

(1)整体图像分布在第一象限,即卡方分布的值都是正值。

(2)整体图像随着自由度的增加,不断向右侧偏移。

(3)随着自由度的增加,整个图形高度逐渐下降。

卡方分布具有如下两个特性。

(1)卡方分布具有可加性。假设$\chi_1^2 \sim \chi^2(n_1)$、$\chi_2^2 \sim \chi^2(n_2)$,并且$\chi_1^2$和$\chi_2^2$相互独立,则有

$$\chi_1^2 + \chi_2^2 \sim \chi^2(n_1 + n_2) \tag{10.6}$$

(2)卡方分布具有数学期望和方差的性质。若$\chi^2 \sim \chi^2(n)$,则有

$$E(\chi^2) = n \tag{10.7}$$

$$D(\chi^2) = 2n \tag{10.8}$$

证明略。

对于给定的正数α,$0 < \alpha < 1$,满足如下条件的点称为卡方分布的上α分位点。

$$P\{\chi^2 > \chi_\alpha^2(n)\} = \int_{\chi_\alpha^2(n)}^{\infty} f(x)\mathrm{d}x = \alpha \tag{10.9}$$

式(10.9)说明了卡方分布的一个重要特征:单尾检测特性,且方向向右。右尾被称为拒绝域(图10.42),通过观察统计量是否处于拒绝域内判断期望分布得出结果的可能性。

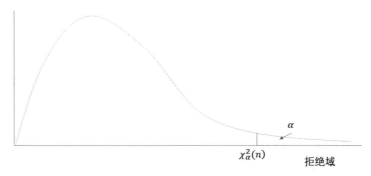

图 10.42　拒绝域

卡方分布的检验假设步骤如图 10.43 所示。

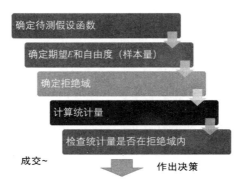

图 10.43　卡方分布的检验假设步骤

2. t 分布(学生氏分布)

假设

$$X \sim N(0, 1)$$
$$Y \sim \chi^2(n)$$

且有 X、Y 相互独立,则称随机变量

$$t = \frac{X}{\sqrt{Y/n}}$$

服从自由度为 n 的 t 分布,记为 $t \sim t(n)$。

　　t 分布有一个有趣的名字叫作学生氏分布,关于这个名字的来源要追溯到 1899 年的爱尔兰都柏林的一家啤酒厂。当初这家啤酒厂很喜欢高薪招聘名校毕业生,如剑桥、牛津等学校的学生来为企业"站台"。当时就有一个名为威廉·戈塞特的学生来到了这家啤酒厂。满怀激情的戈塞特一心想在厂里做出成绩,因为他是化学专业的,所以就想着用化学知识降低啤酒制造过程中的监控成本,于是发明了 t 检验法,还在 1908 年发表了相关论文。为了防止泄露商业机密,戈塞特发表文章时用的是笔名"学生",因此该检测方法后来被称为"学生氏分布"(图 10.44)。

图 10.44　戈塞特与学生氏分布

学生氏分布 $t(n)$ 的概率密度函数为

$$h(t) = \frac{\Gamma\left[\dfrac{n+1}{2}\right]}{\sqrt{n\pi}\,\Gamma\left(\dfrac{n}{2}\right)} \left(1 + \frac{t^2}{n}\right)^{-\frac{n+1}{2}}, \quad -\infty < t < \infty \tag{10.10}$$

学生氏分布曲线如图 10.45 所示。

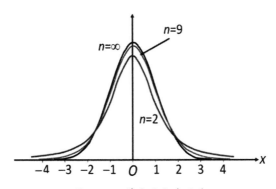

图 10.45　学生氏分布曲线

观察图 10.45 发现如下两个特点。

(1)学生氏分布曲线以 0 为对称轴,左右对称分布,且在 0 处取得最大值。

(2)随着 n 的减小,曲线的坡度逐渐减缓;n 增大则坡度增大,当 n 无限增大时,曲线趋近于正态分布。

t 分布检验步骤与卡方分布类似,其步骤如下。

(1)确定检验手段。

(2)确定检验因子 α。

（3）确定检测函数。

（4）计算统计量。

（5）验算是否在上位点内。

（6）输出结果。

和卡方分布一样，t 分布同样有一个上分位点。对于给定的 α，在 $0 < \alpha < 1$ 的情况下，满足下式的点就是 $t(n)$ 分布的上 α 分位点。

$$P\{t > t_\alpha(n)\} = \int_{t_\alpha(n)}^{\infty} h(t)\,\mathrm{d}t = \alpha \tag{10.11}$$

学生氏分布拒绝域如图 10.46 所示。

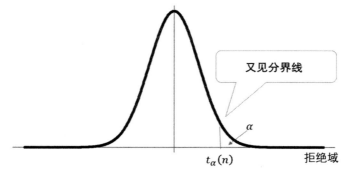

图 10.46 学生氏分布拒绝域

3. F 分布

假设随机变量 U 和 V 相互独立，并且

$$U \sim \chi^2(n_1)$$
$$V \sim \chi^2(n_2)$$

则称随机变量

$$F = \frac{U/n_1}{V/n_2} \tag{10.12}$$

是服从自由度为 (n_1, n_2) 的 F 分布，记为 $F \sim F(n_1, n_2)$。

F 分布的概率密度为

$$\psi(y) = \begin{cases} \dfrac{\Gamma[(n_1 + n_2)/2](n_1/n_2)^{\frac{n_1}{2}} y^{\left(\frac{n_1}{2}\right) - 1}}{\Gamma\left(\dfrac{n_1}{2}\right)\Gamma\left(\dfrac{n_2}{2}\right)\left[1 + \left(\dfrac{n_1 y}{n_2}\right)\right]^{(n_1 + n_2)/2}}, & y > 0 \\ 0, \text{ 其他} \end{cases} \tag{10.13}$$

F 分布曲线如图 10.47 所示。

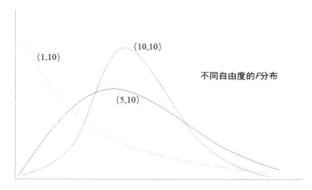

图 10.47　F 分布曲线

同样地，F 分布也具有一个上分位点。对于给定的 α，在 $0<\alpha<1$ 的情况下，满足下式的点 $F_\alpha(n_1,n_2)$ 就是 $F(n_1,n_2)$ 分布的上 α 分位点。

$$P\{F>F_\alpha(n_1,n_2)\}=\int_{F_\alpha(n_1,n_2)}^{\infty}\psi(y)\mathrm{d}y=\alpha \tag{10.14}$$

F 分布的上分位点如图 10.48 所示。

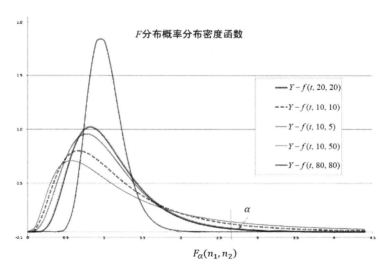

图 10.48　F 分布的上分位点

F 分布最大的作用就是可以对两个总体的方差进行比较，比较的方法一般采用如下公式。

$$F=\frac{S_1^2}{S_2^2}$$

通常情况下，方差大的做分子，方差小的做分母。如果两个方差近似，则比值接近 1；如果比值远大于 1，说明两个方差差距较大。

图 10.49 是 F 分布与卡方分布图像的比较，观察发现这两者形状非常接近。为什么会出现这种情况？请读者结合上文介绍自行思考。

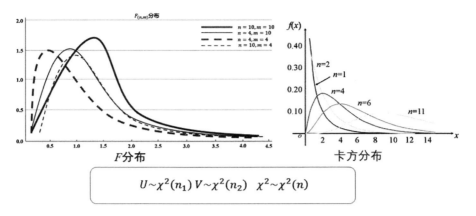

$$U \sim \chi^2(n_1) \quad V \sim \chi^2(n_2) \quad \chi^2 \sim \chi^2(n)$$

图 10.49 F 分布和卡方分布图像的比较

10.4   概率小故事——布丰问题

1777 年某天,风和日丽,适合聚餐。在法国的某个小城市,有一个名为布丰的科学家请朋友来家里做客。布丰把朋友请到了家里后却不知道玩什么娱乐项目。但是布丰很聪明,他想到了一个小游戏(图 10.50)。

针的长度=0.5d

等宽d的间隔

图 10.50   布丰游戏规则

布丰:这里有一张纸板,上面画了几条平行线,每条线之间的距离都是 10cm。我这里有一把针,针的长度是 5cm。现在请大家把这些针拿起来,一根根地往纸板上投掷,并且记录下投掷的针与纸板上的平行线相交的情况。

客人虽然很疑惑,但是也按照布丰的要求照做了(图 10.51)。

图 10.51 客人按照布丰要求做游戏

客人们按照布丰的要求,拿着针扔了捡、捡了扔,如此反复。布丰则在一旁不停地记录客人扔针的次数及针与平行线相交的次数。终于到了晚饭时间,大家饥肠辘辘,表示不玩了,布丰这才开始宣布他记录的结果。

布丰:各位亲爱的朋友,刚刚大家一共投掷了2212次,其中有704次投掷的针与平行线相交!

大家都面面相觑,投掷这么多次,与平行线相交不是很正常吗?莫非布丰"疯了"(图10.52)?

大家用2212除以704看一看。

扔这么多次,有相交不是很正常吗?

图 10.52 布丰问题

面对布丰的隆重宣布,大家实在忍不了了。布丰又笑着说道:朋友们,你们用2212除以704是不是等于3.142!

这时终于有比较聪明的客人反应了过来:不是整数!

布丰:额,这是圆周率的取值啊。

客人甲:为什么会得到圆周率?这和圆周率有什么关系?

客人乙:你这桌子下面有磁铁吧,怎么会得出这个结果?

客人丙:肯定是巧合,我再投几次试试!

客人们一下子来了兴趣,决定再多试几次看看(图10.53)。

图10.53　增加测试次数

布丰笑而不语,只是继续记录着大家的投掷情况,有好奇心重的人则拿着计算器随时计算布丰的记录结果,结果越记录越心惊。随着投掷次数的增加,比值竟然越来越接近圆周率。大家都疑惑地看着布丰。

布丰仿佛看出了大家的疑惑,小心翼翼地拿出了自己刚发表的论文《或然算术试验》。然后告诉大家,这个现象是典型的概率问题。假如针的长度为l,纸张上平行线之间的距离为$S(S = 2l)$,现在随机向纸上投掷n次针,观察针与直线相交的次数m。假如n的次数非常大,那么针与平行线相交的概率为

$$P\{X = m\} = \frac{2l}{S\pi}$$

证明过程如下。

根据布丰的游戏规则,首先绘制两条平行线,并令两条平行线之间的距离为S;然后在平行线之间任意位置绘制一根针,令针的长度为l,取针的中点为M,令M到最近的一条平行线之间的距离为d(图10.54)。

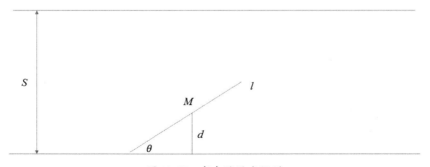

图10.54　布丰的游戏规则

由图10.54可知,针与平行线相交的条件为

$$d \leqslant \frac{1}{2}l\sin\theta$$

据此可以绘制出d与θ的平面关系图,如图10.55所示。

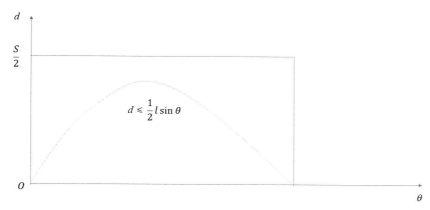

图10.55　布丰问题成立的条件

显然,曲线下方表示针与平行线相交,曲线上方则表示针与平行线不相交。因此,只需求出曲线下方与水平轴围成的面积占整个矩形的比就可以得到布丰问题的解。

曲线与水平轴之间的面积可利用积分算法求得

$$\int_0^\pi \frac{l}{2}\sin\theta d\theta = l$$

矩形面积为

$$\frac{S}{2} \times \pi = \frac{S\pi}{2}$$

因此,针与平行线相交的概率为

$$P = \frac{l}{\dfrac{S\pi}{2}} = \frac{2l}{S\pi}$$

布丰问题得证。

有兴趣的读者可以在计算机上模拟试一试。

布丰投针游戏代码如下。

```
01 Import numpy as np
02 def buffon (a, l, n):
03    k = 0
04    m = 2*l/a
05    x = np.random.uniform (low = 0.0, high = 1/2, size = n)
06    for i in range (n):
07       if x [i] < (a/2) * np.sin(y[i]):
08          k += 1
09    p = 1/n
```

```
10      print ('圆周率为:%4f' % (m/p))
```

结果如下。

```
buffon(1,0.8,100000)
2.6
buffon(1,1,1000000)
3.14
```

第11章

参数估计

数理统计最大的魅力在于可以帮助人们更好地处理庞大的数据信息。处理大量信息并非指对所有信息进行分析，因为很多时候要求人们将所有数据集中处理是不现实的，如分析某个地区成年男子的平均身高、统计某种疾病诱发的关键因素、统计某条道路的日平均车流量等。人们很难对该地区所有成年男子进行身高统计，也很难对所有患某种疾病的人进行医学分析，更不可能每天都监测某道路的日车流量。那么，有没有什么办法得到这些信息呢？

本章将要介绍的参数估计就是一个很好的解决办法，参数估计就是用样本的分布参数来推断总体的分布参数。

本章涉及的主要知识点

- 参数估计的概念；
- 点估计；
- 假设检验是如何"假设"的；
- 区间估计的区间如何规定。

11.1 点估计

假如要统计某种现象,如果没有合适的数学模型,那么为了统计结果的准确性,最好的办法就是将所有数据进行记录和分析,最后得到确切的结论(图11.1)。

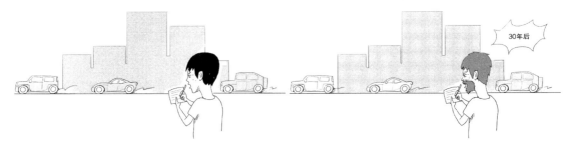

图 11.1　小李统计车流量

那么有没有一种方法可以简化这种过程呢?当然有,如点估计法。当总体的分布函数已知,但具体参数未知时,可以在总体中随机抽取一部分样本,首先求出该样本的相关参数,然后估计总体的参数。

例 11.1　某校为了冲刺高考,要求高三学生每天提前一个小时到学校进行早读。但是每天总有很多人迟到,假设大家迟到的时间 X 是一个随机变量,为了统计大家的迟到情况,重新确定一个合理的到校事件,现在需要对每个人的到校情况进行统计,并计算出人均迟到时间。由于人数较多,因此从统计数据中抽取了一部分样本(表11-1),其中迟到时间按分钟计。假设大家的迟到时间 X 服从参数为 γ 的泊松分布,其中 γ 是未知参数,试根据已知样本计算参数 γ。

表 11-1　某校高三学生迟到情况统计

迟到时间/min	0	1	2	3	4	5	6	≥7	—
该时间段人数 n_m	50	110	130	105	75	35	15	0	总计:520

解题思路:

令 m = 迟到的时间段,由题目知 X 服从参数为 γ 的泊松分布,因此 $\gamma = E(X)$。由于并未取得全部数据,因此可以采用求解已知样本均值的方式估算总体均值 $E(X)$。

令 x =已知样本的均值,则

$$x = \frac{\text{统计人数迟到的总时间}}{\text{统计人数}}$$

$$= \frac{\sum_{m=0}^{7} m n_m}{\sum_{m=0}^{7} n_m}$$

$$= \frac{1}{520}[0 \times 50 + 1 \times 110 + 2 \times 130 + 3 \times 105 + 4 \times 75 + 5 \times 35 + 6 \times 15 + 7 \times 0]$$

$$= \frac{1}{520} \times 1250$$

$$\approx 2.4$$

结果表明,所有学生的平均迟到时间点估计约为2.4min。

例11.1的现象可以用泊松分布来解释。泊松分布用来描述单位时间(空间)内事件发生的次数,需要满足以下四个条件。

(1)单位属性内某事件发生次数是随机的。

(2)各相等属性内事件发生的概率一样。

(3)各属性内事件发生的概率相互独立。

(4)属性非常小时,两次以上事件发生概率趋于0。

生活中有很多事件可以用泊松分布来计算,如某城市单位时间的婴儿出生率、某路段单位时间的车流量、某地区单位面积内的人流量等。泊松过程的强度等于单位时间内出现某事件的次数的期望值。

综上所述,点估计的想法归纳如下。

假设知道总体的分布函数形式,如$F(X;\theta)$,但不知道具体的θ取值,在这种情况下,想要求取该总体的某个属性,如均值,由于无法对总体进行分析,因此可以随机截取总体的一部分,求取该部分的均值,以此估计总体的均值。这种想法称为点估计,常用的点估计有矩估计和极大似然估计。

11.1.1 矩估计

矩估计的基本思想就是样本矩依概率收敛于相应的总体矩,样本矩的连续函数依概率收敛于对应的总体矩的连续函数,即

$$\begin{cases} E(\text{总体}) = E(\text{样本}) \\ D(\text{总体}) = D(\text{样本}) \end{cases}$$

这里的等号就是认为相等的意思,实际情况中样本的范围越大,两者的差距越小。

例11.2 某高校举行模拟考试,现在抽取其中10名学生的成绩作为样本,试根据这10名学生的成绩估算该校总体学生的平均分和标准差(图11.2)。

77	92	83	69	76	89	93	72	76	81

图11.2 某高校10名学生的成绩样本

解题思路:

设全校学生的模拟考试成绩为X,则平均成绩为$E(X)$,标准差为$\sqrt{D(X)}$。由点估计的概念可得

$$\begin{aligned} \bar{X} &= E(\hat{X}) \\ &= \frac{1}{10}(77 + 92 + 83 + 69 + 76 + 89 + 93 + 72 + 76 + 81) \\ &= \frac{1}{10} \times 808 \\ &= 80.8 \end{aligned}$$

$$S_N^2 = \frac{1}{10-1} \sum_{i=1}^{10} (x_i - \bar{x})^2$$

$$= \frac{1}{9}[(77-80.8)^2 + (92-80.8)^2 + (83-80.8)^2 + (69-80.8)^2 + (76-80.8)^2 +$$

$$(89-80.8)^2 + (93-80.8)^2 + (72-80.8)^2 + (76-80.8)^2 + (81-80.8)^2]$$

$$= \frac{1}{9}(3.8^2 + 11.2^2 + 2.2^2 + 11.8^2 + 4.8^2 + 8.2^2 + 12.2^2 + 8.8^2 + 4.8^2 + 0.2^2)$$

$$= 69.289$$

$$\sqrt{D(X)} = \sqrt{s_n^2} = 8.3$$

由此可以推测,该校考生的模拟考试成绩的平均分为80.8,标准差为8.3。

以上就是矩估计的一个应用案例。矩估计实际上就是一种替换原则,用样本矩替换总体相应的矩。矩估计的本质就是对大数定律的应用。

当人们重复进行大量试验时,最后一定会出现某个事件的频率无限地接近这个事件的概率。当人们无法统计所有试验时,可以选取部分样本进行计算,分析数据规律。就如大量生活经验告诉大家,当某天有结婚队伍出现时,这条路线大概率会堵车。

矩估计的求解步骤如下。

(1)确定待求的特征值:$E(X)$还是$\sqrt{D(X)}$?

(2)列出相关的方程/方程组,其中包含k个未知参数。

(3)通过解方程组求出未知参数并进行替换。

(4)这些替换量分别为原未知参数的估计量,统称矩估计量。

11.1.2 ▲ 极大似然估计

极大似然估计(图11.3)就是给出一个结果信息,然后根据结果信息推断出最有可能产生该信息的模型参数。

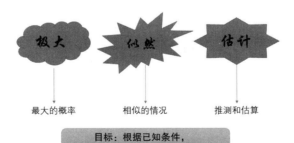

图11.3 极大似然估计说明

例如,小明玩LOL(英雄联盟游戏)选择了提莫,整个地图埋了很多炸弹。小明把提莫放在家里后就去上厕所了,结果小明从厕所回来发现提莫五杀了(提莫、炸弹、五杀都是游戏中的专有名词)。大家发现小明本人根本不在计算机面前,于是推断小明一定使用了"外挂"(图11.4)。

图11.4 极大似然估计的运用

极大似然估计相当于告诉了人们模型的基本信息,但是具体参数未知,根据提供的数据,评估具体的参数。

例如,现在已知某个模型满足正态分布

$$f(x) = \frac{1}{\sqrt{2\pi}\,\sigma} \exp\left[-\frac{(x-\mu)^2}{2\sigma^2}\right]$$

但是不知道具体的参数 μ 和 σ,现在就需要通过极大似然估计确定这两个参数的值,然后模型的均值和方差或其他相关信息也就自然而然地获取到了。

在统计学中,似然函数和概率函数是不同的概念。极大似然函数的形式如下。

$$P(x|\theta) \tag{11.1}$$

式中,x 为具体的数据(也可称为样本),θ 为模型的参数(或是环境因素)。

式(11.1)是一个包含两个未知参数的概率问题。

现在有如下两种情况。

(1)已知 θ,x 作为变量,此时式(11.1)称为概率函数(也称条件概率函数),描述的是在满足 θ 的条件下,发生 x 的概率是多少。

(2)已知 x,θ 作为变量,此时式(11.1)称为似然函数,描述的是当出现 x 的情况后,造成 x 出现的原因(或环境变量 θ 是多少)。

这也涉及先验概率和后验概率的问题,如果读者不是很清楚,可以参考本书中关于贝叶斯的内容(第5章)。

下面通过两个例题来更形象地说明似然概率问题。

例11.3 有一个盒子中放了黑球和红球,具体的黑球和红球比例未知,假设盒子的容积无限大,且里面的黑球和红球混合均匀。每次从里面取出一个球,如图11.5所示。假设一共取出100个球,其中黑球60个,红球40个,试问原来盒子中黑球与白球的比例为多少?

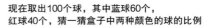

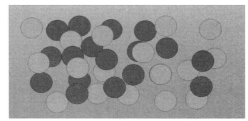

图 11.5　取球测试

这里首先公布答案:60:40。该答案符合大家的常识,那么,这个结果到底有没有理论支撑呢?

先来仔细分析题目内容,由于盒子容量无限大,因此每次取球后可以认为盒子中剩余球的比例不变,且每次取球都是独立同分布的情况。这里假设盒子中黑球的比例为 p,则红球的比例为 $1-p$。

这里把每一次取球看作一次抽样,如题目所示,总共进行了100次抽样,其中60个黑球和40个红球,该抽样结果的概率为 $P\{$ 抽样结果|100次抽样 $\}$。这里令 A_1 为第1次抽样结果,A_2 为第2次抽样结果,依此类推,A_{100} 为第100次抽样结果,则

$$P\{第一次抽样结果\}= P\{A_1\}$$

根据题目要求,有60次抽到黑球,40次抽到红球,且每次抽到黑球或红球的概率是一样的。因此,上式可以写为

$$[P\{抽到黑球|100次抽样\}]^{60}[P\{抽到红球|100次抽样\}]^{40}= p^{60}(1 - p)^{40}$$

上式即为本次抽样结果的概率表达式,现在需要做的就是确定该表达式中唯一的参数 p。很显然,p 的取值是不固定的,不同的 p 会导致不同的样本结果(图11.6)。

情况一：取出了10个黑球，
90个红球

情况二：取出的全是黑球（100个），
没有红球

图11.6　不同的测试结果导致不同的p

如图11.6所示，100次取球测试的结果是一个随机变量，有可能取出10个黑球，90个红球，也有可能100个球全是黑球（不考虑顺序的情况下，总共有100种结果，这里不一一列出），每种结果都对应一个概率函数。上述两种情况对应的概率函数分别为

$$\begin{cases} p^{10}(1-p)^{90}, & 取出10个黑球，90个红球 \\ p^{100}, & 取出的100个全是黑球 \end{cases}$$

很显然，这两个表达式都不符合本题结果，本题需要的结果就是$p^{60}(1-p)^{40}$。通俗地说，就是需要确定一个p，使得该式的可能性最大。

令

$$F(p) = p^{60}(1-p)^{40}$$

当$F(p)$的导数为0时，取得极值。由于只有一个未知数，因此很容易求出$p=0.6$。

求极大似然估计的现实意义如图11.7所示。

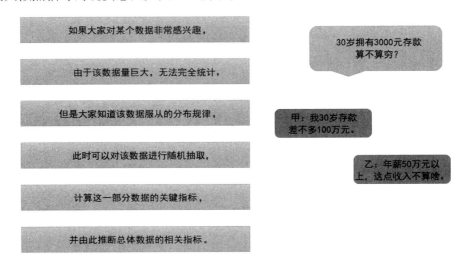

图11.7　求极大似然估计的现实意义

当大家可以运用极大似然估计的方法去分析生活中遇到的各种问题后，可以有效地减少网上的不实信息带给自身的焦虑感。

求最大似然估计的步骤如下。

(1)确定似然函数(均匀分布、正态分布、泊松分布等)。

(2)对似然函数取对数。

(3)令该似然函数的导数为0。

(4)解方程,确定相关参数。

最大似然函数的优点如下。

(1)计算方法简单。

(2)收敛:样本数目越多,结果越准确。

11.1.3 ▸ 估计量的评价指标

评价一个估计量的结果是好的,主要有三点,即结果的无偏性、有效性和一致性。

点估计是对总体进行抽样后,对抽样结果进行估算。不同的抽样结果可以估算出不同的参数值。

当这些不同的估算结果的平均值与真实的参数值无偏差时,称为无偏性,如图11.8所示。

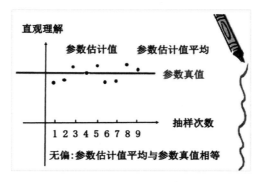

图11.8　无偏性理解

由无偏性的说明可知,对于同一个总体,随机选取不同的样本值,估计结果会有所波动,但是这些结果都属于总体的无偏估计,当然波动越小,结果越有效,如图11.9所示。

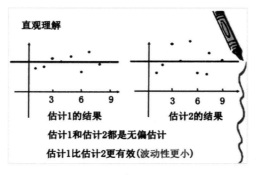

图11.9　有效性理解

所谓一致性是指,随着样本容量的不断增加,估计量也会无限逼近真实参数值,如图11.10所示。

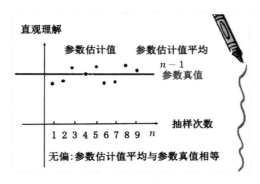

图11.10　一致性理解

11.2　区间估计

前面讨论了参数估计中的点估计,点估计就是用样本去计算一个值,然后用该值估算总体中的待求参数。其中存在一个明显的问题,即如果样本选取不合适,或者选取的概率函数不正确,结果会有很大偏差。本节将要介绍的区间估计则很好地弥补了点估计的这个缺陷。

区间估计就是给定一个范围,在该范围内相信事件发生的概率位于其中。如统计某地的失业人数问题,如果根据一个统计样本得到失业人数为3万人,实际失业的人数可能超过3万人,也可能少于3万人。为了让结果显得更加合理,通常会说该地区失业人数为29500~30500(图11.11)。

某直播平台

随着直播行业的日渐发达,
我市的失业人口从30万人锐减到3000人,
这3000人由于买不起手机,目前还处于待业状态。

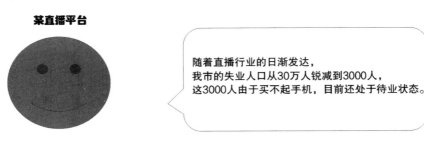

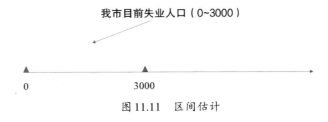
我市目前失业人口（0~3000）

0　　　　　　3000

图11.11　区间估计

如图11.11所示,失业人口为0~3000,该区间通常认为可靠程度比较高,即失业人口的数量大概率就落在这个区间内。

可靠程度也称置信度或置信水平。通常置信水平记作$1-\alpha$,这里的α是一个非常小的正数(图11.12)。

为什么α都取很小的值呢?

我是说你有95%的可能性中彩票呢,还是说有5%的可能性中彩票呢?

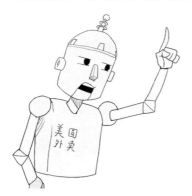

图 11.12　置信水平取值一般很小

置信水平就是待求参数落在某一个区间的概率,一般用法为$(1-\alpha)\times100\%$。因此,α越小越好,当$\alpha=0$时,事件100%确定。

11.2.1　置信区间的定义

将置信区间看作一个容器,待求参数在该容器内的概率为$(1-\alpha)\times100\%$,其中$1-\alpha$为置信度。

假如X是一个待求参数,该参数可以是均值,可以是方差,也可以是其他表示数据特征的量。现在给定$\alpha>0$,选取样本$A_1,A_2,\cdots,A_n$,若

$$\underline{X}=\underline{X}(A_1,A_2,\cdots,A_n)$$
$$\overline{X}=\overline{X}(A_1,A_2,\cdots,A_n)$$

其中

$$\underline{X}<\overline{X}$$

满足

$$P\{\underline{X}<X<\overline{X}\}\geqslant1-\alpha$$

那么区间$(\underline{X},\overline{X})$称为满足置信水平为$1-\alpha$的$X$的置信区间,其中$\underline{X}$、$\overline{X}$分别为置信下限和置信上限。这里置信下限和置信上限由于只依赖样本本身,因此又称构造统计量。

确定置信上下限需要满足如下两个条件。

（1）X 落在区间 $(\underline{X}, \overline{X})$ 的概率很大，即 $P\{\underline{X} < X < \overline{X}\}$ 接近于 1，相当于 α 取尽量小的值。

（2）$\overline{X} - \underline{X}$ 取值越小越好，$\overline{X} - \underline{X}$ 取值越小，说明估算精度越高（图 11.13）。

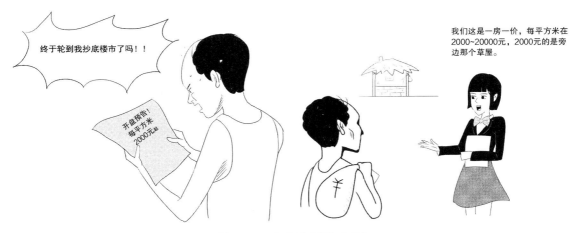

图 11.13　老王买房"被套路"

通常而言，可靠度和精度是两个相互矛盾的指标，做预测时首先要保证可靠程度，其次是保证精度。

11.2.2 ▎ 置信区间的求解步骤

如果置信度 $1 - \alpha$ 已知，样本的分布已知，特征参数未知，求解特征参数的置信区间就是求特征参数的区间估计问题。具体步骤如下。

（1）构造一个样本函数，该样本函数分布已知，包含待求的未知参数 θ，不含有其他未知参数。

（2）结合给定的置信度 $1 - \alpha$，确定样本分布的置信上下限，使得 $P\{\underline{\theta} < \theta < \overline{\theta}\} = 1 - \alpha$。

（3）利用不等式 $\underline{\theta} < \theta < \overline{\theta}$ 求出 θ，并得到其等价形式

$$\widehat{\theta_1}(A_1, A_2, \cdots, A_n) < \theta < \widehat{\theta_2}(A_1, A_2, \cdots, A_n)$$

此时必有

$$P\{\widehat{\theta_1}(A_1, A_2, \cdots, A_n) < \theta < \widehat{\theta_2}(A_1, A_2, \cdots, A_n)\} = 1 - \alpha$$

$(\widehat{\theta_1}, \widehat{\theta_2})$ 即为 θ 的置信区间，且置信度为 $1 - \alpha$。

这里以正态分布为例（图 11.14），具体说明置信区间的求解方法。

假如已知正态分布的方差，需要求总体的均值，则首先构造包含了均值 μ 在内的样本函数

$$\frac{\overline{X} - \mu}{\sigma / \sqrt{n}} \sim N(0, 1)$$

确定该函数的置信上下限，并保证 $1 - \alpha$ 的置信水平。

$$P\left(-\mu_{\frac{\alpha}{2}} < \frac{\bar{X} - \mu}{\frac{\sigma}{\sqrt{n}}} < \mu_{\frac{\alpha}{2}}\right) = 1 - \alpha$$

求解括号内的不等式

$$-\mu_{\frac{\alpha}{2}} < \frac{\bar{X} - \mu}{\frac{\sigma}{\sqrt{n}}} < \mu_{\frac{\alpha}{2}} \rightarrow -\frac{\sigma}{\sqrt{n}}\mu_{\frac{\alpha}{2}} < \bar{X} - \mu < \frac{\sigma}{\sqrt{n}}\mu_{\frac{\alpha}{2}}$$

调整上式，得到正态分布置信水平为 $1 - \alpha$ 的置信区间

$$\bar{X} - \frac{\sigma}{\sqrt{n}}\mu_{\frac{\alpha}{2}} < \mu < \bar{X} + \frac{\sigma}{\sqrt{n}}\mu_{\frac{\alpha}{2}}$$

正态分布的置信区间如图 11.14 所示。

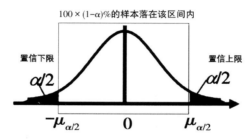

图 11.14　正态分布的置信区间

例 11.4　某次模拟考试，某校高三学生的语文成绩符合正态分布 $X \sim N(\mu, 225)$。现在随机抽取 16 名学生成绩如图 11.15 所示（这里的 225 是为了计算方便所取的值，实际 σ^2 可由读者自行计算）。

77	65	92	83	56	79	88	85
92	76	79	87	75	69	82	90

图 11.15　某校高三 16 名学生的语文成绩

试求本次模拟考试该校高三学生成绩置信度为 0.95 的置信区间。

解题思路：

本题要求的是本校 95% 的学生的成绩分布情况。由于本校学生考试成绩服从正态分布，根据前面的讨论结果知道，该校学生的置信水平为 $1 - \alpha$ 的置信区间为

$$\bar{x} - \frac{\sigma}{\sqrt{n}}\mu_{\frac{\alpha}{2}} < \mu < \bar{x} + \frac{\sigma}{\sqrt{n}}\mu_{\frac{\alpha}{2}}$$

式中，μ 为待求参数；$\bar{x} - \frac{\sigma}{\sqrt{n}}\mu_{\frac{\alpha}{2}}$ 为本题要求的置信下限；$\bar{x} + \frac{\sigma}{\sqrt{n}}\mu_{\frac{\alpha}{2}}$ 为本题要求的置信上限；$\bar{x}$ 为随机抽取的 16 名考生的平均成绩；σ 为该校考生成绩的方差；$\mu_{\frac{\alpha}{2}}$ 可以通过查表获得。

$$\bar{x} = \frac{1}{16}(77 + 65 + 92 + 83 + 56 + 79 + 88 + 85 + 92 + 76 + 79 + 87 + 75 + 69 + 82 + 90) = 79.69$$

$$\sigma = \sqrt{225} = 15$$

$$n = 16$$

由置信度为 0.95 可得 $\alpha = 0.05$。

查表得

$$\mu_{\frac{\alpha}{2}} = Z_{\frac{\alpha}{2}} = 1.96$$

代入上述数据,得

$$\bar{x} - \frac{\sigma}{\sqrt{n}} \mu_{\frac{\alpha}{2}} = 79.69 - \frac{15}{4} \times 1.96 = 79.69 - 7.35 = 72.34$$

$$\bar{x} + \frac{\sigma}{\sqrt{n}} \mu_{\frac{\alpha}{2}} = 79.69 + \frac{15}{4} \times 1.96 = 79.69 + 7.35 = 87.04$$

因此,该校高三学生本次模拟考试置信度为 0.95 的置信区间为 $(72.34, 87.04)$。

例 11.5 如果已知方差,可以估算出置信区间。现在如果方差未知,置信区间又该如何估算呢(图 11.16)?

现实生活中,方差往往是一个未知量,此时可以用样本方差 S^2 替代总体方差 σ^2。

此时,统计量写为 $\frac{\bar{x} - \mu}{S/\sqrt{n}} \sim t(n-1)$

服从学生分布,且自由度为 $n-1$。

想一想,为什么?

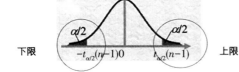

下限   上限

图 11.16 方差未知的分布

与方差已知的情况类似,对于方差未知的情况,可以先查询 t 分布,此时有

$$P\left\{ \left| \frac{\bar{x} - \mu}{\frac{S}{\sqrt{n}}} \right| < t_{\frac{\alpha}{2}}(n - 1) \right\} = 1 - \alpha$$

展开上式,得

$$P\left\{ \bar{x} - t_{\frac{\alpha}{2}}(n - 1) \frac{S}{\sqrt{n}} < \mu < \bar{x} + t_{\frac{\alpha}{2}}(n - 1) \frac{S}{\sqrt{n}} \right\} = 1 - \alpha$$

因此,置信区间上下限为

$$\left[\bar{x} - t_{\frac{\alpha}{2}}(n-1)\frac{S}{\sqrt{n}}, \bar{x} + t_{\frac{\alpha}{2}}(n-1)\frac{S}{\sqrt{n}}\right]$$

例 11.6 某次模拟考试,某校高三学生的综合成绩符合正态分布 $X \sim N(\mu, \sigma^2)$。现在随机抽取 16 名学生的成绩如图 11.17 所示。

512	514	502	506	505	503	493	496
504	509	499	506	510	496	508	497

图 11.17 某校高三 16 名学生的综合成绩

试求置信水平为 0.95 的 μ 的置信区间。

解题思路:

根据题目要求,$1 - \alpha = 0.95$,因此 $\alpha = 0.05$。

抽查学生数量 $n = 16$,$n - 1 = 15$。

对抽查的学生求平均成绩和样本方差,得

$$\bar{x} = 503.75$$

$$s = 6.20$$

查表得

$$t_{\frac{\alpha}{2}}(n-1) = 2.132$$

因此,学生成绩均值的置信水平为 0.95 的置信区间为

$$\bar{x} - \frac{s}{\sqrt{n}}t_{\frac{\alpha}{2}}(n-1) = 500.4$$

$$\bar{x} + \frac{s}{\sqrt{n}}t_{\frac{\alpha}{2}}(n-1) = 507.1$$

结果为 $(500.4, 507.1)$。

⬡ 11.3 概率小故事——你有病吗?

很多疾病的检测结果通常以阴性和阳性作为区分,艾滋病也不例外。目前,检测是否患有艾滋病的方式是做血清抗体检测。数据的统计结果显示,真正得了艾滋病的患者在接受检测后结果呈现阳性的概率为 99.8%,而健康人群检测结果为阴性的概率为 99%。总体来说,检测结果还是很可靠的,得病的人基本会被检测出来,没有得病的人也能被准确地甄选出来。

老王是 A 国居民,A 国的艾滋病感染率为 0.0666%,A 国总共有 100 万人。某天老王参加完聚会后感觉身体不是很舒服,于是去医院检查,检测结果是 HIV 阳性,老王非常害怕。那么老王实际得艾滋病的概率是多大呢(图 11.18)?

图 11.18　老王检测结果为阳性

老王的直观想法如图 11.19 所示。

图 11.19　老王的直观想法

实际概率真的有这么大吗？是不是检测出了阳性就几乎可以肯定是艾滋病患者了呢？本节将用贝叶斯的计算方法计算老王的得病概率。

根据故事背景,要求的是老王在检测为阳性的情况下患病的概率,即 P(患病|阳性),已知条件如下。

(1)艾滋病患者在接受检测后的结果呈现阳性的概率为 99.8%。

(2)健康人群检测结果为阴性的概率为 99%。

(3)A 国的艾滋病感染率为 0.0666%。

(4)A 国总人口为 100 万人。

各类人群人数总结如表 11-2 所示。

表 11-2　各类人群人数总结

结果	患者(0.0666%) 666(人)	健康者(99.9334%) 999334(人)	总计(人)
阳性	665	9993	10658
阴性	1	989341	989342

因此

$$P\left(\text{患病|阳性}\right) = \frac{665}{10658} = 6.24\%$$

在老王检测结果呈阳性的情况下,老王得艾滋病的概率仅为 6.24%。为什么概率这么低？这是因为虽然老王的检测结果呈阳性,但是假阳性的人数很多,因此即便老王的检测结果为阳性,也存在很大的概率并未得病,这也是艾滋病筛查需要检测多次的原因。

第 12 章

马尔科夫链

马尔科夫链在机器学习领域赫赫有名。谷歌曾经推出一款名叫PageRank的算法,用于确定搜索结果的顺序,该算法就是一种马尔科夫链的应用。在卷积神经网络出现之前,语音处理算法也是依托于马尔科夫模型。到底什么是马尔科夫模型,本章将为大家详细说明。

本章涉及的主要知识点

- 马尔科夫链的基本概念;
- 通过一个实例阐述马尔科夫链的特点;
- 简单构造一个马尔科夫链模型的方法;
- 状态转移矩阵。

马尔科夫链概述

马尔科夫链指代一种随机过程,该过程具有马尔科夫性质。它通常指代某个离散随机事件,该事件每一次的变化只与当前状态相关,而与历史状态无关(图12.1)。

图 12.1　马尔科夫链说明未来状态与历史无关

马尔科夫链的这一特性使得研究随机过程变得容易,因为对于一个随机过程而言,它每个时刻的状态都是不断变化的,如果想要找到所有状态的特征,工作量非常大,甚至无法做到。但是,如果仅需了解给定时间内的事件信息就可以预测未来的事件发展趋势,工作量就会呈几何倍数减少,这就是马尔科夫链的意义。

马尔科夫性质明确说明,未来状态的分布情况仅取决于当前状态,并且与过去状态完全无关(图12.2)。

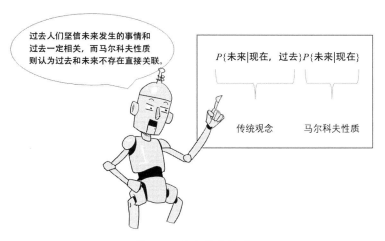

图 12.2　马尔科夫性质

正是由于马尔科夫链的这一特性,使得人们开始关心马尔科夫性质的转化过程,例如基于马尔科夫链的状态转移矩阵。

12.1.1 马尔科夫链与九宫格测试

既然马尔科夫链明确了事件未来的发展只与当前状态有关,而与过去的历史状态无关,那么事件未来的发展和当前状态的关系如何呢? 换句话说,当前的状态会导致一个什么样的未来呢?

为了弄明白当前状态对未来事件的影响,人们对马尔科夫现象定义了如下两个指标。

(1)初始概率分布:初始时刻$t=0$时的概率分布。

(2)过渡概率核:状态变化率,即从$t=0$时刻状态变到$t=1$时刻状态的概率,该概率与$t=n$时刻状态变化到$t=n+1$时刻状态的概率一样。

假如S_n表示第n时刻的状态,P表示由过渡概率核组成的转移概率矩阵,则

$$\begin{cases} S_1 = 初始状态 \\ S_2 = S_1 \times P \\ S_3 = S_2 \times P \\ \cdots \\ S_n = S_{n-1} \times P \end{cases} \quad (12.1)$$

式(12.1)表明,当前状态仅和它的前一个状态相关,或者说未来状态仅和当前状态相关。

下面用一个例题说明马尔科夫链的实际用法。

例12.1 这里以一个大家都熟悉的冷笑话为例进行介绍。

话说有一天一位科学家来到了南极,碰到了一群企鹅,然后就产生了如下对话。

科学家:南极的朋友们,你们好,我想采访一下大家,你们平时都干吗呢?

企鹅A:吃饭睡觉打豆豆。

科学家:你这生活规律得很呢。企鹅B你呢?

企鹅B:吃饭睡觉打豆豆。

后来科学家问了好多企鹅,所有企鹅的回答都是一样的,都是"吃饭睡觉打豆豆"。

图 12.3　企鹅豆豆

直到科学家准备返回时,遇见了一个很可爱的小企鹅,科学家就又问了他同样的问题:小企鹅,你平时都干吗呢?

小企鹅:吃饭睡觉。

科学家一下子蒙了:你怎么和他们不一样,为什么你不打豆豆呢?

小企鹅:因为我就是豆豆(图12.3)。

这是一个冷笑话,但是可以把其中的事件剥离出来,即"吃饭睡觉打豆豆"。假设在每天中午时段企鹅只会做其中的一件事情,且做每件事情都会影响到第二天中午的状态,该影响可以用概率直观地表示出来(图12.4)。

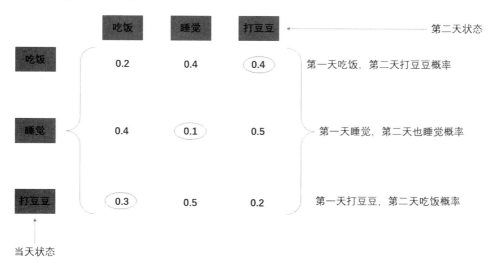

图12.4 概率转移矩阵

假设第一天"吃饭睡觉打豆豆"的概率如表12-1所示,试计算之后10天"吃饭睡觉打豆豆"的概率。

表12-1 第一天"吃饭睡觉打豆豆"的概率

事件	吃饭	睡觉	打豆豆
概率	0.4	0.4	0.2

解题思路:

根据式(12.1)及题目已知条件可知

$$P(第二天吃饭) = P(第一天吃饭) \times P_{吃饭-吃饭} + P(第一天睡觉) \times P_{睡觉-吃饭} +$$
$$P(第一天打豆豆) \times P_{打豆豆-吃饭}$$

$$P(第二天睡觉) = P(第一天吃饭) \times P_{吃饭-睡觉} + P(第一天睡觉) \times P_{睡觉-睡觉} +$$
$$P(第一天打豆豆) \times P_{打豆豆-睡觉}$$

$$P(第二天打豆豆) = P(第一天吃饭) \times P_{吃饭-打豆豆} + P(第一天睡觉) \times P_{睡觉-打豆豆} +$$
$$P(第一天打豆豆) \times P_{打豆豆-打豆豆}$$

具体计算过程如图12.5所示。

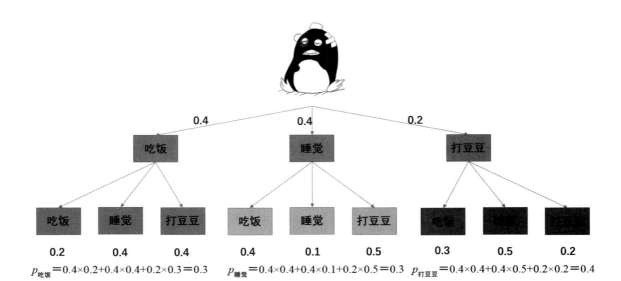

$p_{吃饭}=0.4×0.2+0.4×0.4+0.2×0.3=0.3$ $p_{睡觉}=0.4×0.4+0.4×0.1+0.2×0.5=0.3$ $p_{打豆豆}=0.4×0.4+0.4×0.5+0.2×0.2=0.4$

图 12.5　第二天的企鹅行为

因此,第二天企鹅的行为如表12-2所示。

表12-2　第二天"吃饭睡觉打豆豆"的概率

事件	吃饭	睡觉	打豆豆
概率	0.3	0.3	0.4

之后每一天的计算过程与前一天的计算过程类似,这里不再赘述。这样看,是不是认为马尔科夫链并非只与当前状态相关呢(图12.6)？这里涉及一个概念:状态转移矩阵。本节后面会有详细介绍。

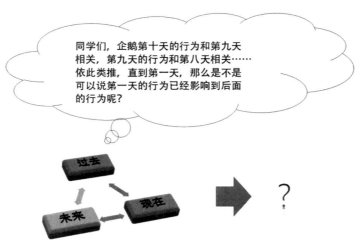

图 12.6　为什么说马尔科夫链只和当前状态相关?

例 11.2 图 12.7 所示为一个九宫格迷宫,相邻的格子之间有门互通。现在将一只老鼠放进这个九宫格迷宫内,假设老鼠每次只能移动一个格子,且移动到第五次时,迷宫会发生坍塌,求老鼠成功逃生的概率。如果老鼠的速度提高一倍,那么老鼠逃生的概率是多少?

解题思路:

为了便于对题目的分析,可以先将条件简化为四个窗口的逃生路线图。其他条件不变,老鼠仍然是每次移动一个格子,其中 4 号格子为出口(图 12.8)。

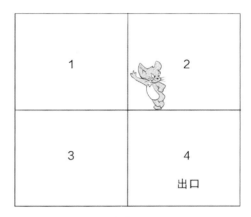

图 12.7 老鼠逃生   图 12.8 简易版老鼠逃生

由于老鼠通过每个格子的机会均等,因此可以得到每个格子间的转移概率(其中 4 号格子是出口,因此老鼠到了 4 号格子后不再返回)。

$$P(12) = P(21) = P(13) = P(31) = P(24) = P(34) = 0.5$$

上式中,括号内的 12 代表由 1 到 2,同理 21 代表由 2 到 1。老鼠向其他路口移动的概率如图 12.9 所示。

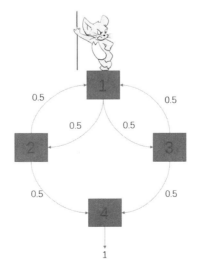

图 12.9 老鼠向其他路口移动的概率

下面对老鼠每次移动的结果进行详细分解,如图12.10所示。

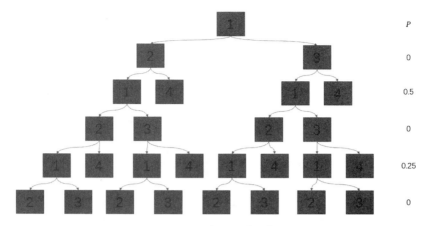

图12.10 老鼠动作分解

图12.10所示为老鼠走"田"字格,在五次移动下所有可能的结果,这里假定老鼠初始位置在1。

第一次移动:老鼠分别有0.5的概率到达2和3,因此逃离的概率为$P = 0$。

第二次移动:老鼠无论从2走还是从3走,均有0.5的概率达到1和4,此时老鼠逃离的概率为

$$P = \frac{1}{2} \times \frac{1}{2} + \frac{1}{2} \times \frac{1}{2} = \frac{1}{2}$$

第三次移动:由于4号为逃离出口,因此此时仅需考虑老鼠从1出发的情况,结果为老鼠只能达到2和3,此时老鼠逃离的概率再次变为0。

第四次移动:老鼠从所在位置出发后,均有0.5的概率到达1和4,此时老鼠逃离的概率为

$$P = \frac{1}{2} \times \frac{1}{2} \times \frac{1}{2} \times \frac{1}{2} + \frac{1}{2} \times \frac{1}{2} \times \frac{1}{2} \times \frac{1}{2} + \frac{1}{2} \times \frac{1}{2} \times \frac{1}{2} \times \frac{1}{2} + \frac{1}{2} \times \frac{1}{2} \times \frac{1}{2} \times \frac{1}{2} = \frac{1}{4}$$

第五次移动:与第三次移动一样,此时老鼠只能从1号位置出发,同样地,老鼠只能达到2号位置和3号位置,此时老鼠的逃离概率再次变为0。

因此,老鼠如果移动五次,可以逃离的概率就是第二次移动逃离的概率加上第四次移动逃离的概率之和为0.75。如果老鼠的移动速度提高一倍,相当于移动的次数由5次变为10次,延续上面的计算方法,得到老鼠逃离的概率为0.96875。

现在回到原来的问题上,当老鼠所在的环境是九宫格时,老鼠逃离的概率是多少?假如老鼠还是从第一个格子开始移动,如图12.11所示。

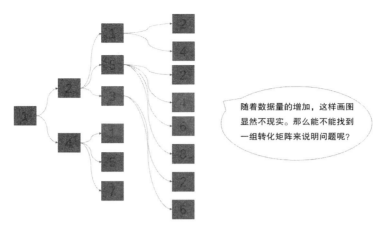

图 12.11　老鼠在九宫格的逃离概率

显然,如果按照之前画图穷举路径的方法求解已经变得困难了,那么是否有方法可以确定老鼠到达当前节点的概率呢(图 12.12)?

1 2,4	2 1,3,5	3 2,6
4 1,5,7	5 2,4,6,8	6 3,5
7 4,8	8 5,7	9 6,8

小数字代表老鼠达到该点之前的可能位置

图 12.12　老鼠去每个格子的概率统计

如图 12.12 所示,小数字代表老鼠到达该位置之前的位置信息,其中由于 9 号为出口,因此 6 号和 8 号单向到达 9 号。

用 v_n 表示 n min 后老鼠在 1~9 号格子中的概率,则有

$$v_0 = (1,0,0,0,0,0,0,0,0,)$$
$$v_1 = (0,0.5,0,0.5,0,0,0,0,0,)$$

$$v_n = \cdots$$

用 v_n^i 表示第 n min 老鼠到达 i 号格子的概率,则有

$$v_n^1 = \frac{1}{3}v_{n-1}^2 + \frac{1}{3}v_{n-1}^4$$

$$v_n^2 = \frac{1}{2} v_{n-1}^1 + \frac{1}{4} v_{n-1}^5 + \frac{1}{2} v_{n-1}^3$$

$$v_n^3 = \frac{1}{3} v_{n-1}^2 + \frac{1}{3} v_{n-1}^6$$

$$v_n^4 = \frac{1}{2} v_{n-1}^1 + \frac{1}{4} v_{n-1}^5 + \frac{1}{2} v_{n-1}^7$$

$$v_n^5 = \frac{1}{3} v_{n-1}^2 + \frac{1}{3} v_{n-1}^4 + \frac{1}{3} v_{n-1}^8 + \frac{1}{3} v_{n-1}^6$$

$$v_n^6 = \frac{1}{2} v_{n-1}^3 + \frac{1}{4} v_{n-1}^5$$

$$v_n^7 = \frac{1}{3} v_{n-1}^4 + \frac{1}{3} v_{n-1}^8$$

$$v_n^8 = \frac{1}{2} v_{n-1}^7 + \frac{1}{4} v_{n-1}^5$$

$$v_n^9 = \frac{1}{3} v_{n-1}^8 + \frac{1}{3} v_{n-1}^6$$

根据以上递推关系,通过 Python 由计算机完成相关计算,代码如下。

```
#!/usr/bin/env python3
n = 5   # 计算到n分钟后的情况
v = (1, 0, 0, 0, 0, 0, 0, 0, 0)   # 0分钟后的情况
i = 0   # 当前计算到i分钟后
while i < n:
    v = (
        1/3 * v[1] + 1/3 * v[3],
        0.5 * v[0] + 0.25 * v[4] + 0.5 *v[2],
        1/3 * v[1] + 1/3 * v[5],
        0.5 * v[0] + 0.25 * v[4] + 0.5 * v[6],
        1/3 * v[1] + 1/3 * v[3] + 1/3 * v[5] + 1/3 * v[7],
        0.5 * v[2] + 0.25 * v[4],
        1/3 * v[3] + 1/3 * v[7],
        0.5 * v[6] + 0.25 * v[4],
        1/3 * v[7] + 1/3 * v[5] +  v[8]
        )
    i = i + 1
print('v' + str(i) + ': ' + str(v))



v1: (0.0, 0.5, 0.0, 0.5, 0.0, 0.0, 0.0, 0.0, 0.0)
v2: (0.3333333333333333, 0.0, 0.16666666666666666, 0.0, 0.3333333333333333,
0.0, 0.16666666666666666, 0.0, 0.0)
v3: (0.0, 0.3333333333333333, 0.0, 0.3333333333333333, 0.0,
```

```
0.16666666666666666, 0.0, 0.16666666666666666, 0.0)
v4: (0.2222222222222222, 0.0, 0.16666666666666666, 0.0, 0.33333333333333337,
0.0, 0.16666666666666666, 0.0, 0.1111111111111111)
v5: (0.0, 0.2777777777777778, 0.0, 0.2777777777777778, 0.0,
0.16666666666666669, 0.0, 0.16666666666666669, 0.1111111111111111)
```

由上面的结果可以发现,当老鼠处在九宫格时,如果只能走五步,则逃离的概率为 0.11;如果老鼠的移动速度提高一倍,则逃离的概率变为 0.41(计算过程略)。

将老鼠逃离九宫格的问题简化为更一般的形式,令 a_{ij} 表示老鼠从 i 号格子移动到 j 号格子的概率,则有

$$v_n^i = a_{1i}v_{n-1}^1 + a_{2i}v_{n-1}^2 + a_{3i}v_{n-1}^3 + a_{4i}v_{n-1}^4 + a_{5i}v_{n-1}^5 + a_{6i}v_{n-1}^6 + a_{7i}v_{n-1}^7 + a_{8i}v_{n-1}^8 + a_{9i}v_{n-1}^9$$

转化为矩阵为

$$v_n^i = (a_{1i}\ a_{2i}\ a_{3i}\ a_{4i}\ a_{5i}\ a_{6i}\ a_{7i}\ a_{8i}\ a_{9i})\begin{pmatrix} v_{n-1}^1 \\ v_{n-1}^2 \\ v_{n-1}^3 \\ v_{n-1}^4 \\ v_{n-1}^5 \\ v_{n-1}^6 \\ v_{n-1}^7 \\ v_{n-1}^8 \\ v_{n-1}^9 \end{pmatrix}$$

由上式得到老鼠走 n 步在各个位置的概率为

$$\begin{pmatrix} v_n^1 \\ v_n^2 \\ v_n^3 \\ v_n^4 \\ v_n^5 \\ v_n^6 \\ v_n^7 \\ v_n^8 \\ v_n^9 \end{pmatrix} = \begin{pmatrix} a_{11} & a_{21} & a_{31} & a_{41} & a_{51} & a_{61} & a_{71} & a_{81} & a_{91} \\ a_{12} & a_{22} & a_{32} & a_{42} & a_{52} & a_{62} & a_{72} & a_{82} & a_{92} \\ a_{13} & a_{23} & a_{33} & a_{43} & a_{53} & a_{63} & a_{73} & a_{83} & a_{93} \\ a_{14} & a_{24} & a_{34} & a_{44} & a_{54} & a_{64} & a_{74} & a_{84} & a_{94} \\ a_{15} & a_{25} & a_{35} & a_{45} & a_{55} & a_{65} & a_{75} & a_{85} & a_{95} \\ a_{16} & a_{26} & a_{36} & a_{46} & a_{56} & a_{66} & a_{76} & a_{86} & a_{96} \\ a_{17} & a_{27} & a_{37} & a_{47} & a_{57} & a_{67} & a_{77} & a_{87} & a_{97} \\ a_{18} & a_{28} & a_{38} & a_{48} & a_{58} & a_{68} & a_{78} & a_{88} & a_{98} \\ a_{19} & a_{29} & a_{39} & a_{49} & a_{59} & a_{69} & a_{79} & a_{89} & a_{99} \end{pmatrix}\begin{pmatrix} v_{n-1}^1 \\ v_{n-1}^2 \\ v_{n-1}^3 \\ v_{n-1}^4 \\ v_{n-1}^5 \\ v_{n-1}^6 \\ v_{n-1}^7 \\ v_{n-1}^8 \\ v_{n-1}^9 \end{pmatrix} \quad (12.2)$$

上式的中间部分即为转移矩阵。

12.1.2 状态转移矩阵

式(12.2)最大的意义在于,可以根据当前状态预测任意未来时刻的状态概率(图 12.13)。

①
$$\begin{pmatrix} v_{n-1}^1 \\ v_{n-1}^2 \\ v_{n-1}^3 \\ v_{n-1}^4 \\ v_{n-1}^5 \\ v_{n-1}^6 \\ v_{n-1}^7 \\ v_{n-1}^8 \\ v_{n-1}^9 \end{pmatrix} = \begin{pmatrix} a_{11} & a_{21} & a_{31} & a_{41} & a_{51} & a_{61} & a_{71} & a_{81} & a_{91} \\ a_{12} & a_{22} & a_{32} & a_{42} & a_{52} & a_{62} & a_{72} & a_{82} & a_{92} \\ a_{13} & a_{23} & a_{33} & a_{43} & a_{53} & a_{63} & a_{73} & a_{83} & a_{93} \\ a_{14} & a_{24} & a_{34} & a_{44} & a_{54} & a_{64} & a_{74} & a_{84} & a_{94} \\ a_{15} & a_{25} & a_{35} & a_{45} & a_{55} & a_{65} & a_{75} & a_{85} & a_{95} \\ a_{16} & a_{26} & a_{36} & a_{46} & a_{56} & a_{66} & a_{76} & a_{86} & a_{96} \\ a_{17} & a_{27} & a_{37} & a_{47} & a_{57} & a_{67} & a_{77} & a_{87} & a_{97} \\ a_{18} & a_{28} & a_{38} & a_{48} & a_{58} & a_{68} & a_{78} & a_{88} & a_{98} \\ a_{19} & a_{29} & a_{39} & a_{49} & a_{59} & a_{69} & a_{79} & a_{89} & a_{99} \end{pmatrix} \begin{pmatrix} v_{n-2}^1 \\ v_{n-2}^2 \\ v_{n-2}^3 \\ v_{n-2}^4 \\ v_{n-2}^5 \\ v_{n-2}^6 \\ v_{n-2}^7 \\ v_{n-2}^8 \\ v_{n-2}^9 \end{pmatrix}$$

一直推回到初始状态

②
$$\begin{pmatrix} v_{n-2}^1 \\ v_{n-2}^2 \\ v_{n-2}^3 \\ v_{n-2}^4 \\ v_{n-2}^5 \\ v_{n-2}^6 \\ v_{n-2}^7 \\ v_{n-2}^8 \\ v_{n-2}^9 \end{pmatrix} = \begin{pmatrix} a_{11} & a_{21} & a_{31} & a_{41} & a_{51} & a_{61} & a_{71} & a_{81} & a_{91} \\ a_{12} & a_{22} & a_{32} & a_{42} & a_{52} & a_{62} & a_{72} & a_{82} & a_{92} \\ a_{13} & a_{23} & a_{33} & a_{43} & a_{53} & a_{63} & a_{73} & a_{83} & a_{93} \\ a_{14} & a_{24} & a_{34} & a_{44} & a_{54} & a_{64} & a_{74} & a_{84} & a_{94} \\ a_{15} & a_{25} & a_{35} & a_{45} & a_{55} & a_{65} & a_{75} & a_{85} & a_{95} \\ a_{16} & a_{26} & a_{36} & a_{46} & a_{56} & a_{66} & a_{76} & a_{86} & a_{96} \\ a_{17} & a_{27} & a_{37} & a_{47} & a_{57} & a_{67} & a_{77} & a_{87} & a_{97} \\ a_{18} & a_{28} & a_{38} & a_{48} & a_{58} & a_{68} & a_{78} & a_{88} & a_{98} \\ a_{19} & a_{29} & a_{39} & a_{49} & a_{59} & a_{69} & a_{79} & a_{89} & a_{99} \end{pmatrix} \begin{pmatrix} v_{n-3}^1 \\ v_{n-3}^2 \\ v_{n-3}^3 \\ v_{n-3}^4 \\ v_{n-3}^5 \\ v_{n-3}^6 \\ v_{n-3}^7 \\ v_{n-3}^8 \\ v_{n-3}^9 \end{pmatrix}$$

③
$$\begin{pmatrix} v_1^1 \\ v_1^2 \\ v_1^3 \\ v_1^4 \\ v_1^5 \\ v_1^6 \\ v_1^7 \\ v_1^8 \\ v_1^9 \end{pmatrix} = \begin{pmatrix} a_{11} & a_{21} & a_{31} & a_{41} & a_{51} & a_{61} & a_{71} & a_{81} & a_{91} \\ a_{12} & a_{22} & a_{32} & a_{42} & a_{52} & a_{62} & a_{72} & a_{82} & a_{92} \\ a_{13} & a_{23} & a_{33} & a_{43} & a_{53} & a_{63} & a_{73} & a_{83} & a_{93} \\ a_{14} & a_{24} & a_{34} & a_{44} & a_{54} & a_{64} & a_{74} & a_{84} & a_{94} \\ a_{15} & a_{25} & a_{35} & a_{45} & a_{55} & a_{65} & a_{75} & a_{85} & a_{95} \\ a_{16} & a_{26} & a_{36} & a_{46} & a_{56} & a_{66} & a_{76} & a_{86} & a_{96} \\ a_{17} & a_{27} & a_{37} & a_{47} & a_{57} & a_{67} & a_{77} & a_{87} & a_{97} \\ a_{18} & a_{28} & a_{38} & a_{48} & a_{58} & a_{68} & a_{78} & a_{88} & a_{98} \\ a_{19} & a_{29} & a_{39} & a_{49} & a_{59} & a_{69} & a_{79} & a_{89} & a_{99} \end{pmatrix} \begin{pmatrix} v_0^1 \\ v_0^2 \\ v_0^3 \\ v_0^4 \\ v_0^5 \\ v_0^6 \\ v_0^7 \\ v_0^8 \\ v_0^9 \end{pmatrix}$$

图 12.13　状态转换矩阵

如图 12.13 所示，令初始状态为 v_0，待求状态为 v_n，转化矩阵为 P，则

$$v_n = P^n v_0$$

回到老鼠走九宫格的问题，假如老鼠走了 100 步，结果用计算机计算后如图 12.14 所示。

如果走的步数足够多，老鼠一定可以逃离！

```
v92: (0.000525790268132689, 0.0, 0.0004253732623963057, 0.0, 0.0008507465247926114, 0.0, 0.0004253732623963057, 0.0, 0.9977727166822817)
v93: (0.0, 0.0006882683964626502, 0.0, 0.0006882683964626502, 0.0, 0.0004253732623963057, 0.0, 0.0004253732623963057, 0.99772271668228817)
v94: (0.00045884559764176674, 0.0, 0.0003712138862863186, 0.0, 0.0007424277725726372, 0.0, 0.0003712138862863186, 0.0, 0.9980562988572126)
v95: (0.0, 0.000600636685107202, 0.0, 0.000600636685107202, 0.0, 0.0003712138862863186, 0.0, 0.0003712138862863186, 0.9980562988572126)
v96: (0.00040042456738134655, 0.0, 0.00032395019046450684, 0.0, 0.0006479902809290137, 0.0, 0.00032395019046450684, 0.0, 0.9983037747814034)
v97: (0.0, 0.0005241624188335742, 0.0, 0.0005241624188335742, 0.0, 0.00032395019046450684, 0.0, 0.00032395019046450684, 0.9983037747814034)
v98: (0.0003494416125557161, 0.0, 0.0002827042030993603, 0.0, 0.0005654084061987206, 0.0, 0.0002827042030993603, 0.0, 0.9985197415750464)
v99: (0.0, 0.00045742500937721837, 0.0, 0.00045742500937721837, 0.0, 0.0002827042030993603, 0.0, 0.0002827042030993603, 0.9985197415750464)
v100: (0.0003049500062514789, 0.0, 0.0002467097374921287, 0.0, 0.0004934194749843857, 0.0, 0.0002467097374921287, 0.0, 0.9987082110437793)
```

图 12.14　老鼠逃离的概率与步数的关系

结果是符合预期的,只要走的步数足够多,老鼠一定能逃出九宫格。

12.2 隐马尔科夫链与打靶问题

12.1节介绍了马尔科夫理论,大家都知道,根据马尔科夫理论模型可知,事件未来的状态与当前状态有关而与过去状态无关。那么,如果现在知道事件已经发生的状态(知道事件的当前状态),如何逆向推导这个状态的来源呢(如何求出事件发生现在这个状态之前的状态信息)? 这就是隐马尔科夫链所要描述的问题。

12.2.1 打靶问题

在介绍隐马尔科夫链之前,这里先给出一个场景(如图12.15),场景描述如下。

小明是家中独子,家里人都非常宠爱他。小明有一个爱好,就是喜欢射击类游戏,可是小明的视力非常差。这一天,小明的爸爸老王带着小明去了朋友家开的靶场。

为了让小明的游戏体验稍微好一些,小明的爸爸特意嘱咐朋友在射击区域放三个靶子。但是这一天靶场的人特别多,找不到三个一模一样的靶子,于是靶场给小明前方摆放的靶子分别是3分靶、4分靶和6分靶(图12.16)。这里打靶的得分规则是,打中圆心得1分,打中次圆心得2分,依此类推。分值越高,说明打得越偏。

图12.15　打靶游戏

图12.16　三个靶子

图 12.16 是每个靶子所能产生的得分结果,如 3 分靶的得分情况分别是 1 分、2 分、3 分,每个分值的概率为 1/3。4 分靶的得分情况分别为 1 分、2 分、3 分、4 分,每个分值的概率为 1/4。6 分靶的得分情况分别为 1 分、2 分、3 分、4 分、5 分和 6 分,每个分值的概率为 1/6。

假设三个靶子的大小一样,与小明的距离一样,并且小明每次射击必能中靶,则每个靶子被射中的概率都是 1/3。

假设小明开始射击,射中每一个靶子的概率都是 1/3,每次射击后的得分都在 1、2、3、4、5、6 之间。小明射击一轮 12 次,就会得到一组 12 个数字,假如这组数字为 1、3、6、4、3、2、1、2、5、4、6、2。

这组数字就是可见状态链。有可见状态链,就有不可见状态链,即本小节题目提到的隐马尔科夫链。在上述场景中的隐马尔科夫链就是小明射击 12 次打到的靶子类型,如图 12.17 所示。

3 分靶	3 分靶	6 分靶	6 分靶	4 分靶	3 分靶
6 分靶	3 分靶	6 分靶	6 分靶	6 分靶	4 分靶

图 12.17 小明可能打到的靶子类型

通常在隐马尔科夫模型中提到的马尔科夫链就是指隐马尔科夫链,这是由于隐马尔科夫链之间存在转换概率。就如同本示例中,小明这一次射中的是 3 分靶,下一次射中 3 分靶、4 分靶和 6 分靶的概率都是 1/3。小明这一次射中 4 分靶和 6 分靶之后的情况也是一样。对于其他情况,转换概率可以根据需要进行更改。

本例中的隐马尔科夫模型如图 12.18 所示。

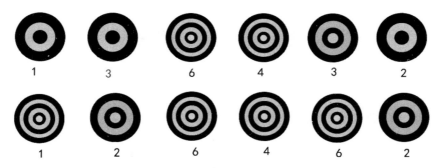

图 12.18 得分情况与靶子难以对应

图 12.18 中,箭靶代表隐含状态,数字代表可见状态。箭靶到箭靶代表由一个隐含状态到另一个隐含状态的转换,箭靶和数字则代表从隐含状态到可见状态的输出。

对于可见状态而言,不存在转换概率的说法,但是可见状态和隐含状态之间依然存在着一定的输出概率。例如,3 分靶产生每一个分值的概率都是 1/3,4 分靶产生每一个分值的概率都是 1/4,6 分靶产生每一个分值的概率都是 1/6(图 12.19)。

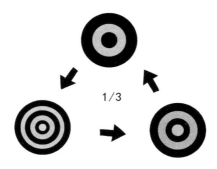

图 12.19   隐状态转化关系

12.2.2   隐马尔科夫链的意义

现实生活中,隐含状态之间的转化概率和隐含状态到可见状态的输出概率往往是信息不全的。例如,在小明打靶的游戏中,知道靶子的种类,也知道打靶的结果,但是不知道每次打到的是哪个靶子;或只知道打靶的结果,不知道靶子的种类等。那么如何根据已有的信息估算未知的信息就是隐马尔科夫链模型所要解决的问题。

小明打靶的具体情况可以分为以下几种。

(1)知道靶子的种类,也知道每次击中的是哪个靶子和得分,然后根据结果求产生这个结果的概率。

这种情况很简单,由于每次打靶都是独立事件,因此只需要对每个单独事件的概率进行连乘即可(图12.20)。

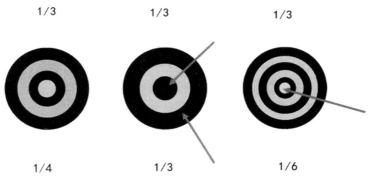

图 12.20   打靶情景一

$$P = P(3分靶) \times P(3分靶1分) \times P(3分靶) \times P(3分靶3分) \times P(6分靶) \times P(6分靶1分)$$

$$= \frac{1}{3} \times \frac{1}{3} \times \frac{1}{3} \times \frac{1}{3} \times \frac{1}{3} \times \frac{1}{6} = \frac{1}{1458}$$

(2)知道靶子的种类,也知道每个靶子产生得分的概率,知道最终的得分结果,求产生这种结果的靶子的出场顺序(图12.21)。

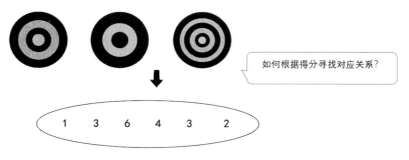

图 12.21　打靶情景二

如图 12.21 所示,已知靶子只有三种:3 分靶、4 分靶和 6 分靶,最终得分就是 1 分、3 分、6 分、4 分、3 分和 2 分,现在想知道这些得分分别是由哪个靶子产生的。比较直观的做法就是对靶子的击中顺序进行排列,然后计算哪种排列方式产生这种结果的概率最大,这是最大似然的思想。

(3)知道靶子的种类,也知道每个靶子产生得分的概率,根据观察到的得分结果,推测产生这个结果的概率(图 12.22)。

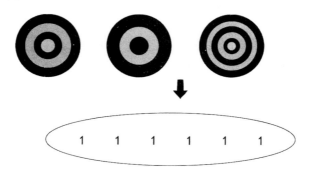

图 12.22　打靶情景三

情况 3 的已知条件和情况 2 完全相同,只是最终关心的问题不同,那么这样做有什么意义呢?

很显然,根据已知条件,产生某个结果都是有一个概率范围的。但是当计算出来的概率和实际情况差距较大时,说明计算模型出了问题。就本场景而言,也许有人对靶子或箭做了改动,改变了靶子对分值的输出概率。

(4)最后这种情况非常常见,知道靶子的类别数目,但是不知道被击中靶子的具体种类,通过观察大量的射击数据,反推靶子的具体种类(图 12.23)。

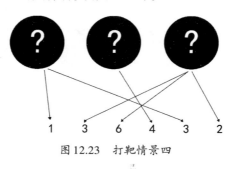

图 12.23　打靶情景四

以情景2为例,利用最大似然原理,求解靶子出场顺序问题。

已知靶子种类为3分靶、4分靶、6分靶,得分如表12-3所示。

表12-3　小明六次射击得分

第一次	第二次	第三次	第四次	第五次	第六次
1	3	6	4	3	2

推算靶子的出场顺序最直观的做法是把所有可能的情况列举出来,然后比较每种顺序的概率。以本题为例,六次打靶的出场顺序总共有729次,这种方法显然不适用。那么还有没有更好的办法呢? 当然是有的,中心思想就是最大似然原理。

小明第一次射击得分为1,对应三个靶子得1分的概率分别为1/3、1/4和1/6,显然3分靶的可能性最大。

小明第二次射击后得分为1和3,由于每次射击都是独立事件,因此要想两次射击得分为1和3的概率最大,相当于单独每次都获得最大概率。其中第一次概率最大为3分靶,按照相同的分析思路,第二次概率最大仍然为3分靶,概率为1/3。因此,小明前两次射击均射到了3分靶。

第三次射击得分为6分,根据上述分析思路,第一次和第二次射击均为3分靶是小明三次射击后得到1分、3分和6分这个组合概率最高的必要条件。同时,第三次射击得到6分的最大可能是击中6分靶。

依照上述思路,小明获得表12-3所示得分靶的最大可能组合为3分靶、3分靶、6分靶、4分靶、3分靶、3分靶。

那么,求解隐马尔科夫链的意义是什么呢?

假如小明和小王进行射击比赛,小明和小王的技术水平一样,射击的结果全凭运气。换句话说,小明和小王的胜负结果完全是随机的,谁的运气好,谁就胜利。经过激烈的四轮比赛后,小明和小王的得分如表12-4所示。

表12-4　小明和小王射击得分

比赛人员	第一轮	第二轮	第三轮	第四轮
小明	1	3		
小王	1	1	1	1

假设只有射中1分才能计入有效成绩,并被允许再次射击,试问,小王是否在游戏中作弊?

解题思路:

根据前述思想,首先计算小王射击结果的序列组合及可能性。

小王第一次射击得分为1分,该分值有可能是3分靶得到,也有可能是4分靶或6分靶。因此,小王第一次射击得1分的概率为:击中3分靶后得分概率与击中4分靶后得分概率及击中6分靶后得分概率的总和(表12-5至表12-7)。

表12-5　小王第一轮射击得分概率

击中的靶子	第一轮射击得分概率(P_1)
3分靶	$\dfrac{1}{3}$(击中3分靶概率)$\times \dfrac{1}{3}$(在3分靶上击中1分概率)$=\dfrac{1}{9}$
4分靶	$\dfrac{1}{3}$(击中4分靶概率)$\times \dfrac{1}{4}$(在4分靶上击中1分概率)$=\dfrac{1}{12}$
6分靶	$\dfrac{1}{3}$(击中6分靶的概率)$\dfrac{1}{6}$(在6分靶上击中1分概率)$=\dfrac{1}{18}$
总概率	0.25

表12-6　小王第二轮射击得分概率

击中的靶子	(P_1)	第二轮射击得分概率(P_2)
3分靶	$\dfrac{1}{9}$	$\dfrac{1}{9}\times\dfrac{1}{9}+\dfrac{1}{12}\times\dfrac{1}{9}+\dfrac{1}{18}\times\dfrac{1}{9}=\dfrac{1}{36}$ (第一次分别击中3、4、6分靶后第二次击中3分靶的概率)
4分靶	$\dfrac{1}{12}$	$\dfrac{1}{9}\times\dfrac{1}{12}+\dfrac{1}{12}\times\dfrac{1}{12}+\dfrac{1}{18}\times\dfrac{1}{12}=\dfrac{1}{48}$ (第一次分别击中3、4、6分靶后第二次击中4分靶的概率)
6分靶	$\dfrac{1}{18}$	$\dfrac{1}{9}\times\dfrac{1}{18}+\dfrac{1}{12}\times\dfrac{1}{18}+\dfrac{1}{18}\times\dfrac{1}{18}=\dfrac{1}{72}$ (第一次分别击中3、4、6分靶后第二次击中6分靶的概率)
总概率	0.25	0.0625

表12-7　小王第三轮射击得分概率

击中的靶子	(P_1)	(P_2)	第三轮射击得分概率(P_3)
3分靶	$\dfrac{1}{9}$	$\dfrac{1}{36}$	$\dfrac{1}{36}\times\dfrac{1}{9}+\dfrac{1}{48}\times\dfrac{1}{9}+\dfrac{1}{72}\times\dfrac{1}{9}=\dfrac{1}{144}$ (第二次分别击中3、4、6分靶后第三次击中3分靶的概率)
4分靶	$\dfrac{1}{12}$	$\dfrac{1}{48}$	$\dfrac{1}{36}\times\dfrac{1}{12}+\dfrac{1}{48}\times\dfrac{1}{12}+\dfrac{1}{72}\times\dfrac{1}{12}=\dfrac{1}{192}$ (第二次分别击中3、4、6分靶后第三次击中4分靶的概率)
6分靶	$\dfrac{1}{18}$	$\dfrac{1}{72}$	$\dfrac{1}{36}\times\dfrac{1}{18}+\dfrac{1}{48}\times\dfrac{1}{18}+\dfrac{1}{72}\times\dfrac{1}{18}=\dfrac{1}{288}$ (第二次分别击中3、4、6分靶后第三次击中6分靶的概率)
总概率	0.25	0.0625	$\dfrac{1}{64}$

很多读者看到这里会怀疑统计概率的完整性,认为忽略了第一轮打靶和第二轮打靶之间的

组合关系问题。实际上,在表12-7的第三列(P_2)已经将所有概率包含在内(图12.24)。

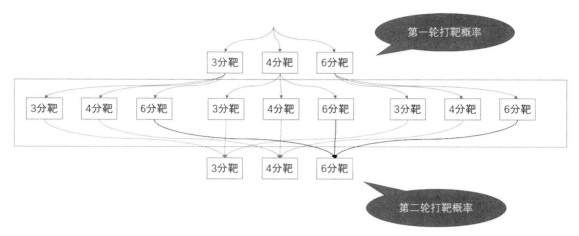

图12.24 两轮打靶所有组合情况

同样地,第四轮打靶结果可以按上述过程统计为表12-8所示。

表12-8 小王第四轮射击得分概率

击中的靶子	(P_1)	(P_2)	(P_3)	第四轮射击得分概率(P_4)
3分靶	$\dfrac{1}{9}$	$\dfrac{1}{36}$	$\dfrac{1}{144}$	$\dfrac{1}{144} \times \dfrac{1}{9} + \dfrac{1}{192} \times \dfrac{1}{9} + \dfrac{1}{288} \times \dfrac{1}{9} = \dfrac{1}{576}$
4分靶	$\dfrac{1}{12}$	$\dfrac{1}{48}$	$\dfrac{1}{192}$	$\dfrac{1}{144} \times \dfrac{1}{12} + \dfrac{1}{192} \times \dfrac{1}{12} + \dfrac{1}{288} \times \dfrac{1}{12} = \dfrac{1}{768}$
6分靶	$\dfrac{1}{18}$	$\dfrac{1}{72}$	$\dfrac{1}{288}$	$\dfrac{1}{144} \times \dfrac{1}{18} + \dfrac{1}{192} \times \dfrac{1}{18} + \dfrac{1}{288} \times \dfrac{1}{18} = \dfrac{1}{1152}$
总概率	0.25	0.0625	$\dfrac{1}{64}$	$\dfrac{1}{256}$

由此可见,小王有很大的可能性是作弊。

12.3 概率小故事——伟大的数学家

第二次世界大战期间,盟军和德国作战,涉及大量军需物资的输送问题。当时对于大宗货物的运输主要采取海运,不幸的是,德军的海上作战能力实在了得,在1943年之前,大多数走海运的英美船只都遭到了德军潜艇的猛烈袭击,损失非常惨重。要想应对这种情况,需要英美两国派出大量的护卫舰,但是当时的情况根本不允许两个国家如此做。一时之间,德军的这种截人粮草的行为使盟军焦头烂额,海上运输成为无解的问题(图12.25)。

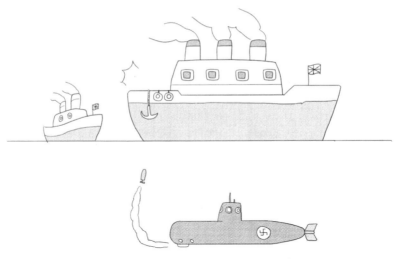

图 12.25　德军不断狙击盟军海上运输船只

迫于无奈,盟军决定花重金号召天下有识之士献计破此难题。重赏之下必有勇夫,很快就来了各种能人异士纷纷献策,其中有一个数学家的想法得到了盟军的高度认可。该数学家通过深入了解后分析发现,运输物资的舰队被袭击的前提是舰队被敌人发现了,而舰队被敌人发现这一事件是一个随机的事件。如果想要减小损失,最直接的办法是降低舰队被敌人发现的概率。

那么,在不知道敌人在哪里的情况下,如何减少被敌人发现的概率呢? 其实问题很简单,双方都不知道对方的具体位置,此时假设运输的航线有 10 条,如果每次都把运输队伍分散在 10 条航线中,那么被敌人发现的概率可以说是 100%;如果每次都把运输队伍集中在一条航线,那么被发现的概率就锐减到了 10%。

同样地,当盟军的运输船与敌人相遇时,运输船队的规模越大,每艘船被击中的可能性就越小,由于德军的弹药量是有限的,每次袭击,不论船队规模多大,可以击沉的船只数量基本是相等的。假如盟军有 100 艘运输船,如果编排 5 队,则每队 20 艘船;如果编排 10 队,则每队 10 艘船。两种编队方式遭遇敌方狙击的可能性之比为 5∶10。假如每次遭遇袭击损失的运输船数量为 5 艘,那么按照上述两种编队方式,每艘船被击中的可能性的比为 $\frac{5}{20}:\frac{5}{10}=1:2$。再结合前面提到的遭遇敌军的概率,则两种编队方式中每艘运输船与敌军相遇并被击沉的概率的比为 1∶4。这说明,100 艘运输船,编成 5 队比编成 10 队的危险性小。

盟军后来采纳了这名数学家的建议,改进了运输船原本分散起航的做法,统一调度船只在指定海域集合并集体通过危险区域。事实证明,盟军舰队被击沉的概率由原来的 25% 锐减到了 1%,损失大大减少。因此,盟军官方宣称:一个优秀的数学家的作用胜过 10 个师的兵力!

第13章

过拟合与欠拟合问题

机器学习的核心任务就是"使用算法模型解析数据,从中学习,然后对世界上的某件事情做出决定或者预测"。对机器学习的模型来说,最糟糕的情况就是训练的模型不适用。通常造成训练模型不适用的原因有过拟合与欠拟合,本章将就过拟合与欠拟合的概念及如何解决过拟合与欠拟合问题进行简单介绍。

本章涉及的主要知识点

- 生活中会有哪些现象符合过拟合或者欠拟合的特征;
- 解决过拟合与欠拟合的主要方法;
- Dropout方法的特点。

13.1 生活中的过拟合与欠拟合现象

现实生活中,大家常常凭借自己的经验去判断事情。例如,古时候的人对天气变化的原理知之甚少,于是尝试使用各种错误的方法来解释和预测天气——求神拜佛,祈福降雨。当他们发现这些天气活动在统计学上存在一些关联时,就开始不断地试验来寻找最接近的关联。如有人发现每天求三次雨,第二天就有可能下雨,于是过拟合就产生了(图13.1)。

大师快帮我们求求雨吧!

雨神显灵啦!

图13.1 "过拟合"示意

上述场景是一个典型的过拟合的例子,因为某一次求雨成功而认为每次都可以采用相同的方式成功求雨,这显然是不可能的。

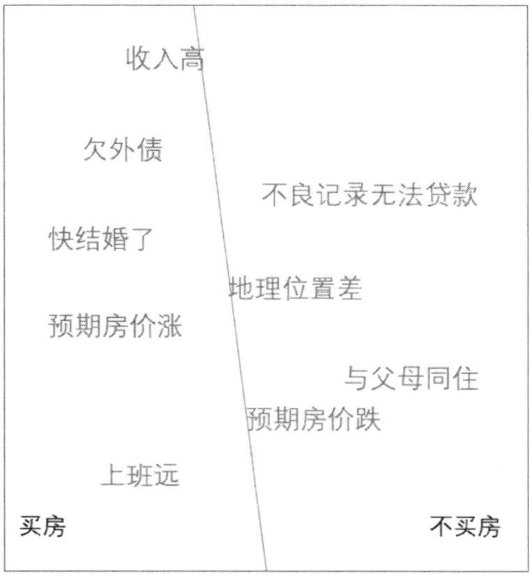

那么生活中有没有欠拟合的行为呢? 答案是肯定的,而且还有很多。

老李是一个房产经纪人,由于2020年开年"天崩开局",前四个月老李一个客户也没有。五月以后,情况有所好转,来看房的人多了,老李一下子信心满满,觉得这是一波报复性消费浪潮,肯定能卖出去几套房子。为了在领导面前有一个突出表现,老李主动请缨拿下年度绩效目标任务,大有一种"不成功便成仁"的精神。

为了尽早拿下开门红的一单,老李做了一份统计表(图13.2),让意向客户填写。

老李把客户信息整理到一起,发现很多来看房子的人都是高收入群体,心里乐开了花,仿佛已经拿到了年终奖。然而在开盘时,在老李这里填写购房意愿

图13.2 生活中欠拟合思考现象

收入高

欠外债

不良记录无法贷款

快结婚了

地理位置差

预期房价涨

与父母同住

预期房价跌

上班远

买房　　　　不买房

的人一个都没来。于是,老李失业了。

老李的情况就是典型的欠拟合案例,他忽略了购房过程中的许多重要因素,仅仅依赖购房者的收入等简单情况判断购房者是否有真实买房意愿及买房能力,这显然是不合适的。

 13.2 过拟合与欠拟合概念

过拟合现象是指在模型训练的过程中,数据拟合非常好,损失函数几乎可以忽略不计,但是在测试数据时效果急剧下降,造成这种现象的原因是模型过分依赖训练数据。

欠拟合则正好相反,欠拟合的模型在训练过程中由于没有很好地掌握数据特征,导致无法准确描述训练样本。因此,过拟合与欠拟合都是机器学习需要避免的问题。图13.3和图13.4分别是回归问题和分类问题中欠拟合、正常拟合与过拟合的对比。

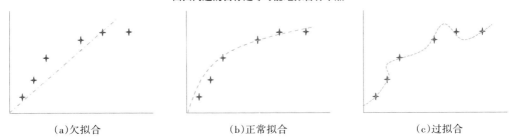

图13.3　回归问题中的欠拟合、正常拟合与过拟合的对比

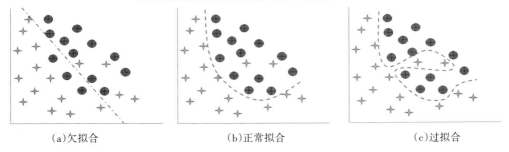

图13.4　分类问题中欠拟合、正常拟合与过拟合的对比

13.3 解决过拟合与欠拟合问题的"四大金刚"

要想解决机器学习模型的过拟合问题,首先要了解产生过拟合的原因,然后才能对症下药,有效解决过拟合问题。

过拟合产生的原因通常是训练数据不够多,或者是对数据集进行过度训练造成的。因此,解决过拟合问题需要从训练数据入手。可以采用的方法有正则化、数据增强、Dropout 和训练提前停止等。

13.3.1 正则化

正则化是一种减小测试误差的行为,通常用于防止模型的过拟合问题,那么正则化是如何做到防止模型过拟合呢?

首先来看一下模型过拟合的条件。机器学习的目的是建立一个能够很好描述真实世界的数学模型,而该数学模型的好坏通常取决于模型的损失函数优劣。损失函数的通用形式为

$$E(x) = \min_{w} \left[\sum_{i=1}^{n} (w^{\mathrm{T}} x_i - y_i)^2 \right] \tag{13.1}$$

式中,$E(x)$ 为损失函数;w 为权重,即机器学习需要训练的参数;$w^{\mathrm{T}} x_i$ 为输入数据的计算结果;y_i 为真实结果。

通常认为,损失函数越小,则模型的计算结果与实际情况越接近。理论上,当损失函数为 0 时,预测结果与实际情况完全一致,但是此时模型的过拟合现象已经发生,模型不再具备任何泛化能力,即对于输入的新数据,模型将无法做出正确判断。

既然知道了过拟合发生的数学原因,解决的办法就是给模型增加一个约束,限制最终参数的取值范围,让原有损失函数无法取到 0。因此,就出现了正则化的方法,即在式(13.1)的最后人为添加一个约束(图 13.5)。

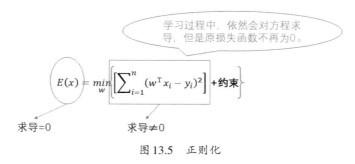

图 13.5 正则化

这样做的结果是让权重的取值偏小,最终构造出的模型所有参数都比原来小。那么,为什么要让权重偏小呢?

通常认为,权重取值较小的参数构造的模型适应不同数据集的能力较强,即泛化性能较好。

设想一下,对于一个线性回归模型而言,若参数取值太大,那么只要数据有轻微偏移,结果都会发生巨大的变化;但是如果权重足够小,那么即使数据出现了波动,结果也会在一个容忍区间内,即模型的抗扰动能力强(图13.6)。

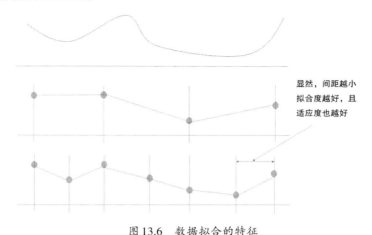

图13.6　数据拟合的特征

这里要注意的是,正则化分为L^1正则化和L^2正则化,前者是减少参数数量,后者则是降低参数取值,具体情况下面会详细说明。

在介绍正则化之前,有必要先介绍范数的概念。假设x是一个向量,则它的L^p范数定义为

$$\|x\|_p = \left(\sum_i |x_i|^p\right)^{\frac{1}{p}} \tag{13.2}$$

范数通常添加在目标函数后面,作为"惩罚项"防止模型系数过大。添加过正则化项的目标函数为

$$\bar{J}(w,b) = J(w,b) + \frac{\lambda}{2m}\Omega(w) \tag{13.3}$$

式中,$\dfrac{\lambda}{2m}$为常数;m为样本个数;λ为超参数,通过改变λ取值控制正则化程度。

常用的正则化有L^1正则化和L^2正则化。当采用L^1正则化时,式(13.3)可以写为

$$\bar{J}(w,b) = J(w,b) + \frac{\lambda}{2m}\sum_i |w_i| \tag{13.4}$$

由式(13.4)可以发现,L^1正则化就是让目标函数加上所有特征系数绝对值的和。对L^1正则化求w_i的导数得

$$\frac{\partial \bar{J}(w,b)}{\partial w_i} = \frac{\partial J(w,b)}{\partial w_i} + \frac{\lambda}{2m} \times \frac{\partial \sum_i |w_i|}{\partial w_i} \tag{13.5}$$

在梯度下降过程中,每次更新权重w_i得

$$w_{i+1} = w_i - \frac{\partial J(w,b)}{\partial w_i} - \frac{\alpha\lambda}{2m}\text{sign}(w_i) \tag{13.6}$$

式(13.6)中$\text{sign}(w_i)$仅代表w_i各取值的正负关系,若$\text{sign}(w_i)$为正数,则每次减去一个常数;若$\text{sign}(w_i)$为负数,则每次增加一个常数。

L^1 正则化很容易产生系数为0的情况。当特征系数为0时,特征将不再对结果产生影响,此时 L^1 正则化使得特征变得稀疏,起到了特征选择的作用。

如图13.7所示,假设输入参数只有两个特征,w_1 和 w_2 分别代表两个参数的权重值。w_1 为横坐标,w_2 为纵坐标,分别画出了损失函数和增加 L^1 正则化后的函数的等值线图。其中,圆圈代表原损失函数,菱形代表增加 L^1 正则化后的函数。等值线即在菱形线上任意一点的投影值相同(蓝色线圈上任一点投影值也相同)的线,如图13.8所示。

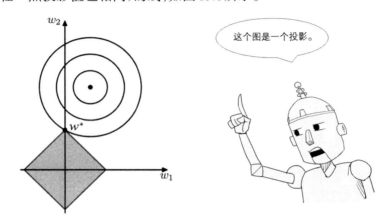

图 13.7　L^1 正则化特征

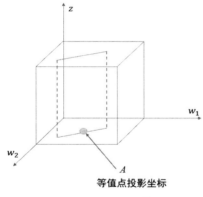

本例中的等值线图实际上是一个三维坐标图像,等值线等的是 z 的值,此时在 w_1 和 w_2 坐标上的投影即为此时的权值系数。

等值点投影坐标

图 13.8　正则化的解释说明

如图13.7所示,菱形与圆形在 w^* 处相交,说明在 w^* 处损失函数与添加了 L^1 正则化后的函数的权重取值相同且函数结果相同。L^1 正则化是在目标函数后面添加权重的绝对值之和,添加项的方程如下。

$$z = |w_1| + |w_2|$$

因此,该方程的形状就是一个类似于菱形的图形。同理,损失函数的方程通常为方差的平方,放在等值线模型里的形式为

$$z = \min_{w} \left[\sum_{i=1}^{2} (w^\mathrm{T} x_i - y_i)^2 \right]$$

因此,损失函数的图形为圆形。

从图 13.7 可以看出,两者的等值线在坐标轴上相交的概率很大,此时必然有权重为 0。因此,L^1 正则化可以有效稀疏权重矩阵。

当采用 L^2 正则化时,式(13.3)可以写为

$$\bar{J}(w,b) = J(w,b) + \frac{\lambda}{2m}\sum_i |w_i|^2 \tag{13.7}$$

式(13.7)求导得

$$\frac{\partial \bar{J}(w,b)}{\partial w_i} = \frac{\partial J(w,b)}{\partial w_i} + \frac{\lambda}{2m} \times \frac{\partial \sum_i |w_i{}^2|}{\partial w_i} \tag{13.8}$$

在梯度下降过程中,每次更新权重 w_i 得

$$w_{i+1} = w_i - \frac{\partial J(w,b)}{\partial w_i} - \frac{\alpha\lambda}{m} w_i \tag{13.9}$$

合并同类项得

$$w_{i+1} = \left(1 - \frac{\alpha\lambda}{m}\right) w_i - \frac{\partial J(w,b)}{\partial w_i} \tag{13.10}$$

可以看出,L^2 正则化是对原目标函数添加特征系数的平方的和。对式(13.7)求导后,在每次更新权重时,会先对原有权重进行缩放,然后减去当前梯度,这样做会让新权重不断地逼近 0 却始终不为 0(图 13.9)。

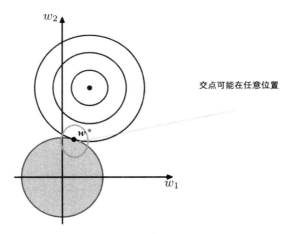

图 13.9 L^2 正则化

L^2 正则化的等值线图画法与 L^1 正则化类似,这里 L^2 正则化自身的等值线也是圆形,这是因为 L^2 正则化项的等值线方程为

$$z = w_1^2 + w_2^2$$

从图 13.9 观察得出,L^2 正则化等值线交点很难落在坐标轴上。因此,L^2 正则化不能对权重矩阵进行稀疏化处理。

13.3.2 数据增强

13.3.1节主要阐述了如何解决过拟合的问题,但是在实际的机器学习应用中,欠拟合的现象也会经常发生。这是由于在实际工作中,获取训练数据的成本很高,与海量现实信息相比,人们掌握的数据量往往非常少(图13.10)。

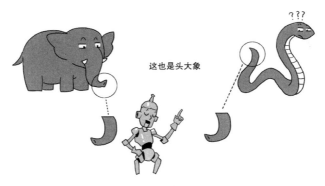

图 13.10 欠拟合

那么有没有办法解决数据量不够的问题呢? 显然是有的,方法就是数据增强。数据增强就是通过一些技术手段,使原来不那么丰富的数据变得丰富起来。例如,小胖照了一张自拍照想要发朋友圈,但是感觉效果不好,不能体现自己的气质,于是请好友小王帮忙加一些背景来达到其想要的效果(图13.11)。

图 13.11 "有钱"的小胖

总体来说,数据增强的作用有如下两点。

(1)增加训练数据量,提高模型的泛化能力。

(2)增加噪声数据,提升模型的鲁棒性。

以图像数据为例,数据增强的方法有如下几种。

(1)数据翻转(图13.12):数据翻转是一种常用的数据增强方法,这种方法也可以看作对数据做镜像处理。

图 13.12　数据翻转

（2）数据旋转（图 13.13）：数据旋转就是将数据进行顺时针或逆时针旋转,旋转时尽量旋转90°~180°,否则会出现尺度改变的问题。

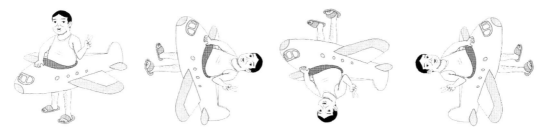

图 13.13　数据旋转

（3）数据缩放（图 13.14）：图像可以被放大或缩小。放大后的图像尺寸会大于原始尺寸。大多数图像处理架构会按照原始尺寸对放大后的图像进行裁切,而图像缩小会减小图像尺寸,这使得人们不得不对图像边界之外的东西做出假设。

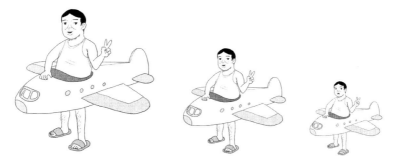

图 13.14　数据缩放

（4）数据剪裁（图 13.15）：这种方法也被称裁剪,效果可以看作局部随机放大。数据剪裁是随机从图像中选择一部分,然后将这部分图像裁剪出来,再调整为原图像的大小。

图 13.15　数据裁剪

(5)数据平移(图 13.16):将图像沿着 x 或 y 方向(或两个方向同时)移动。在平移时需对背景进行假设,这一点类似于图像缩放,需要对原来没有的区域进行填充,如假设为黑色等。因为平移时有一部分图像是空的,由于图片中的物体可能出现在任意位置,因此平移增强方法十分有用。

图 13.16　数据平移

(6)添加噪声(图 13.17):过拟合通常发生在神经网络学习高频特征时(因为低频特征神经网络很容易就可以学到,而高频特征只有在最后才可以学到),而这些特征对于神经网络所做的任务可能没有帮助,而且会对低频特征产生影响。为了消除高频特征,人们会随机加入噪声数据来消除这些特征。

图 13.17　添加噪声

也许有人会问,添加噪声为什么可以提高模型的鲁棒性?

这一点还要从模型的过拟合说起。当模型参数过多时,模型在训练过程中会过分依赖参数,最终由于过拟合问题导致训练结果非常好,泛化性却非常差。解决过度依赖参数的最直接做法就是降低模型对参数的依赖程度,通过向模型注入噪声,使得较弱的参数对模型判断不再产生影响,迫使模型只学习更强大的特征参数,从而降低过拟合的风险。前面讲到的正则化方法就是一种向模型注入噪声的手段。

13.3.3 Dropout

前面描述了正则化手段防止过拟合的问题,但是正则化方法不是很容易理解,那么有没有一种更简单的方法来解决过拟合问题呢? 前面说过,造成过拟合的原因是模型太少而参数太多,那么最直观的解决办法就是把过多的参数丢弃(图 13.18),这样就不会出现过拟合了。

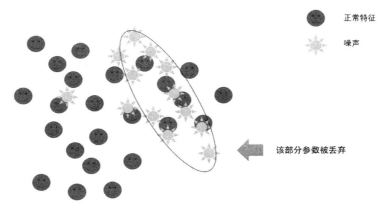

图 13.18　将过多的参数丢弃

但是,这样做出现了欠拟合怎么办? 这就是接下来要介绍的 Dropout 方法的"神奇"之处了。Dropout 的精髓就是去除非必要项(图 13.19)。

图 13.19　Dropout 的精髓就是去除非必要项

Dropout 在机器学习中指随机丢弃一些参数。下面首先介绍机器学习是如何运行的(图
13.20)。

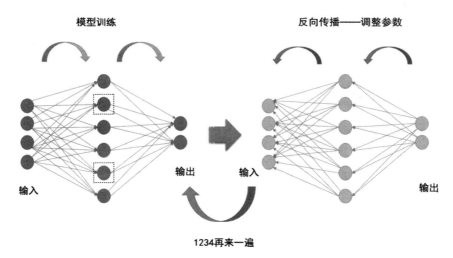

图 13.20　机器学习的运行过程

如图 13.20 所示,左侧部分是机器学习正向传播的过程,第一列代表输入数据,中间一列代表
权重参数计算后的数值,第三列是经过分类算法计算后的输出结果。到这里为止仅描述了机器
学习一轮循环的上半部分,机器学习过程是一个不断优化参数的过程,那么参数是如何优化的
呢? 就是通过右侧的逆向求导过程对参数进行不断优化,该过程采用的优化方法是梯度下降法。
首先从最右侧一列的输出开始对参数进行求导,然后用原数据(上一步数据)减去求导后的新数
据(该数据要乘以一个叫作学习率的系数),得到模型新的输入数据(右侧第一列),如此就完成了
一轮完整的机器学习过程。在结果收敛之前,会进行很多次这样的过程。

当学习的参数量非常大时,模型可以把训练数据描述得很清晰,但是由于过拟合问题,模型
几乎没有泛化性,这时 Dropout 开始发挥作用。从左侧区域随机抽走中间的参数,然后对模型进
行计算,由此减小过拟合发生的可能性。这里有以下几点需要注意。

(1)丢弃过程是随机的。

(2)丢弃行为是临时性的。

图 13.20 左侧是模型正向训练过程,其中虚线框代表被丢弃的参数,这些参数均为随机选择,且
每一轮训练重复进行该过程,即每次被丢弃的参数不完全相同,因此丢弃行为是临时性的。

为什么说 Dropout 可以防止过拟合? 图 13.21 至图 13.24 很好地阐述了其中的原理。

图 13.21 是标准神经网络根据输入参数作出的曲线拟合,从图中可以看出,该曲线拟合过程
中充分考虑了所有参数,因此曲线的拟合度非常高,但是显然不具备泛化性。根据 Dropout 提出
的优化手段,可以对该数据先进行随机筛选,然后学习。

图 13.22 至图 13.24 是对原始模型参数进行随机筛选后得到的新的拟合曲线。机器学习网络
模型会对所有新的拟合曲线进行对比。

图 13.21　考虑了所有参数的拟合曲线

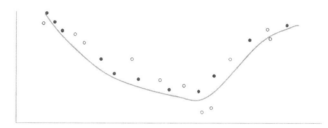

图 13.22　随机去除部分参数后的拟合曲线（一）

图 13.23　随机去除部分参数后的拟合曲线（二）

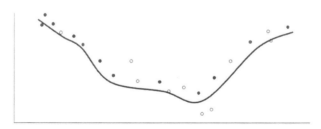

图 13.24　随机去除部分参数后的拟合曲线（三）

　　如图 13.25 所示，把所有新的拟合曲线集合在一起，然后对这些曲线进行取平均操作，得到的最终曲线模型泛化性会得到极大的提高。

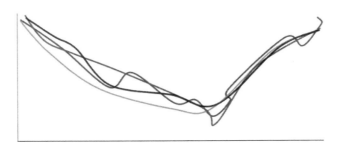

随着计算次数的增加，曲线的泛化性会越来越好

图 13.25　所有 Dropout 后的曲线

下面对这种做法的理论依据进行解释（图 13.26）。

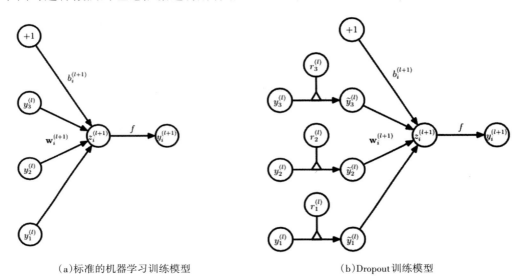

（a）标准的机器学习训练模型　　　　　　（b）Dropout 训练模型

图 13.26　Dropout 理论依据

如图 13.26 所示，左边是标准的机器学习训练模型，右边则是 Dropout 训练模型。它们的区别在于每个参数都增加了一个概率过程，便于随机取舍参数。其对应的模型公式如下。

标准化网络：

$$z_i^{(l+1)} = w_i^{(l+1)} y^l + b_i^{(l+1)} \tag{13.11}$$

$$y_i^{(l+1)} = f\left(z_i^{(l+1)}\right) \tag{13.12}$$

式中，$z_i^{(l+1)}$ 为第 $l+1$ 轮计算后的输出结果；$w_i^{(l+1)}$ 为第 $l+1$ 轮的权重系数；y^l 为第 l 轮计算后生成的新的输入参数；$b_i^{(l+1)}$ 为第 $l+1$ 轮的偏置参数。

式（13.12）为输入和输出之间的关系。

Dropout 网络：

$r_j^{(l)} \sim \text{Bernoulli}(p)$

$$\check{y}^l = y^l \times r^l \tag{13.13}$$

$$z_i^{l+1} = w_i^{l+1} \times \check{y}^l + b_i^{(l+1)} \tag{13.14}$$

$$y_i^{l+1} = f\left(z_i^{(l+1)}\right) \tag{13.15}$$

Dropout 网络通过 Bernoulli(p) 定义生成概率 r，根据伯努利概率特点，r 是一个二值概率，结果在 0~1 随机选取。这就相当于在网络的每一条线路上增加一个开关，当生成概率为 0 时，关闭这条线路上的输入参数。例如，某一条神经元有 10000 个输入单元，如果 Dropout 的筛选率设置为 0.5，那么这一层经过 Dropout 后，输出 5000 个参数，另外 5000 个参数被设置为 0，不参与计算。

13.3.4 提前终止训练

为了防止模型产生过拟合，前面提出了多种策略，但是最简单的不外乎前面提到的 Dropout 和本节要介绍的提前终止训练。

模型在提前终止训练过程中过拟合的产生如图 13.27 所示。

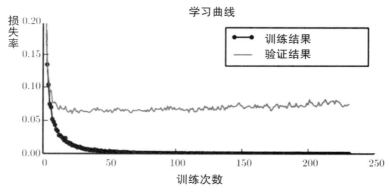

图 13.27　过拟合的产生过程

如图 13.27 所示，深色曲线是模型在训练过程中的损失情况，随着训练次数的增加，模型的损失越来越小，最后趋近于 0；而浅色曲线则是模型在验证集上的情况，刚开始模型的损失在降低，在训练到一定次数后，损失开始增大。这时模型开始产生过拟合，产生的原因前面已经介绍过，这里不再赘述。

为了杜绝过拟合的现象发生，在测试模型时，当误差有了增大的趋势时就果断停止训练。具体做法如下。

（1）保存当前模型（包括权值和模型的网络结构）。

（2）分批次进行模型训练，每训练一个批次得到一个新的模型。

（3）将测试集代入新模型进行训练，当训练误差增大时做下标记并继续训练，若误差不减小，则认为模型应该在上一个标记处停止训练。

那么，为什么提前终止训练会有用呢？Bishop 和 Sjoberg and Ljung 认为提前终止训练可以将优化过程涉及的参数限制在一个初始值很小的空间内。具体而言，就是利用学习率 ϵ 进行 τ 步优化，将 $\epsilon\tau$ 看作有效容量的计量，如果认为梯度是有界的，即通过限制迭代次数和学习速率能够限制从初始参数值到达的参数空间的大小，那么提前终止训练的效果就类似于 L^2 正则化的效果（图 13.28）。

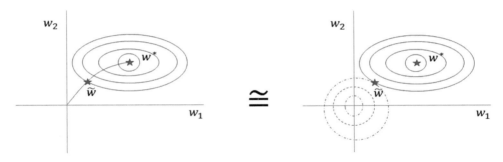

图 13.28　提前终止训练的效果与 L^2 正则化的效果

如图 13.28 所示，左图中的圆圈表示负对数似然取值的等值线，从原点出发的曲线是 SGD 轨迹，交点 $\tilde{w}$ 表示提前终止的轨迹与等值线相交，此处交点显然不在最小化代价最小的点 w^* 处；右图中的虚线是 L^2 正则化的轨迹等值线，显然使用 L^2 正则化得到的代价最小的点与左图是近似的。因此，通过提前终止训练可以实现与 L^2 正则化相同的防止过拟合的目的。

13.4　概率小故事——路边的阴谋

一天，老王没事在路上溜达，看到广场上有个中年人在吆喝摸球赢奖品的游戏（图 13.29）。

图 13.29　摸球赢奖品

中年人：走过路过，不要错过，一元钱摸一次球，奖品现场兑换！

很快就围上来一大圈的人。

市民张大爷：年轻人，这游戏什么规则啊？

中年人：一块钱摸一次球，每次摸 3 个球。袋子里的球有红色、黄色和蓝色三种。如果摸到 1 个红球，现场拿走一根铅笔；如果摸到 2 个红球，现场送一个精美笔记本。

说到这里,中年人突然停了下来。

观众都很好奇,一次摸3个球,如果摸到3个红球是什么结果呢?

市民王大妈:小伙子,那要是摸到了3个红球呢?

中年人:如果您摸到了3个红球,直接奖励1000元现金,当场兑现!

此话一出,全场沸腾了,每次只要1元钱,多摸几次不信摸不到3颗红球!

很快就有观众跃跃欲试。

某小学生拿出5元钱,摸了5次球,最后一无所获。

某小伙子拿出20元钱,摸了20次球,最后得到一个精美的笔记本。

某个老大爷只摸了一次,同样得到一个笔记本,这一下子更激发了大家的热情。

老王观察了一下午,发现大家都是出10元、20元,偶尔也会中个铅笔、笔记本之类的奖品,但是根本没有人中1000元现金。老王仔细算了一下发现,平均摸一次一元钱,摸一次球的时间前后总共大概20s,即一分钟最多摸3次球。即使一天中年人摆摊10h,观众不停地摸球,中年人的收入也就是1800元,只要有两个人摸到1000元的奖品,中年人这一天就赔了。老王渐渐发现了事情不对劲,直到有一个老年人说自己要出个100元试试运气时,老王终于坐不住了,一定要揭穿中年人的骗局!

老王:等一下,你敢不敢说你袋子里一共有多少个球?

中年人:这个不能告诉你,但是可以给你透漏一点信息,口袋里的红球和黄球一共16个,黄球比蓝球多7个,蓝球比红球多5个。你自己算吧。

老王表示这根本难不住自己,于是当场就算了起来,计算过程如下。

假设红球的数目为A,则黄球数目为$16-A$,蓝球数目为$16-A-7=9-A$。由于蓝色球比红色球多5个,因此$9-A-5=A$。由此推断红球数量为2个,黄球数量为14个,蓝球数量为7个,总共有23个球。

众人纷纷要求中年人打开自己的袋子,中年人迫于无奈只得打开了袋子,结果和老王计算的一模一样。于是大家拨打了110,很快中年人就被警察带走了(图13.30)。

图13.30　中年人被捕

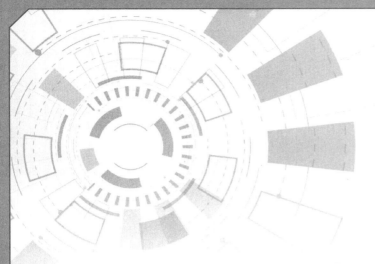

第 14 章

安装 TensorFlow

工欲善其事，必先利其器，本书前面章节介绍了机器学习中一些常用的概率基本知识，那么如何将它们运用到机器学习领域呢？显然需要一个学习框架，这里推荐使用 TensorFlow 框架实现前面介绍到的各种学习网络。本章将就如何安装 TensorFlow 进行简单介绍。

当然，实现机器学习的框架有很多，如果读者想要学习其他框架，也可以尝试一下。

本章涉及的主要知识点

- 如何搭建 TensorFlow 安装环境；
- 关于 Python，为何选择这门语言及安装方式；
- Windows 环境安装 Anaconda 的具体步骤；
- TensorFlow 变量设置方法。

14.1 安装前准备工作

TensorFlow是当前流行的机器学习框架之一,可在跨平台、设备和硬件上实现一流的训练性能,从而使开发者、工程师和研究人员能够在他们喜欢的平台上工作。

无论机器学习还是深度学习都会包含大量的计算任务,因此对计算机的硬件平台要求较高,但是却没有一个具体的标准。就好像韩信点兵,多多益善一样,硬件配置肯定是越高越好,但是,好的硬件配置往往价格也非常昂贵。本节在介绍配置的同时也会介绍安装TensorFlow需要的基本配置环境(图14.1)。

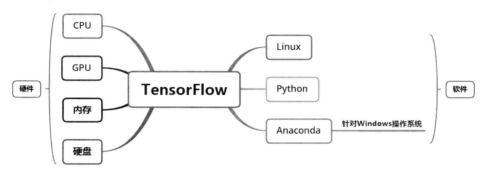

图14.1 安装准备内容

如图14.1所示,其中GPU不是必需的,但是有GPU,计算过程会更高效。这里以笔者的计算机配置为例进行介绍。

CPU:i5-8265U。

内存:8GB。

硬盘:SSD(512GB)。

安装系统首选Linux,这是由于绝大多数的深度学习框架支持Linux操作系统,并且Linux操作系统是开源系统,许多操作系统都是由Linux二次开发完成的。如果大家想要对机器学习或深度学习进行专业性研究,显然Linux操作系统是首选。

但是,Linux操作系统和Windows操作系统的操作习惯差别巨大,考虑到大多数读者更习惯于Windows操作系统,因此本节主要说明在Windows操作系统下如何安装TensorFlow框架(图14.2)。

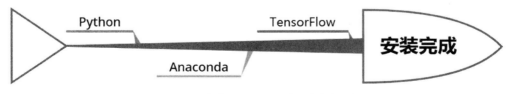

图14.2 安装TensorFlow步骤(非唯一)

在Windows操作系统上安装TensorFlow深度学习框架基本分为图14.2所示的三步:首先安

装 Python，然后安装 Anaconda，最后安装 TensorFlow。接下来将对以上三步进行详细介绍。

14.1.1 ▎ 关于 Python

Python 语言于 1991 年首次公开，但是在最近几年，由于机器学习/深度学习的流行，Python 变得大热起来（图 14.3）。

图 14.3　常用的统带语言

Python 语言与其他语言相比，最大的特点就是简单、直接。对于初学者而言，Python 的工作模式非常友好，它内部镶嵌了非常完善的基础代码库，涵盖内容包括网络、GUI、文本、数据库等大量内容，因此 Python 又称内置电池。用 Python 进行程序开发，很多工作不需要工程师再去重新编写，直接使用库文件即可。Python 除了内置的文件外还有大量的第三方库文件，即他人开发好的文件，使用 Python 时可以直接拿来使用（图 14.4）。

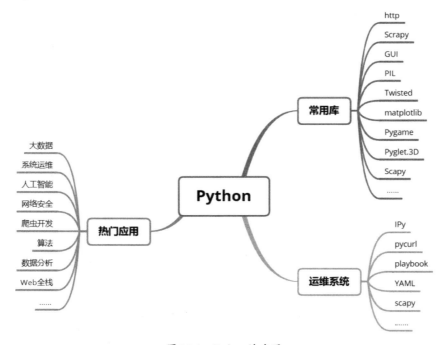

图 14.4　Python 的应用

同时,Python又被称为胶水语言,通过它可以轻松地连接其他不同类型语言。例如,先利用Python构建一个框架,然后对其中有特别需求的部分采用专项语言编写(图14.5)。

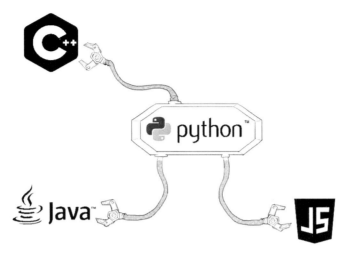

图 14.5　Python 是一款胶水语言

14.1.2　关于 Anaconda

Python安装完毕后,还需要为其安装运行环境。这也是许多Windows用户不习惯的地方。

考虑到本书以讲解概率为主,应用TensorFlow框架的目的还是验证算法的正确性。因此,接下来笔者会以自己安装Anaconda的步骤为例,直接说明安装方法。

(1)百度搜索Anaconda,找到它的官方平台并单击进入(图14.6),或者直接输入官网网址https://www.anaconda.com,进入网站。

图 14.6　查找软件

(2)官网页面向下滚动,找到个人版本并单击进入(图14.7)。

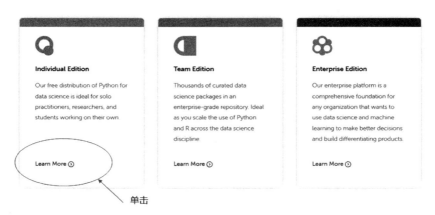

图 14.7　官方入口

（3）继续向下滑动页面，找到Anaconda的安装版本产品序列，根据个人的实际情况，选择其中一个下载。这里笔者选择的是Python 3.7 版本 64 位下载，其中 64 位是指计算机操作系统 64 位，选择 Python 3.7 是由于新版本的 Python 代表了更新的发展方向，兼容性更好（图14.8）。

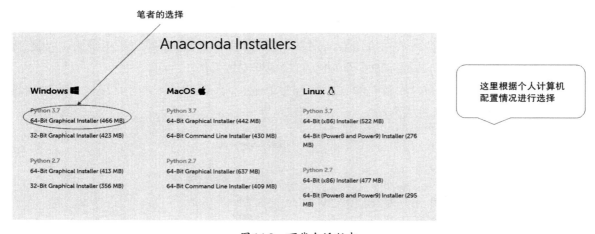

图 14.8　下载合适版本

（4）下载好 Anaconda 后，找到下载路径中的 .exe 文件，单击 Anaconda 图标，开始安装，并一直单击 Next/I Agree 按钮，直到安装完成（图 14.9）。单击开始程序（Windows 系统）会发现一个 Anaconda3 文件夹，展开文件夹，会发现 Anaconda Prompt 字样的图标，这就是环境编程入口。

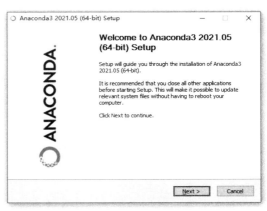

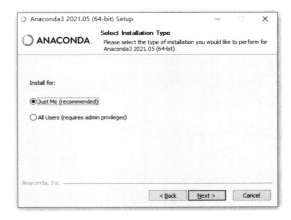

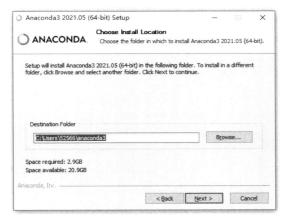

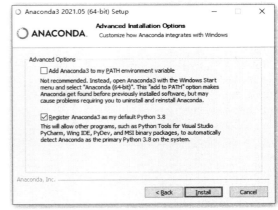

图 14.9　Anaconda 安装步骤

（5）进入环境编程页面，设置环境变量。这里是第一个与大家平时安装常用软件不同的地方，即给 TensorFlow 设置环境。这是由于如果环境设置错误，将无法正常使用 TensorFlow。这就好像不同性质的土地盖不同的房子一样的道理（图 14.10）。

土地性质：商业用地
可以盖商场。

图14.10　什么土地盖什么房子

进入该页面后，通常会发现页面上仅有的信息就是(base) C:\Users\52566 > ,该信息表明当前系统运行环境路径在C盘，可以通过输入conda --version指令查询下载的Anaconda的版本，代码如下。

```
(base) C:\Users\52566>conda  - version
conda 4.10.1

(base) C:\Users\52566>
```

输入命令conda list可以方便地查询当前Anaconda中装载了哪些程序，其中也可以查到刚刚安装的Python版本。这里的路径信息(base) C:\Users\52566 > 就像一个大商场，其中的环境变量就是这个商场的商家，代码如下。

```
(base) C:\Users\52566>conda list
# packages in environment at E:\Anaconda\anaconda:
#
# Name                     Version                    Build    Channel
_ipyw_jlab_nb_ext_conf     0.1.0                      py38_0   defaults
alabaster                  0.7.12               pyhd3eb1b0_0   defaults
anaconda                   2021.05                    py38_0   defaults
anaconda-client            1.7.2                      py38_0   defaults
anaconda-navigator         2.0.3                      py38_0   defaults
anaconda-project           0.9.1                pyhd3eb1b0_1   defaults
anyio                      2.2.0            py38haa95532_2   defaults
appdirs                    1.4.4                        py_0   defaults
argh                       0.26.2                     py38_0   defaults
argon2-cffi                20.1.0           py38h2bbff1b_1   defaults
asn1crypto                 1.4.0                        py_0   defaults
astroid                    2.5              py38haa95532_1   defaults
astropy                    4.2.1            py38h2bbff1b_1   defaults
async_generator            1.10                 pyhd3eb1b0_0   defaults
atomicwrites               1.4.0                        py_0   defaults
attrs                      20.3.0               pyhd3eb1b0_0   defaults
autopep8                   1.5.6                pyhd3eb1b0_0   defaults
babel                      2.9.0                pyhd3eb1b0_0   defaults
```

```
backcall                          0.2.0              pyhd3eb1b0_0      defaults
backports                         1.0                pyhd3eb1b0_2      defaults
backports.functools_lru_cache 1.6.4                  pyhd3eb1b0_0        defaults
backports.shutil_get_terminal_size 1.0.0                 pyhd3eb1b0_3        defaults
backports.tempfile                1.0                pyhd3eb1b0_1      defaults
backports.weakref                 1.0.post1               py_1         defaults
bcrypt                            3.2.0              py38he774522_0    defaults
beautifulsoup4                    4.9.3              pyha847dfd_0      defaults
bitarray                          1.9.2              py38h2bbff1b_1    defaults
bkcharts                          0.2                     py38_0       defaults
black                             19.10b0                 py_0         defaults
blas                              1.0                     mkl          defaults
bleach                            3.3.0              pyhd3eb1b0_0      defaults
blosc                             1.21.0             h19a0ad4_0        defaults
```

（6）现在需要安装新的计算框架TensorFlow。由于TensorFlow需要一些特定的环境变量，为了方便管理，这里为其新设置一条环境路径（相当于为其专门造一座"商场"）。设置新环境路径的指令如下。

```
conda create -n yourname.
```

上面命令中，yourname是新设置的环境变量名称，这里可以根据个人喜好设置；conda create是创建新环境的命令；-n说明该命令后面的yourname是要创建的环境变量的名称。

相关代码如下。

```
(base) C:\Users\52566>conda create -n test                    #输入命令
Collecting package metadata (current_repodata.json): done
Solving environment: done

==> WARNING: A newer version of conda exists. <==
  current version: 4.10.1
  latest version: 4.10.3

Please update conda by running

    $ conda update -n base -c defaults conda

## Package Plan ##

  environment location: E:\Anaconda\anaconda\envs\test

Proceed ([y]/n)? y                                      #输入y

Preparing transaction: done
Verifying transaction: done
Executing transaction: done
#
# To activate this environment, use
#
```

```
#      $ conda activate test
#
# To deactivate an active environment, use
#
#      $ conda deactivate                          #创建成功

(base) C:\Users\52566>
```

（7）输入命令conda info --envs，查看环境变量是否创建成功，代码如下。

```
(base) C:\Users\52566>conda info - envs              #查询指令
# conda environments:
#
base                *    E:\Anaconda\anaconda
tensorflow               E:\Anaconda\anaconda\envs\tensorflow
test                     E:\Anaconda\anaconda\envs\test            #创建成功
```

（8）创建成功之后，进入该路径，安装TensorFlow。
进入创建环境的命令如下。

```
conda activate test
```

激活环境变量相关代码如下。

```
(base) C:\Users\52566>conda activate test            #激活环境变量

(test) C:\Users\52566>                               #激活成功
```

查看当前TensorFlow版本的命令如下。

```
conda search  --full -name TensorFlow
```

查看各版本TensorFlow包信息及依赖关系的命令如下。

```
conda  info  TensorFlow
```

注意：以上命令会查到非常多的TensorFlow版本，也会查到更多的依赖关系，这里不再呈现。
最后安装TensorFlow，命令如下。

```
pip install --upgrade --ignore-installed TensorFlow
```

14.2 开始使用TensorFlow

很多读者已经正确安装了Anaconda和TensorFlow，但是依然无法使用TensorFlow，总是报错提示无法找到TensorFlow，下面将对如何使用TensorFlow进行说明。

14.2.1 ▌ 系统内配置Anaconda使用路径

当出现提示无法找到TensorFlow时，通常是由于系统变量的路径没有更新。其解决的方法是从系统内更新环境变量,方法如下(针对Windows 10操作系统)。

(1)进入系统设置面板,找到"高级系统设置"选项并进入(图14.11)。

(2)单击"环境变量"按钮(图14.12)。

图14.11 配置Anaconda使用路径   图14.12 单击"环境变量"按钮

(3)在系统变量窗口找到Path行并选中,单击"编辑"按钮(图14.13)。

(4)选中希望执行的Python版本,上移至顶部,设置完成(图14.14)。

图14.13 编辑Path   图14.14 选择Python版本

14.2.2 Anaconda Navigator内设置路径

TensorFlow安装在Anaconda环境内,Anaconda的强大之处在于其内置了很多学习框架需要的环境变量,也包括快速设置路径方式。

操作方法如下。

（1）单击"开始"程序，展开 Anaconda 菜单，进入 Anaconda Navigator 程序（图 14.15）。

（2）进入环境设置界面（图 14.16）。

（3）选择 TensorFlow 的安装路径并激活（图 14.17）。

（4）设置完成。

图 14.15　从开始菜单进入

图 14.16　Anaconda 导航窗口

图 14.17　单击激活路径

此时即完成了环境的配置，选择"开始"→Anaconda3→Jupyter Notebook 选项，即可进行建模（图 14.18）。

图 14.18　Notebook 主页介绍

 14.3　概率小故事——范进中举是巧合吗？

范进中举的故事出自吴敬梓的《儒林外史》，这个故事可谓家喻户晓。范进从 20 岁就开始参加考试，一共考了 20 次，每次都是"仰头大笑出门去，呜呼哀哉回家来"。但是，坚持到底就是胜利,无论别人如何奚落,范进从未放弃当一名"大学生"的理想,终于在他须发皆白,54岁那年,考上了"县状元",变成一名老年秀才(图14.19)。

考上啦!哈哈哈!

快回来!

图 14.19　范进中举

此后范进的人生犹如开挂,屡考屡胜,又中了举人。中举后的范进意气风发,自言自语道:"噫!好了!我中了!"紧接着牙关紧咬不省人事,最后幸亏胡屠夫的帮助才让范进清醒过来。

范进中举后的癫狂状态实在让人忍俊不禁,掩卷之余,同时又有一股悲凉之情油然而生。本书并不讨论范进中举背后的社会现象,而只就范进中举的概率进行解读,即探讨范进考了这么多次最后中举这一现象是偶然现象还是必然现象?

由于古代知识量没有今天这么广泛,因此大家基本都是以文章定"生死"。因此,可以假设范进每次考试考中的概率基本是相同的。这里假设范进考中的概率为0.2,令A_j表示第j次考试没有考中,$j = 1, 2, 3, \cdots$ 假设范进已经连续考了10次都没有考中,则范进第11次也没有考中的概率可以用如下公式表示:

$$P\left(A_1 A_2 \cdots A_{11}\right) = P\left(A_1\right) P\left(A_2|A_1\right) \cdots P\left(A_{11}|A_1 A_2 \cdots A_{10}\right) =$$
$$(1 - 0.2)^{11} \approx 0.0859$$

由上式得到范进第11次考中的概率为1−0.0859=0.9141。

可以发现,范进前面连续10次没考中,第11次考中的概率超过了90%,并且次数越多,这个概率越接近1。这就说明,只要范进坚持考,最终考中的情况是一定的(图14.20)。

图 14.20　考试贵在坚持

第 15 章

卷积神经网络

卷积网络(Convolutional Network)也称卷积神经网络(Convolutional Neural Network,CNN),是一种专门处理具有类似网格结构的数据的神经网络。卷积网络在诸多应用领域都表现优异。"卷积神经网络"一词表明该网络使用了卷积(Convolutional)这种数学运算。

本章将详细介绍卷积神经网络的数学原理。

本章涉及的主要知识点

- 卷积神经网络的由来;
- 卷积神经网络的基本概念;
- 什么是全连接神经网络,它与卷积神经网络的关系;
- 卷积神经网络的计算方法;
- 反向传播的原理。

15.1 ## 卷积神经网络的生物背景

卷积神经网络的运作模式如图 15.1 所示。

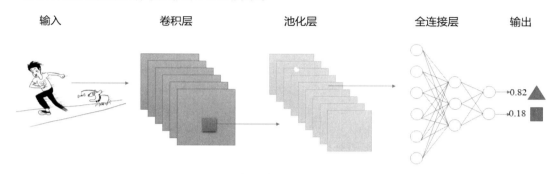

图 15.1　卷积神经网络的运作模式

图 15.1 只是一个卷积神经网络的基本构成,其中卷积层和池化层可以根据实际情况任意增加。当前卷积神经网络的应用场合非常广泛,如图像识别、自然语言处理、灾难性气候预测甚至围棋人工智能等,但是最主要的应用领域还是图像识别领域。

那么,为什么要用卷积神经网络来做这些事情呢?说到这里,不得不先介绍卷积神经网络的生物背景,即卷积神经网络是怎么来的。

如图 15.2 所示,人看到的图像,经过大脑的处理,最后呈现给人们的就是这个图像本身;而计算机看到的图像,实际上是一些像素点的集合。面对这些像素点,计算机并不知道这是什么。那么人们就需要让计算机辨认出这些像素点所代表的图像。科学家们这里借鉴了猫在观察事物时大脑皮层的工作原理提出了神经网络的概念。

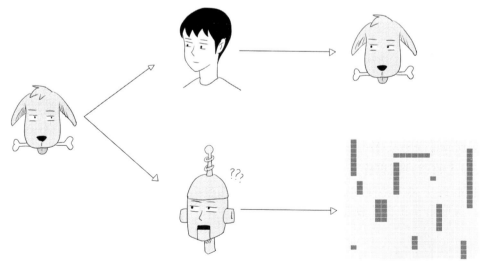

图 15.2　机器人眼中的世界

实验证明,大脑皮层不同部位对外界刺激的敏感程度、反应程度不同。这就很好地启发了神经网络的计算核心,即不断地寻找特征点,最终得出输入的到底是什么图像。

15.2 计算机可以做什么

以图像为例,在计算机"看到"一幅图片时,它实际上"看到"的是一组像素值。根据图像的分辨率和大小,假定它看到的是 32×32×3 的数组,3 代表这是一幅 RGB 的彩色图像,其中每一个数字的值都是 0~255,代表了像素值的强弱。这些数字对于人们进行图像分类毫无意义,却是计算机唯一可用的输入。你向计算机输入这个数组,它最终会输出数字,这些数字描述图像是一个类的概率(如 0.85 为猫,0.1 为狗,0.05 为鸟等)。

人们希望计算机做的是能够区分所有的图像,并找出使狗成为狗或使猫成为猫的特征。当人们看一张狗的照片时,如果照片具有可识别的特征,例如爪子或四条腿,人们可以将其分类。类似地,计算机能够通过查找诸如边缘和曲线等低级特征来执行图像分类,然后通过一系列卷积层来构建更抽象的概念。

有关 CNN(卷积神经网络)更详细的概述是,将图像传递给一系列卷积、非线性、汇聚(下采样)和完全连接的图层,并获得输出。正如本节前面所说的那样,输出可以是一个类或一个最能描述图像的类的概率。那么,每一层计算机都做了什么呢?

15.3 卷积神经网络的基本概念

15.3.1 卷积神经网络第一层

卷积神经网络第一层的意义描述如下。

卷积神经网络的第一层一定是一个卷积层,在研究卷积层的功能之前,读者首先要明确的是这一层的输入是图像的像素数值组。卷积层就是从这个像素数值组中提取最基本的特征。假定输入的图像是一个 32×32×3 的数组,现在用一个 5×5×3(乘以 3 是为了在深度上保持和输入图像一致,否则数学上无法计算)的模板沿着图像的左上角一次移动一个格子,从左上角一直移动到右下角。输入的图像数组称为接受域,模型中使用的模板称为过滤器(也称卷积核)。过滤器也由数组组成,其中每个数字称为权重。输入的数组经过这一轮卷积输出的数组大小为 28×28(32−5+1),深度由卷积核的数量决定,这个过程如图 15.3 至图 15.6 所示。

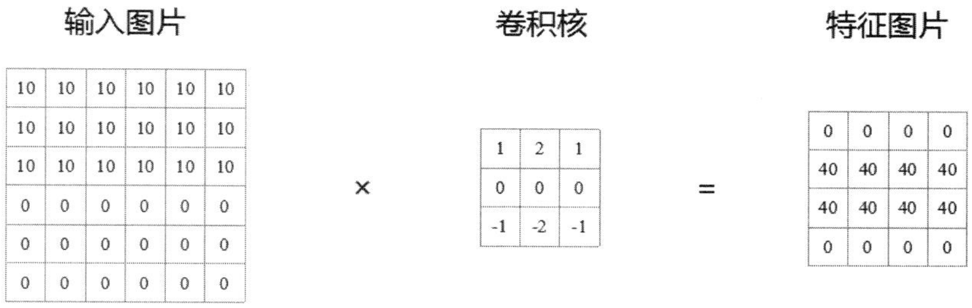

输入图片　　　　　　　　　卷积核　　　　　　　　　特征图片

图 15.3　输入数据与卷积核结合生成特征图

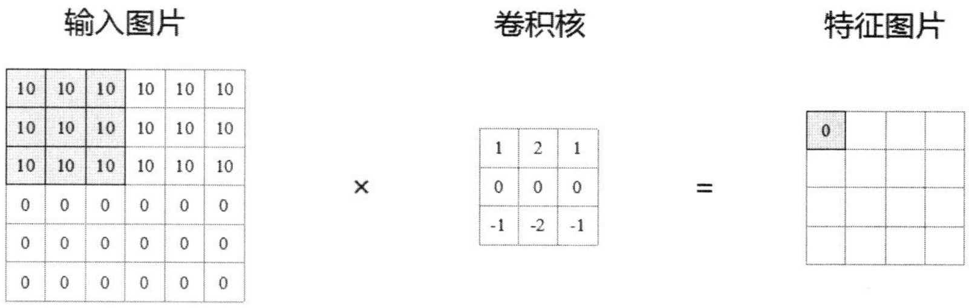

输入图片　　　　　　　　　卷积核　　　　　　　　　特征图片

$G(0,0) = 10 * 1 + 10 * 2 + 10 * 1 + 10 * 0 + 10 * 0 + 10 * 0 + 10 * (-1) + 10 * (-2) + 10 * (-1) = 0$

图 15.4　卷积核计算过程(一)

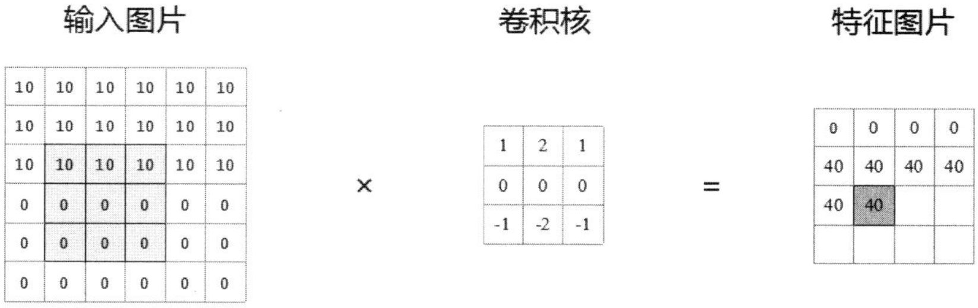

输入图片　　　　　　　　　卷积核　　　　　　　　　特征图片

$G(3,2) = 10 * 1 + 10 * 2 + 10 * 1 + 10 * 0 + 10 * 0 + 10 * 0 + 0 * (-1) + 0 * (-2) + 0 * (-1) = 40$

图 15.5　卷积核计算过程(二)

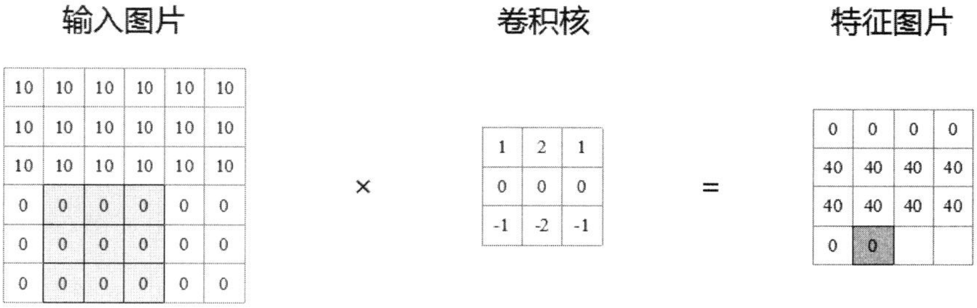

输入图片　　　　　　　　　卷积核　　　　　　　　　特征图片

$G(4,2) = 0 * 1 + 0 * 2 + 0 * 1 + 0 * 0 + 0 * 0 + 0 * 0 + 0 * (-1) + 0 * (-2) + 0 * (-1) = 0$

图 15.6　卷积核计算过程(三)

这一层的实际意义可以这样理解:每个过滤器都可以被认为是功能标识符。这里的功能是指直线边缘、简单的颜色和曲线的识别。通过过滤器找到所有图像的共同点,即最简单的特点。假设模型中的第一个过滤器是 $5 \times 5 \times 3$ 并且将成为曲线检测器(在本节中,为了简单起见,暂时忽略过滤器深度为3的事实,只考虑过滤器和图像之间的采样关系)。作为曲线检测器,过滤器将具有像素结构(过滤器和输入图像一样存在大小),沿曲线形状过渡的区域具有更高的数值(注意,本节讨论的这些过滤器只是数字,如图15.7所示)。

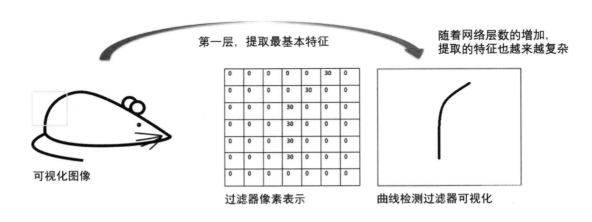

图 15.7　特征图的提取过程

15.3.2　全连接层

全连接层需要一个输入量(无论是在其之前的conv或ReLU,还是pool层输出),并输出一个 N 维向量,其中 N 是程序必须从中选择的类的数量。例如,如果想要一个数字分类程序,N 就是10,因为有10个数字。N 维向量中的每个数字表示某个类别的概率。例如,如果用于数字分类程序的结果向量是[0　0.1　0.1　0.75　0　0　0　0　0　0.05],那么其代表10%的概率图像是1,10%的概率图像是2,图像是3的概率是75%,图像是9的概率是5%(注意:还有其他方法可以表示输出,但这里只展示了softmax方法)。完全连接图层的工作方式是查看上一层的输出(它应该代表高级特征的激活图),并确定哪些特征与特定类最相关。例如,如果程序预测某些图像是狗,它在激活图中将具有高值,如爪子或4条腿等的高级特征。类似地,如果程序预测某图像是鸟,它将在激活地图中具有很高的值,代表翅膀或喙等高级特征。基本上,全连接层用于表示高级特征与特定类之间的关联,并具有特定的权重,以便于计算权重与上一层之间的乘积(图15.8)。

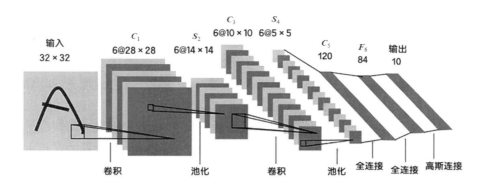

图 15.8　全连接层网络结构

15.3.3　训练

在搭建完神经网络结构后,需要对该网络进行训练。训练的过程就是给该网络模型不断地提供任务,让模型在执行任务的过程中积累经验,最终可以对类似的事件做出正确的判断。通俗的解释就是,假设用模型教导一个小孩认识狗,首先会给小孩看各种各样的狗,并告诉他这是狗。经过长时间的训练之后,当小孩见到狗这个物种时,就自然而然地知道它是狗了。当然有时也会有例外。例如,误把狼认为是狗。造成这个误差的原因也许是给小孩看的狗的样本不够多(可以理解为数据量不够,欠拟合),也有可能是教的方式不是最好的(选用的模型不是最优的),如图15.9所示。

图 15.9　训练不充分(狼、狗傻傻分不清楚)

现在回到最初的网络模型问题上,第一个conv层中的过滤器如何知道要查找的边缘和曲线?完全连接的图层如何知道要查看的激活图?每层中的过滤器如何知道有什么值?这些行为都通过一种称为反向传播的训练过程实现,计算机通过反向传播的训练过程能够调整其过滤值(或权重)。

在介绍反向传播之前,必须先退后一步,讨论神经网络的工作需求。现在模型已经搭建完毕,但是模型并没有分辨能力(神经网络搭建好了,但是还未训练),即神经网络模型不知道什么是猫、狗或鸟。这是由于神经网络在未经训练时,权重或筛选值是随机的,过滤器不知道寻找边缘和曲线,更高层的过滤器也不知道寻找爪子和喙。然而,随着训练次数的增加,模型不断地接收从外部传输的不同图片和相应的标签,模型被赋予形象和标签的过程就是卷积神经网络经历的培训过程。在深入研究之前,假设有一套训练集,其中包含成千上万的狗、猫和鸟的图像,那么每个图像就有一个这个图像是什么动物的标签,那么,经过反复的训练之后,计算机就会对具有相同特征的图像进行归类,当类似图像再次输入之后,计算机就能根据之前的训练结果找到最接近该输入图像的标签并且进行标定。这个标定的过程就是通过反向传播算法对权重不断调整的过程。

反向传播可以分为四个不同的阶段,即正向传播、损失函数、反向传播和权重更新。在正向传播过程中,将会看到一张训练图像,是一个 $32 \times 32 \times 3$ 的数字数组,并将其传递给整个网络。在第一个训练样例中,由于所有的权值或过滤值都是随机初始化的,因此输出结果可能类似于 [.1.1.1.1.1.1.1.1.1.1.1],基本上输出不了任何准确数字。网络以其当前的权重无法查找这些低级特征,因此无法就分类的可能性做出任何合理的推论。注意,现在使用的是训练数据,该数据有一个图像和一个标签。例如,假设输入的第一个训练图像是3,图像的标签就是[0 0 1 0 0 0 0 0 0]。损失函数可以用许多不同的方式来定义,但常见的是均方误差(Mean Square Error,MSE)损失函数。

假设初始的损失量为L,正如人们想象的一样,在进行第一次反向传播前得到的损失值将非常高。现在,读者可以直观地思考这个问题。人们希望达到预测的标签(ConvNet的输出)与训练标签相同的值(这意味着网络具备了预测的能力),为了达到这个目的,人们希望最小化损失量。如果将这看作微积分中的一个优化问题,现在的问题就是,要找出哪些输入(权重在已知的情况下)是导致网络损失(或错误)的最直接因素。

卷积神经网络运算过程

15.4.1 卷积神经网络与前馈神经网络

卷积神经网络是前馈神经网络的一种,它的人工神经元可以响应一部分覆盖范围内的周围单元,对于大型图像处理有出色表现。卷积神经网络包括卷积层(Convolutional Layer)和池化层(Pooling Layer)。

前馈神经网络是一种最简单的神经网络,各神经元分层排列。每个神经元只与前一层的神经元相连,接收前一层的输入,并输出给下一层,各层之间没有反馈。前馈神经网络是目前应用最广泛、发展最迅速的人工神经网络之一,其研究从20世纪60年代开始,目前理论研究和实际应用已达到了很高水平。

卷积神经网络与前馈神经网络的区别如图15.10所示。

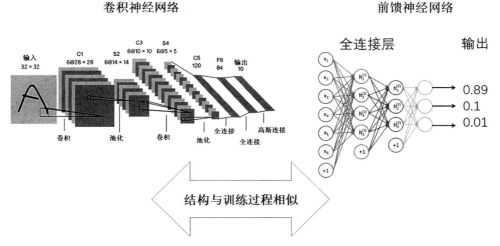

图 15.10　卷积神经网络与前馈神经网络的区别

15.4.2　卷积运算的原理

卷积神经网络的意义是可以极大地减小计算量,那么卷积神经网络中的卷积运算到底是什么呢(图15.11)?

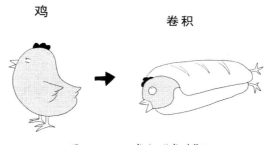

图 15.11　卷积?"卷鸡"!

通常情况下,卷积运算是对两个实变函数的一种数学运算(图15.12)。首先通过一个例子给出卷积运算的定义。

假设人们正在用激光传感器追踪一艘宇宙飞船的位置,激光传感器给出一个单独的输出 $x(t)$,表示宇宙飞船在时刻 t 的位置。x 和 t 都是实值,这意味着人们可以在任意时刻从传感器读出飞船的位置。

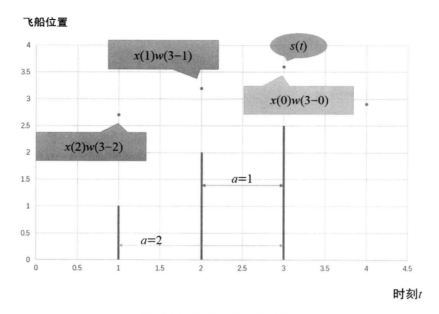

图 15.12　卷积运算的物理意义

　　现在假设传感器受到一定程度的噪声干扰。为了得到飞船位置的低噪声估计,人们对得到的测量结果进行平均。显然,时间上越接近,测量结果越相关,所以采用一种加权平均的方法,对于最近的测量结果赋予更高的计算权重。可以采用一个加权函数 $w(a)$ 来实现,其中 a 表示测量结果距当前时刻的时间间隔。如果对任意时刻都采用这种加权平均的操作,就得到了一个新的对于飞船位置的平滑估计函数 s。

$$s(t) = \int x(a) w(t-a) \, \mathrm{d}a \tag{15.1}$$

式中

$s(t)$:t时刻宇宙飞船的位置(人们要求的目标)。

$x(a)$:令 $t' = t - a$,则 $x(a)$ 表示 t' 时刻飞船的位置(该位置包含噪声,因此不是精确的位置)。

$w(t-a)$:t'时刻飞船在该位置的可能性,也可以称为比例。

　　将宇宙飞船 t' 时刻到 t 时刻的过程中,每一个时刻测量到的位置再乘以测量时刻该位置所占的比例,并将结果相加,最终得到一个结果,人们认为是飞船 t 时刻一个较为准确的位置。

　　人们把这种运算称为卷积运算,通常用星号表示。

$$s(t) = (x * w)(t) \tag{15.2}$$

　　在本例中,激光传感器在每个瞬时反馈测量结果明显是不切实际的。通常处理计算机的数据时,时间会被离散化,传感器会定期传输数据。在本例中,假设传感器每秒反馈一次信息是比较理想的。这样,时刻 t 只能取整数值。假设 x 和 w 都定义在时刻 t 上,就可以定义离散形式的卷积。

$$\begin{aligned}s(t) &= (x * w)(t) \\ &= \sum_{a=-\infty}^{\infty} x(a) w(t-a)\end{aligned}$$

15.4.3 卷积运算形式

在机器学习的应用中,输入通常是多维数组的数据,而核(filter)通常是由学习算法优化得到的多维数组的参数。人们把这些多维数组称为张量。由于输入与核的每一个元素都必须明确地分开存储,因此人们通常假设在存储了数值的有限点集以外,这些函数的值都为零。这意味着在实际操作过程中,人们可以通过对有限个数组元素的求和来实现无限求和。

学者们经常一次在多个维度上进行卷积运算,如果把一张二维的图像 I 作为输入,那么为了使数学模型可以计算,模型中的核 K 也必须是一个二维数组(图15.13)。

$$S(i,j) = (I*K)(i,j) = \sum_m \sum_n I(m,n) K(i-m,j-n) \qquad (15.3)$$

式中

$S(i,j)$:在二维数组中,人们想要得到在坐标 i、j 处的值(参照 $s(t)$)。

$I(i,j)$:在二维数组中,在坐标 i、j 处的测量值(参照 $x(t)$)。

$K(m,n)$:与目标位置 (i,j) 相距 (m,n) 处位置的坐标代表的值所占比例(参照 $w(t-a)$)。

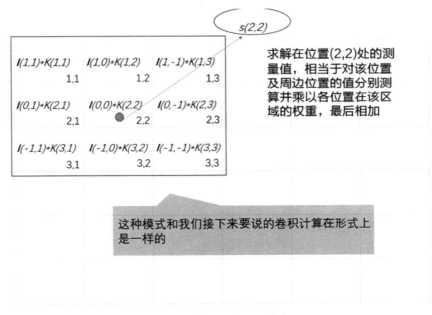

图15.13 卷积计算的数学意义

15.4.4 卷积网络工作方式

卷积就是在原始的输入中进行特征的提取。提取时要分区域一块一块地提取,根据卷积层的递增,提取的特征也由最基本的点、线、面变成了可以区别事物的具化的特征,如汽车的轮胎、猫的耳朵等。

卷积的计算过程如图15.14所示,最左边是输入,是尺寸为32×32的3通道图像;中间是一个卷积核,尺寸是5×5,该尺寸是一个设定值,深度和输入一样都为3(这里深度必须和输入深度相同,否则数学上无法计算),最终输出一个特征图,尺寸为28×28;中间下方有3个卷积核,尺寸是5×5,因此输出3个特征图,尺寸为28×28。

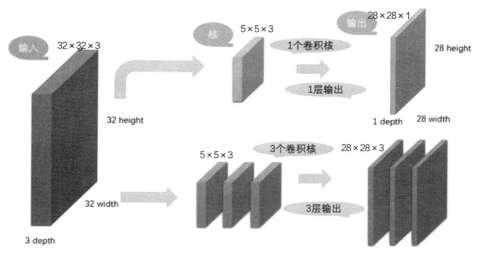

图15.14　卷积的计算过程

说明:卷积操作不仅可以对原始输入层执行,对于经过卷积操作的层,也可以再次使用。但是核的深度一定要与上一层的深度相同。

如图15.15所示,第一次卷积可以提取出低层次的特征,第二次卷积可以提取出中层次的特征,第三次卷积可以提取出高层次的特征。

特征是不断进行提取和压缩的,最终能得到比较高层次的特征,简言之就是对原始特征一步又一步地浓缩,最终得到的特征更可靠。利用最后一层特征可以做各种任务,如分类、回归等。

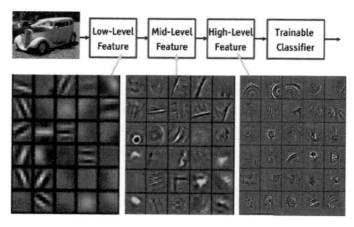

图15.15　每次卷积操作都可以提取到更高的图层特征

针对RGB格式的输入图像,卷积计算过程如图15.16所示。

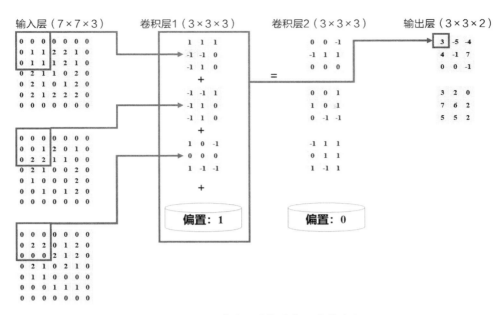

图15.16 3通道输入图像的卷积计算过程

输入是固定的,核是指定的,因此就是计算如何得到最右侧的矩阵。在输入矩阵上有一个和核相同尺寸的滑窗,输入矩阵的元素在滑窗里的部分与核矩阵对应位置相乘,具体过程如图15.17所示。

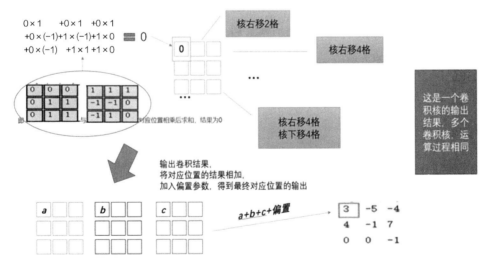

图15.17 单个卷积核的输出过程

针对不同的卷积输入和卷积核,每次输出的尺寸可以参考如下公式。

输出的尺寸=(输入的尺寸−核的尺寸+2×填充尺寸)÷步长+1

从上面的卷积过程中还可以发现一个重要特征,即在同一层的卷积计算,使用的是相同的卷积核。这是卷积的一个重要特点,即参数共享。参数共享可以极大地减少参数数量。

15.4.5 池化过程

卷积是为了提出特征值,那么卷积运算完,人们就该整理这些特征值了。首先就是从这些特征值里面筛选更具特征的特征值,即池化操作。池化就是把卷积输出的数组尺寸进一步缩小。常用的池化有平均值池化、最大值池化。本书以最大值池化为例做一个简要说明(图15.18)。

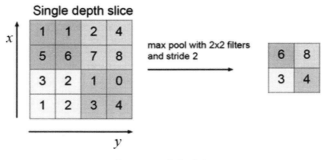

图 15.18　池化过程

从图15.18可以看出,池化的结构和卷积核一样,都是在输入的数组内以一个指定的大小扫描全图,但是池化不用计算,只做筛选。最大池化就是筛选出区域内的最大值,平均池化就是计算区域的平均值。

15.5 反向传播

前面讲解了卷积神经网络的网络基本架构,在实际运算时会发现,随着计算次数的增加,模型的输出结果与人们的预期结果会不断逼近。这是因为网络中的权重参数在不断调整。那么参数是如何调整的? 这就涉及一个反向传播的问题。反向传播其实是神经网络优化的一个基础,本节将通过一个简单的示例详细介绍该数学过程。

15.5.1 前向传播过程

在了解反向传播之前,先来简单回顾前向传播的过程,即神经网络正常走完一个周期的过程(图15.19)。

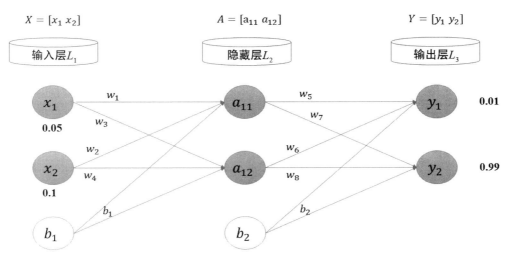

$X = [x_1\ x_2]$　　　$A = [a_{11}\ a_{12}]$　　　$Y = [y_1\ y_2]$

图 15.19　前向传播过程

如图 15.19 所示,这是典型的神经网络的基本构成,其中 L_1 层是输入层, L_2 层是隐藏层, L_3 层是输出层。假定现在输入一系列数组,希望最后的输出是预期的值,那么这些数组必然要经历一个参数优化的计算过程。下面通过一个具体的示例讲述该变化的发生过程。

首先明确初始条件,具体如下。

输入数据: x_1=0.05, x_2=0.1。

输出数据: y_1=0.01, y_2=0.99。

初始权重(随着计算的进行,权重会不断地更新迭代): $w^1 = 0.15$, $w^2 = 0.2$, $w^3 = 0.25$, $w^4 = 0.3$, $w^5 = 0.4$, $w^6 = 0.45$, $w^7 = 0.5$, $w^8 = 0.55$。

偏置: b_1=0.35, b_2=0.6。

激活函数为 Sigmoid 函数(用激活函数是为了去线性化)。

该神经网络的目的就是给出一组输入,最后使得输出尽可能接近 $y_1 = 0.01$, $y_2 = 0.99$。

现在开始前向传播,过程如下。

1. 从 L_1 层到 L_2 层(输入层到隐藏层)

首先计算神经元 x_1 的输入加权和。

$$\text{net}_{a_{11}} = w_1 x_1 + w_2 x_2 + b_1$$

代入数据得

$$\text{net}_{a_{11}} = 0.15 \times 0.05 + 0.2 \times 0.1 + 0.35 = 0.3775$$

对神经元执行一次 Sigmoid 激活,神经元 a_{11} 的输出为

$$\begin{aligned}
\text{out}_{a_{11}} &= \frac{1}{1 + e^{-\text{net}_{a_{11}}}} \\
&= \frac{1}{1 + e^{-0.3775}} \\
&= 0.593269992
\end{aligned}$$

同理,可得 a_{12} 的输出为

$$out_{a_{12}} = 0.586884378$$

2. 从L_2层到L_3层（隐藏层到输出层）

此时可以将L_2层看作新的输入层，从本层到L_3层的计算过程与从L_1层到L_2层类似，计算输出神经元y_1的输入加权和。

$$net_{y_1} = w_5 out_{a_{11}} + w_6 out_{a_{12}} + b_2$$

代入数据得

$$net_{y_1} = 0.4 \times 0.593269992 + 0.45 \times 0.596884378 + 0.6$$
$$= 1.1059005967$$

得到输出结果为

$$out_{y_1} = \frac{1}{1 + e^{-net_{y_1}}}$$
$$= \frac{1}{1 + e^{-1.1059005967}}$$
$$= 0.75136507$$

同理，可得y_2的输出为

$$out_{y_2} = 0.772928465$$

这样前向传播的过程就结束了，模型得到的输出值为[0.75136507，0.772928465]，与实际值[0.01，0.99]相差还很远。为了得到一组接近人们需要的数据，需要调整参数（神经网络的权重），重新计算输出。那么如何调整参数？首先应该知道当前参数对误差的总影响，具体方法就是要进行反向传播计算（图15.20）。

小样，穿了马甲我也认识你

图15.20 反向传播的目的是消除误差

15.5.2 反向传播过程

在进行反向传播之前，首先回顾15.5.1节的内容。

（1）定义了一组输入数值X。

（2）模型对输入数组执行第一次计算并将结果给到了隐藏层L_2（这里隐藏层可以看作由两部

分组成),假定该函数为 $F(x)$。

(3)对隐藏层进行非线性处理,假定这一步操作为 $S[F(x)]$。

(4)模型将 L_2 层视为新的输入层,对它执行了一系列变化并将值给到输出层 L_3,假定这一步操作为 $G\{S[F(x)]\}$。

(5)对输出层执行非线性变化,得到第一次计算的最终结果,这一步操作可以看作 $T(G\{S[F(x)]\})$。

第 2~5 步显然是一个链式计算过程。

根据链式法则,现在要做的就是给这个多嵌套的函数"脱衣服"。

在进行反向传播时,第一步为计算总误差。

$$E_{\text{total}} = \sum \frac{1}{2}(\text{t arg et} - \text{output})^2$$

由于有两个输出,因此这里首先分别计算 y_1 和 y_2 的误差,然后计算两者之和。

$$\begin{aligned} E_{y_1} &= \frac{1}{2}(\text{t arg et}_{y_1} - \text{output}_{y_1})^2 \\ &= \frac{1}{2}(0.01 - 0.75136507)^2 \\ &= 0.274811083 \end{aligned}$$

同理,可得 E_{y_2} 为

$$E_{y_2} = 0.023560026$$

因此总误差为

$$\begin{aligned} E_{\text{total}} &= E_{y_1} + E_{y_2} \\ &= 0.298371109 \end{aligned}$$

下面求解输出层向隐藏层的权值更新。

以权重参数 w_5 为例,如果想知道 w_5 对整体误差产生了多大影响,可以用整体误差对 w_5 求偏导求出(链式法则,图 15.21)。

$$\frac{\partial E_{\text{total}}}{\partial w_5} = \frac{\partial E_{\text{total}}}{\partial \text{out}_{y_1}} \frac{\partial \text{out}_{y_1}}{\partial \text{net}_{y_1}} \frac{\partial \text{net}_{y_1}}{\partial w_5} \tag{15.4}$$

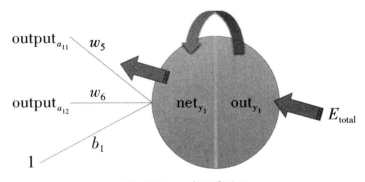

图 15.21 w_5 求偏导过程

现在单独计算每一个算式。

首先列出总误差公式。

$$E_{\text{total}} = \frac{1}{2}\left(\text{target}_{y_1} - \text{out}_{y_1}\right)^2 + \frac{1}{2}\left(\text{target}_{y_2} - \text{out}_{y_2}\right)^2$$

由链式法则，先求总误差对out_{y_1}的导数。

$$\frac{\partial E_{\text{total}}}{\partial \text{out}_{y_1}} = 2 \times \frac{1}{2}\left(\text{target}_{y_1} - \text{out}_{y_1}\right)^{2-1} \times (-1) + 0$$

$$= -(0.01 - 0.75136507)$$

$$= 074136507$$

求出总误差对out_{y_1}的导数后，再求结果对net_{y_1}的导数。

其中

$$\text{out}_{y_1} = \frac{1}{1 + e^{-\text{net}_{y_1}}}$$

上述公式为Sigmoid激活函数。因此，对net_{y_1}求导，就是对激活函数求导。

$$\frac{\partial \text{out}_{y_1}}{\partial \text{net}_{y_1}} = \text{out}_{y_1}(1 - \text{out}_{y_1})$$

$$= 0.75136507 \times (1 - 0.75136507)$$

$$= 0.186815602$$

Sigmoid激活函数的推导过程如下。

$$f'(z) = \left(\frac{1}{1 + e^{-z}}\right)'$$

$$= \frac{e^{-z}}{(1 + e^{-z})^2}$$

$$= \frac{1 + e^{-z} - 1}{(1 + e^{-z})^2}$$

$$= \frac{1}{(1 + e^{-z})}\left[1 - \frac{1}{(1 + e^{-z})}\right]$$

$$= f(z)\left[1 - f(z)\right]$$

接下来对第一个要更改的参数w_5求导。

$$\text{net}_{y_1} = w_5 \text{out}_{a_{11}} + w_6 \times \text{out}_{a_{12}} + b_2$$

$$\frac{\partial \text{net}_{y_1}}{\partial w_5} = \text{out}_{a_{11}}$$

$$= 0.593269992$$

由式(15.4)得

$$\frac{\partial E_{\text{total}}}{\partial w_5} = 0.74136507 \times 0.186815602 \times 0.593269992$$

$$= 0.082167041$$

这样就求出了整体误差在 w_5 处的偏导值。

展开式(15.4)得

$$\frac{\partial E_{\text{total}}}{\partial w_5} = -\left(\text{target}_{y_1} - \text{out}_{y_1}\right) \times \text{out}_{y1} \times \left(1 - \text{out}_{y_1}\right) \times \text{out}_{a_{11}}$$

同理,可得 w_6、w_7 和 w_8 的值如下。

$$w_6 = 0.408666186$$
$$w_7 = 0.511301270$$
$$w_8 = 0.561370121$$

求出本层的偏导值后,接下来是机器学习的核心内容,即如何寻找合适的参数,使数学模型更加精确。

这里引入如下两个概念。

(1)更新权重:计算机通过一定的手段对原先不合理的权重值进行调整,目的是使调整后的模型接近实际模型。

(2)学习率:更新权重的一种手段,它指代的是一个比值,即每次调整权重的范围。

这里以 w_5 为例进行权重更新。

$$w_5^+ = w_5 - \eta \frac{\partial E_{\text{total}}}{\partial w_5}$$

式中,w_5^+ 为更新权重;η 为学习率。

学习率设置不能过大,否则会一直无法收敛;也不能过小,否则会影响收敛速度(图15.22)。

图 15.22　学习率设定要适中

15.5.3 隐藏层向输入层权值更新的过程

神经网络通常分为很多层,为了简单起见,假设神经网络只有一个隐藏层(多个隐藏层的计算方法是一样的),计算隐藏层到输入层的权值更新。

需要注意的是,从 L_3 到 L_2 层计算权重 w_5 时,是从 out_{y_1} 到 net_{y_1},然后到权重 w_5;而从 L_2 层到 L_1 层

计算权重 w_1（此处以 w_1 为例）时，是从 $\text{out}_{a_{11}}$ 到 $\text{net}_{a_{11}}$，然后到权重 w_1，其中 $\text{out}_{a_{11}}$ 接受的是从 E_{y_1} 和 E_{y_2} 两个方向传递的影响（图 15.23）。

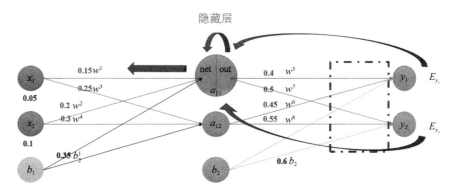

图 15.23　隐藏层到输入层权重更新

计算过程如下。

$$\frac{\partial E_{\text{total}}}{\partial w_1} = \frac{\partial E_{\text{total}}}{\partial \text{out}_{a_{11}}} \frac{\partial \text{out}_{a_{11}}}{\partial \text{net}_{a_{11}}} \frac{\partial \text{net}_{a_{11}}}{\partial w_1}$$

其中

$$\frac{\partial E_{\text{total}}}{\partial \text{out}_{a_{11}}} = \frac{\partial E_{y_1}}{\partial \text{out}_{a_{11}}} + \frac{\partial E_{y_2}}{\partial \text{out}_{a_{11}}}$$

首先计算 $\dfrac{\partial E_{y_1}}{\partial \text{out}_{a_{11}}}$。

$$\frac{\partial E_{y_1}}{\partial \text{out}_{a_{11}}} = \frac{\partial E_{y_1}}{\partial \text{net}_{y_1}} * \frac{\partial \text{net}_{y_1}}{\partial \text{out}_{a_{11}}}$$

其中

$$\frac{\partial E_{y_1}}{\partial \text{net}_{y_1}} = \frac{\partial E_{y_1}}{\partial \text{out}_{y_1}} * \frac{\partial \text{out}_{y_1}}{\partial \text{net}_{y_1}}$$

代入相关数据得

$$\frac{\partial E_{y_1}}{\partial \text{net}_{y_1}} = 0.74136507 \times 0.186815602$$

$$= 0.138498562$$

$$net_{y_1} = w_5\,\text{out}_{a_{11}} + w_6\,\text{out}_{a_{12}} + b_2$$

$$\frac{\partial \text{net}_{y_1}}{\partial \text{out}_{a_{11}}} = w_5$$

$$= 0.4$$

代入以上数据得

$$\frac{\partial E_{y_1}}{\partial \text{out}_{a_{11}}} = 0.138498562 \times 0.4$$

$$= 0.055399425$$

很多读者看到这里可能会不清楚 net_{y_1} 和 out_{y_1} 是从哪里来的,输入在经过每一步权重计算之后,到下一次输出之前,都会经过激活处理,如图15.24所示。

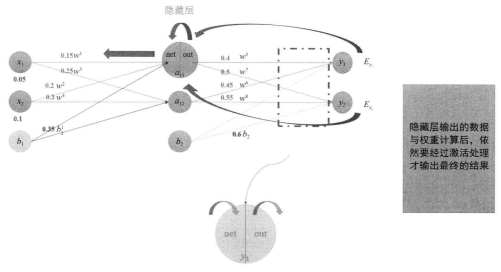

图15.24　激活函数参与处理反向传播

继续之前的更新过程,计算 $\dfrac{\partial E_{y_2}}{\partial out_{a_{11}}}$。

与上面过程类似,得

$$\frac{\partial E_{y_2}}{\partial out_{a_{11}}} = -0.019049119$$

将上述两者相加,得到损失对 $out_{a_{11}}$ 的总梯度

$$\frac{\partial E_{total}}{\partial out_{a_{11}}} = 0.055399425 + (-0.019049119) = 0.036350306$$

由链式法则,现在开始计算 $out_{a_{11}}$ 对 $net_{a_{11}}$ 的导数。由于 $out_{a_{11}}$ 是 $net_{a_{11}}$ 经过激活函数运算之后得到的,因此

$$out_{a_{11}} = \frac{1}{1 + e^{-net_{a_{11}}}}$$

由图15.24知道激活函数的求导为

$$\frac{\partial out_{a_{11}}}{\partial net_{a_{11}}} = out_{a_{11}}(1 - out_{a_{11}})$$

代入数据得

$$0.59326999 \times (1 - 0.59326999) = 0.241300709$$

最后计算 $\dfrac{\partial net_{a_{11}}}{\partial w_1}$。

$$\text{net}_{a_{11}} = w_1 x_1 + w_2 x_2 + b$$

$$\frac{\partial \text{net}_{a_{11}}}{\partial w_1} = x_1$$

$$= 0.05$$

将以上结果相乘得

$$\frac{\partial E_{\text{total}}}{\partial w_1} = \frac{\partial E_{\text{total}}}{\partial \text{out}_{a_{11}}} \frac{\partial \text{out}_{a_{11}}}{\partial \text{net}_{a_{11}}} \frac{\partial \text{net}_{a_{11}}}{\partial w_1}$$

$$= 0.036350306 \times 0.241300709 \times 0.05$$

$$= 0.000438568$$

其中权值 w_1 更新如下,学习率设为 0.5。

$$w_1^+ = w_1 - \eta \frac{\partial E_{\text{total}}}{\partial w_1}$$

$$= 0.15 - 0.5 \times 0.000438568$$

同理,得

$$w_2 = 0.19956143$$

$$w_3 = 0.24975114$$

$$w_3 = 0.29950229$$

以上即完成了一轮误差反向传播权值更新过程,总误差由 0.298371109 下降至 0.291027924。将上述过程不断迭代,最后总误差为 0.000035085,输出为 0.01591296、0.984065734,与预期结果非常接近。

15.6 概率小故事——狼来了吗

从前有一个放羊娃,他每天都赶着心爱的羊儿上山吃草。由于山上有狼出没,因此放羊娃平时非常小心。有一天,放羊娃突发奇想,要戏弄一下村民。

"狼来了,狼来了! 快救命啊!"放羊娃大声呼喊。山下的村民拿起武器跑到山上,"狼在哪里,羊群没事吧?""哈哈哈,骗你们的!"放羊娃哈哈大笑,村民只好下山回家。

过了几天,放羊娃又故伎重演:"狼来了,狼来了,救命啊!"村民听到求救声再次拿着武器跑到山上,可是依然没有发现狼群的踪迹,于是只好无奈地下山离去。

又过了几天,放羊娃正在山上晒着太阳,突然听到远处传来了羊的叫声,放羊娃抬头一看,这下不得了了,真的有狼来了,放羊娃急得大声呼喊:"狼来了! 狼来了,大家快来帮忙啊!"可是这一次,无论放羊娃叫得多么凄惨,再也没有人上来帮忙了,大家觉得肯定又是放羊娃的恶作剧(图 15.25)。

图 15.25　狼来了

这里讨论一下村民是如何丧失了对放羊娃的信任的。讨论这一问题的基础是贝叶斯公式。

假设事件 A 为"小孩说谎"，事件 B 为"小孩可以相信"，这里令村民对放羊娃最初印象为 $P(B) = 0.8, P(\bar{B}) = 0.2$。

本题目要求的结果是 $P(B|A)$，即在放羊娃说谎之后，村民依然相信放羊娃的可能性。

$P(B|A)$ 可以用如下公式表示。

$$P(B|A) = \frac{P(B)P(A|B)}{P(B)P(A|B) + P(\bar{B})P(A|\bar{B})}$$

上式中，令 $P(A|B) = 0.1, P(A|\bar{B}) = 0.5$，其中 $P(A|B)$ 代表放羊娃说话可信的情况下孩子说谎的可能性；$P(A|\bar{B})$ 代表放羊娃说话不可信的情况下孩子说谎的可能性。

放羊娃第一次喊狼来了，村民信任放羊娃的概率为 0.8。

放羊娃第一次说谎后，村民继续信任放羊娃的概率为

$$P(B|A) = \frac{P(B)P(A|B)}{P(B)P(A|B) + P(\bar{B})P(A|\bar{B})} = \frac{0.8 \times 0.1}{0.8 \times 0.1 + 0.2 \times 0.5} = 0.444$$

此时村民对放羊娃的信任由 0.8 降低到 0.444，则 $P(B) = 0.444, P(\bar{B}) = 0.556$。

当放羊娃第二次说谎后，村民对放羊娃信任的概率为

$$P(B|A) = \frac{P(B)P(A|B)}{P(B)P(A|B) + P(\bar{B})P(A|\bar{B})} = \frac{0.444 \times 0.1}{0.444 \times 0.1 + 0.556 \times 0.5} = 0.138$$

此时村民对放羊娃的信任由 0.444 再次降到了 0.138，则 $P(B) = 0.138, P(\bar{B}) = 0.862$。

当放羊娃第三次说谎后，村民对放羊娃信任的概率为

$$P(B|A) = \frac{P(B)P(A|B)}{P(B)P(A|B) + P(\bar{B})P(A|\bar{B})} = \frac{0.138 \times 0.1}{0.138 \times 0.1 + 0.862 \times 0.5} \approx 0.03$$

可见当放羊娃第三次说谎后，村民对放羊娃几乎已经没有信任可言了。

第16章

手写体数字识别

  MNIST 手写体数字识别是机器学习领域最基础也是最经典的案例,就好比语言学习中的"hello,world"一样,通常作为机器学习的开学第一课,它包含各种手写体数字图片。

  本章将对手写体数字识别所用到的模型框架及相关代码进行详细描述,带领大家打开机器学习的大门。

本章涉及的主要知识点

- LeNet-5模型介绍:每一层的特点及作用;
- 手写体数字识别案例说明及代码实现;
- 如何用卷积神经网络实现手写体数字识别。

16.1 LeNet-5模型介绍

LeNet-5模型是专门为手写体数字识别而设计的卷积神经网络,是一个入门级的神经网络模型。图16.1是经典的LeNet-5数字手写体图像。

图 16.1　LeNet-5手写体数字识别

该数据集包含0~9总共10个类别的数字图片,以及每个图片对应的标签(标签的作用就是让计算机知道3是3、5是5等)。

LeNet-5模型最早出现于 Yann LeCun 教授在 1998 年发表的论文 *Gradient-based learning applied to document recognition* 中,这是卷积神经网络领域的第一篇经典论文。在 MNIST 数据集的识别中,LeNet-5模型可以达到99.4%的精度,比人眼识别精度还高。那么LeNet-5模型为什么会有这么高的计算精度? 为何在数字识别领域如此受欢迎? 下面将详细介绍该模型。

16.1.1 LeNet-5模型综述

LeNet-5模型共有8层,如图16.2所示。

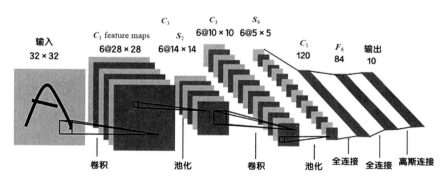

图 16.2　LeNet-5模型

图16.2中的各个符号说明如下。

输入层:MINST数据集的输入。

C_i:卷积层,对数据进行采样,以达到增强数据表达特征和降低噪声的效果。

S_i:下采样层,也称池化层,通过抽样的方式减少数据量,同时保留信号特征最强的信息,达到降低过拟合的目的。

F_i:全连接层,所有前述层的输出与权重参数均参与计算的层。

输出层:最终结果的输出。

与其他神经网络相比,LeNet-5模型结构简单,同时又包含了神经网络最基础、最重要的构成:卷积层、池化层、全连接层等。因此,深入了解LeNet-5模型对学习其他更为复杂的模型大有裨益(图16.3)。

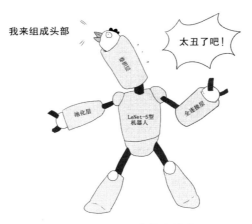

图16.3 LeNet-5非常值得学习

16.1.2 ▲ LeNet-5模型第一层

由图16.2可知,LeNet-5模型的第一层输入层的大小为32 × 32,而MNIST的数据大小为28 × 28(这里的32 × 32和28 × 28都是指代图像的像素大小,在神经网络中的表现形式为32行×32列的数组和28行×28列的数组,如图16.4所示)。

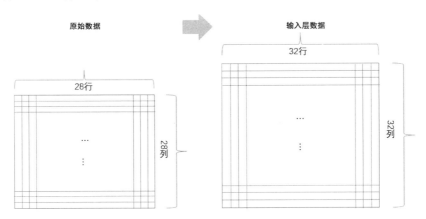

图16.4 输入层数据大小

这里MNIST手写体图像的像素大小为28 × 28 × 1,代表图像的像素为28 × 28,且为灰度图像(第三位数字1代表RGB数,当图像为彩色图像时,RGB=3;当图像为灰度图像时,RGB=1)。那么,为什么在把手写体图像输入LeNet-5模型时,要把第一层调整为32 × 32呢?

LeNet-5模型的第二层是卷积层,卷积层的目的是增强数据信号特征,执行的是卷积操作,而卷积操作在执行过程中会损失输入模型的边缘信息(具体原因会在介绍LeNet-5模型的第二层时详细描述)。因此,为了尽可能地保证模型的逼真程度,需要在模型的输入端对原有数据大小进行扩展。

16.1.3 ▲ LeNet-5模型第二层

LeNet-5模型的第二层是卷积层,该层的目的是通过卷积核对输入数据进行一次"提纯",提取出特征性最强的数据并加以整理。前面说过,为了避免卷积操作过程中损失输入模型的边缘信息而对输入层做了数据增强处理,那么为什么会出现损失边缘信息的情况? 这里需要先介绍一个知识点:感受野。

感受野是卷积神经网络每一层输出的特征图(Feature Map)上的像素点在输入图片上映射的区域大小。通俗解释就是,特征图上的一个点对应输入图上的区域(图16.5)。

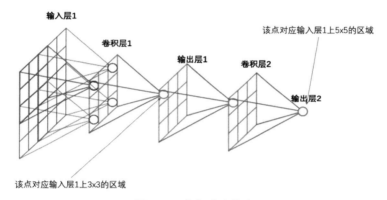

图 16.5　卷积层的提纯

经过两层3×3的卷积核卷积操作之后的感受野是5×5,通过三层3×3的卷积核卷积操作之后的感受野是7×7,这里卷积核的步长均为1,填充为0(图16.6)。

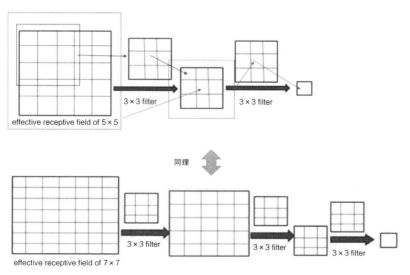

图 16.6　卷积层提取特征图的过程

很显然,如果只是经过一层卷积计算,则输出层的感受野就是卷积核的大小。为了防止丢失边缘信息,需要尽可能地让感受野的中心收集更多的数据特征,因此需要对原始图像数据进行增强。又由于卷积核大小为 5×5,因此要将输入层增强为 32×32(卷积后的输出计算过程可参考第 15 章)。

观察图 16.2 可知,C_1 层的卷积核为 $5 \times 5 \times 6$,由六个特征图组成,卷积步长为 1 且没有使用全 0 填充。因此,每个特征图的神经元数量为 $28 \times 28 = 784$(个),参数数量为 $(5 \times 5 \times 1 + 1) \times 6 = 156$(个),最终卷积层和输入层之间的连接数量为 $(5 \times 5 \times 1 + 1) \times 784 \times 6 = 122304$(个)(图 16.7)。

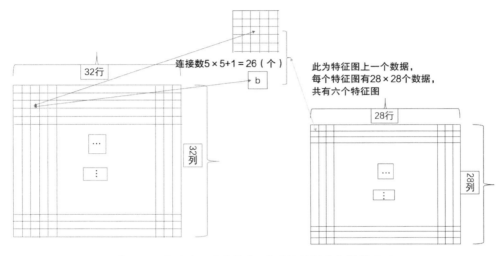

图 16.7　为了防止丢失信息,对原始数据进行增强处理

16.1.4 ▲ LeNet-5模型第三层

该层由六个大小为 14×14 的特征图组成,从模型的第二层到第三层经历了一个池化过程(下采样过程),即特征图的每个神经元都由第二层经过一个 2×2 的最大池化操作得来,在池化操作过程中长和宽的步长均为 2(图 16.8)。

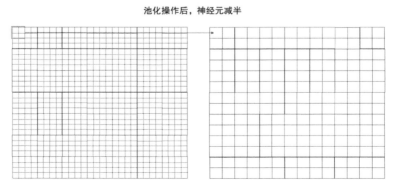

图 16.8　池化过程

如图16.9所示,池化层的目的是进一步捕捉特征,减小整体的数据量。池化层参与连接的参数数量为$(2 \times 2 + 1) \times 6 = 30$(个),经过池化操作后输出的特征图共有$14 \times 14 = 196$(个)神经元。因此,第二层卷积层到第三层池化层的连接数为$(2 \times 2 + 1) \times 196 \times 6 = 5880$(个)。

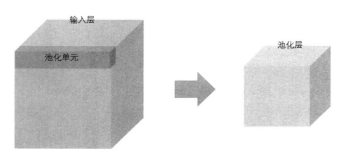

图16.9　池化后的单元输出数量

输入层:输入层即上一层的输出层,大小为28×28×6。
池化单元:池化单元大小为2×2。
池化层:经过池化后的池化层大小为14×14×6。

16.1.5 ▲ LeNet-5模型第四层

C_3层又变为卷积输出层,即本层的特征图由上一层池化操作的输出结果经过卷积变化得到,这里卷积核的大小为5×5,但是卷积核的层数为16。由于上一层特征图只有六层,因此本层卷积核与上层特征图之间存在组合计算的关系,如图16.10所示。图中符号X表示C_3卷积层的某个特征图与S_2池化层的某个特征图存在连接关系。如C_3卷积层的第一个特征图(0代表第一个,1代表第二个。依此类推,本段后面的数字代表方式以此为准)与S_2池化层的第一个、第二个及第三个特征图都存在连接关系。

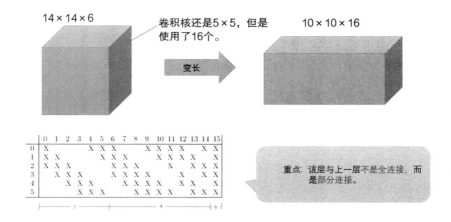

图16.10　该层卷积层为部分连接

根据图16.10,计算C_3卷积层与S_2池化层之间的连接数过程如下。

待训练参数为

$$6 \times (5 \times 5 \times 3 + 1) + 9 \times (5 \times 5 \times 4 + 1) + 1 \times (5 \times 5 \times 6 + 1) = 1516$$

C_3 卷积层每个特征图神经元为 100 个,因此总连接数为

$$1516 \times 100 = 151600(\text{个})$$

卷积层与池化层之间的连接如图 16.11 所示。

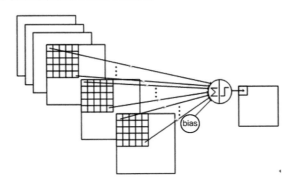

图 16.11　卷积层与池化层之间的连接

这种连接方式的好处如下。

(1)减少参数数量。

(2)通过不对称的组合方式获得多种组合特征。

16.1.6　LeNet-5 模型第五层

S_4 层同样是一个下采样层,由 C_3 卷积层执行池化操作得到。该层的特征图大小为 5×5,数量为 16 个,显然该层的特征图由上一层经过 2×2 的最大池化操作获得,其中长和宽的步长均为 2。该层每一个特征单元都与 C_3 卷积层每个特征图中的 2×2 区域相连接(图 16.12)。

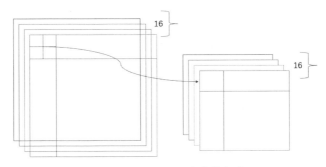

图 16.12　该池化层的连接数量

其中每个特征图训练参数为

$$2 \times 2 + 1 = 5$$

每个特征图的神经元为

$$5 \times 5 = 25$$

由于有16个特征图,因此S_4下采样层与C_3卷积层的连接数为
$$5 \times 25 \times 16 = 2000(个)$$

16.1.7 LeNet-5模型第六层

如图16.13所示,S_4下采样层到C_5卷积层之间的卷积核大小为5×5,卷积操作时步长为1,且未使用全0填充,因此输出的特征图尺寸为1×1。

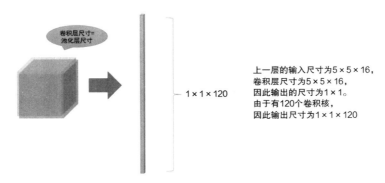

图16.13　最后一层卷积

该层的参数数量为
$$5 \times 5 \times 16 + 1 = 401$$
由于C_5卷积层共有120个特征图,因此该层与上一层之间的连接数为
$$401 \times 120 = 48120(个)$$

16.1.8 LeNet-5模型第七层

该层为全连接层,共有84个神经元,其中每个神经元均与上一层全部特征连接,如图16.14所示。

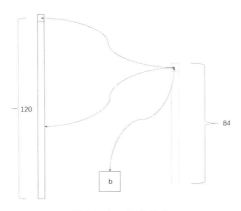

图16.14　全连接层

该层与上一层的连接数为

$$(120 + 1) \times 84 = 10164(个)$$

16.1.9 LeNet-5模型第八层

这是模型最后一层输出层,同时本层与前面一层保持全连接(图16.15)。

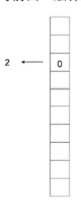

图 16.15 LeNet-5模型第八层

由模型可以看出,最后一层共有10个单元,对应了手写体数字0~9。如果某个单元的输出结果为0或接近0,则该单元代表的数字就是模型识别得出的数字。这与交叉熵的数学思想是一致的,只不过这里的计算模型为

$$y_i = \sum_j (x - w_{i,j})^2$$

式中,$w_{i,j}$为第i个数字的比特图编码;y_i越接近0,说明越接近第i个数字的比特图编码(图16.15)。

16.2 手写体数字识别

前面介绍了LeNet-5的模型架构,那么这个架构到底好不好?为什么要这么做手写体的数字识别?本节将通过两种不同的模型对MNIST手写体数字进行图像识别,以此判断LeNet-5模型的优势。

16.2.1 Softmax实现手写体数字识别

通过Softmax Regression进行数学建模并对MNIST手写体数字进行图像识别的过程如下(图16.16)。

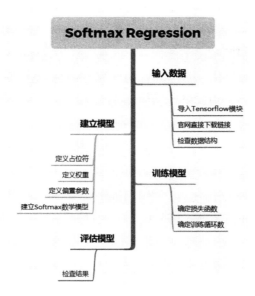

图16.16　softmax 回归模型建立过程

（1）首先导入数据。数据直接在官网下载即可。在导入数据前，先导入 TensorFlow 模块，具体代码如下。

```
01 import warnings
02 warnings.filterwarnings('ignore'); #作者使用的是Jupyter编写代码,为了使界面更整洁
03 #令警告提示不显示
04 import TensorFlow as tf; #导入TensorFlow模块
05 from TensorFlow.examples.tutorials.mnist import input_data; #导入input_data文件
06 mnist = input_data.read_data_sets('MNIST_data/', one_hot = true); #下载数据集
```

上述代码的作用是调整界面显示，下载 MNIST 手写体图片数据集，其中 05 行代码中的input_data 文件中含有相关的包，如 read_data_sets() 函数。该函数的原型如下。

```
def read_rada_sets(train_dir, fake_data = False, one_hot = False, dtype =
dtypes.float32,reshape = True, validation_size = 5000)
```

该原型函数中，train_dir 需要放入 MNIST 数据路径。

06 行代码中，read_data_sets() 函数的第一个参数指代数据的下载路径；第二个参数 one_hot 是独热编码，表明是否将样本图片按照对应的标注信息表示。

输入以上代码后，系统会自动下载相应数据，显示如下。

```
Extracting MNIST_data/train-images-idx3-ubyte.gz
Extracting MNIST_data/train-labels-idx1-ubyte.gz
Extracting MNIST_data/t10k-images-idx3-ubyte.gz
Extracting MNIST_data/t10k-labels-idx1-ubyte.gz
```

对数据集进行检查。

```
01 #检查数据集
02 print (mnist.train.images.shape, mnist.train.labels.shape);   #打印训练数据集;
03 print ("----------"); #打印分隔符;
04 print (mnist.test.images.shape, mnist.test.labels.shape);     #打印测试数据集;
05 print ("----------"); #打印分隔符;
06 print (mnist.validation.images.shape, mnist.validation.labels.shape);   #打印验
证数据集;
```

结果如下。

```
01 (55000, 784) (55000, 10)
02 ------------------------------
03 (10000, 784) (10000, 10)
04 ------------------------------
05 (5000, 784) (5000, 10)
```

显然,下载下来的数据集被分为两个部分:60000个训练数据集(minst.train)和10000个测试数据集。其中训练数据集又被分为55000个训练数据集和5000个验证数据集。

图16.17为下载数据集中的数据特征。

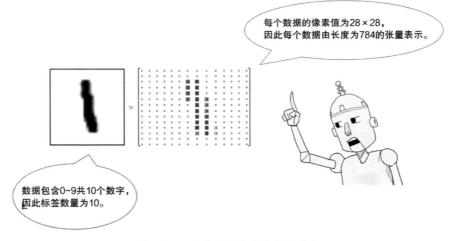

图16.17　下载数据集中的数据特征

(2)然后开始建立Softmax数学模型,相关代码如下。

```
01 #确定基本数学模型为  y=wx+b
02 x = tf.placeholder ("float", [None, 784]); # x不是一个特定的值,而是一个占位符
03 # placeholder,该处的None表示此处张量的第一个维度可以是任意长度
04 w = tf.Variable (tf.zeros([784,10]));  # w代表权重参数
05 y = tf.nn.softmax (tf.matmul(x,w) + b)
```

占位符即占着一个位置,给有需要的数据使用(图16.18)。

图 16.18　占位符类似于"黄牛排队"

04 行代码中 w 的维度是 $[784, 10]$，这是由于输入图片是 784 维，输出要求是 10 维，这里每一个维度代表一个数字类型。05 行代码中的 tf.matmul$(x, w)+b$ 表示 $wx + b$。

（3）接下来开始训练模型。在训练模型之前，需要先定义一个指标，用该指标来判断最终的模型输出结果是好还是坏。机器学习中最常用的做法就是定义一个损失函数（Loss Function），当该函数的结果越小时，认为模型的拟合程度越好。

本示例中，损失函数采用交叉熵，具体代码如下。

```
01 #定义损失函数,判断模型好坏
02 y_ = tf.placeholder ('float', [None, 10]); #定义一个新的占位符,用于输入正确的值
03 #(标签)
04 cross_entropy = -tf.reduce_sum (y_* tf.log(y)); #定义交叉熵,关于交叉熵的具体含义,
05 #可以参考本书第8章
06 train_step = tf.train.GradientDescentOptimizer(0.01).minimize (cross_entropy);
07 #选择梯度下降优化器,并将学习率设置为0.01
08 init = tf.initialize_all_variables(); #初始化变量,本行也可以用
09 #tf.global_variables_initializer替代
10 sess = tf.Session(); #运行对话,开启模型
11 sess.run(init)
12 #开始训练模型,循环次数设为2000次
13 for i in range(2000);
14 batch_xs, batch_ys = mnist.train.next_batch(100) #以100作为一个训练批次进行训练
15 sess.run(train_step, feed_dict = {x:batch_xs, y_:batch_ys})
16 #将训练数据放入x的占位符,将标签放进y_的占位符,y是预测值,通过计算得出
```

当模型训练结束之后，需要对模型进行测试并评估模型的好坏，具体代码如下。

```
01 #模型评估
02 correct_prediction = tf.equal(tf.argmax(y,1), tf.argmax(y_,1)); #对比预测值y与
```

```
03  #标签y_是否匹配
04  accuracy = tf.reduce_mean(tf.cast(correct_prediction, 'float'));
05  print (sess.run(accuracy, feed_dict = {x: mnist.test.images, y_:mnist.test.
    labels})) #评估
06  #模型准确率
```

这里代码会生成一组布尔值,为了正确表示预测下的比例,将布尔值转化为浮点数,然后取平均。布尔值的生成规则如图16.19所示。

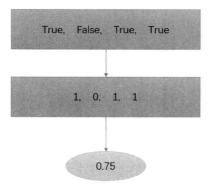

图 16.19　布尔值的生成规则

(4)最终得到的模型精度大约为91%。对模型进行简单优化,引入卷积神经网络,比较卷积神经网络得到的模型精度。

16.2.2　卷积神经网络实现手写体数字识别

卷积神经网络模型需要的权重和偏置项数目数量远大于Softmax模型,同时为了避免权重出现0梯度,模型应该加入适量的噪声,防止权重出现对称情况。其通常使用的是ReLU神经元。因此,比较好的做法是用一个较小的正数来初始化偏置项,以避免神经元节点输出恒为0的问题(Dead Neurons)。

第一步,初始化权重。具体代码如下。

```
01  #重新构建一个卷积神经网络,对上述数据集做出预测
02  #定义权重和偏置项
03  def weight_variable (shape):
04      initial = tf.truncated_normal (shape, stddev = 0.1)
05      return tf.Variable (initial)
06  def bias_variable (shape):
07      initial = tf.constant (0.1, shape = shape)
08      return tf.Variable (initial)
```

第二步,定义卷积层及池化层。这里定义卷积步长为1,边距填充为0,池化层采用最大池化操作,尺寸为2×2,具体代码如下。

```
01 #定义卷积层
02 def conv2d (x, W):
03    return tf.nn.conv2d (x, W, strides = [1, 1, 1, 1], padding = 'SAME')
04 #边距填充为0,步长设置为1
05 #定义池化层
06 def max_pool_2x2 (x):
07    return tf.nn.max_pool (x, ksize = [1, 2, 2, 1], strides = [1, 2, 2, 1],
padding = 'SAME')
```

第三步,添加内部层。定义完卷积层和池化层之后,将按照本节前半部分的描述,逐次向模型内添加层,具体代码如下。

```
01 #第一层卷积
02 #第一层结构包括一个卷积层加一个最大池化层
03 W_conv1 = weight_variable([5, 5, 1, 32])# 前两个维度代表patch大小,1代表通道数
04 #目,32是输出的通道数目
05 b_conv1 = bias_variable([32])#对应上面每一个输出的通道
06 x_image = tf.reshape(x, [-1,28,28,1])#x的维度应该和W对应,其中第2、3维对应图
07 #片的宽和高,1代表颜色通道数
08 h_conv1 = tf.nn.relu(conv2d(x_image, W_conv1) + b_conv1)#把x和权重进行卷积,再
09 #加上偏置项,应用ReLU激活函数,防止线性化
10 h_pool1 = max_pool_2x2(h_conv1)#添加池化层
11
12 #第二层卷积层
13 W_conv2 = weight_variable([5, 5, 32, 64])
14 b_conv2 = bias_variable([64])
15 h_conv2 = tf.nn.relu(conv2d(h_pool1, W_conv2) + b_conv2)
16 h_pool2 = max_pool_2x2(h_conv2)
17
18 #密集连接层
19 W_fc1 = weight_variable([7 * 7 * 64, 1024])#图片尺寸由28减少到了7,原因是经历了
20 #两次2×2的最大池化
21 b_fc1 = bias_variable([1024])
22 h_pool2_flat = tf.reshape(h_pool2, [-1, 7*7*64])
23 h_fc1 = tf.nn.relu(tf.matmul(h_pool2_flat, W_fc1) + b_fc1)
24
25 #dropout
26 #这一层的目的是防止模型过拟合,过拟合的模型会影响泛化能力
27 keep_prob = tf.placeholder("float")
28 h_fc1_drop = tf.nn.dropout(h_fc1, keep_prob)
29
30 #输出层
31 #卷积神经网络的最后输出层依然采取全连接形式
32 W_fc2 = weight_variable([1024, 10])
```

```
33 b_fc2 = bias_variable([10])
34 y_conv=tf.nn.softmax(tf.matmul(h_fc1_drop, W_fc2) + b_fc2)
```

第四步,模型的训练及评估。由于模型较之前复杂,数据量较大,一般采取ADAM优化器进行梯度下降,具体代码如下。

```
01 #训练和评估模型
02 sess = tf.InteractiveSession()#这个一定要添加,否则会无法计算
03 cross_entropy = -tf.reduce_sum(y_*tf.log(y_conv))
04 train_step = tf.train.AdamOptimizer(1e-4).minimize(cross_entropy)
05 correct_prediction = tf.equal(tf.argmax(y_conv,1), tf.argmax(y_,1))
06 accuracy = tf.reduce_mean(tf.cast(correct_prediction, "float"))
07 sess.run(tf.initialize_all_variables())
08 for i in range(20000):
09   batch = mnist.train.next_batch(50)
10     if i%100 == 0:
11     train_accuracy = accuracy.eval(feed_dict={
12     x:batch[0], y_: batch[1], keep_prob: 1.0})
13     print('step %d, training accuracy %g'%(i, train_accuracy))
14     train_step.run(feed_dict={x: batch[0], y_: batch[1], keep_prob: 0.5})
15 print("test accuracy %g"%accuracy.eval(feed_dict={
16 x: mnist.test.images, y_: mnist.test.labels, keep_prob: 1.0}))
```

结果显示如下。

```
01 step 0, training accuracy 0.1
02 step 100, training accuracy 0.76
03 step 200, training accuracy 0.92
04 step 300, training accuracy 0.92
05 step 400, training accuracy 0.9
06 ......
07 step 19400, training accuracy 1
08 step 19500, training accuracy 1
09 step 19600, training accuracy 1
10 step 19700, training accuracy 1
11 step 19800, training accuracy 1
12 step 19900, training accuracy 1
13
14 test accuracy 0.9916
```

从最终的测试结果得出,使用卷积神经网络的模型在手写体数字识别问题上识别率可以提高到99.2%。

16.3 概率小故事

——测一测您有多大概率看完本书？

刘向在《战国策·秦策五·谓秦王》中说道：行百里者半于九十。这句话简单概括就是，大多数人无法坚持自己的目标并持之以恒地做下去，通常都是做着做着就放弃了。工作如此，读书也是如此。

本书讲的是概率，读者不妨将本书的内容在这里进行简单应用，预测自己在规定时间内读完本书的概率是多少。预测的方法有很多，这里提供一个思路。

(1) 首先制订一个计划，计划多少天看完本书，包括多少天看完一个章节。

(2) 制定一个损失率（以及每一个章节的完成度的损失概率，如第一章可以 100% 看完，到了第二章就只能看 90%，那么损失率就是 0.1）。

(3) 建立一个数学模型，计算自己在规定时间内看完本书的概率。

(4) 给自己设置一个提醒时钟，到了规定的时间看一看自己的完成率是否和预测的一样。

以上只是一个建立预测模型的基本思路，具体的数学模型当然要以每个人的习惯为准。最后，大家到了规定时间可查看自己是否完成了之前的约定。虽然完不成也不会有任何惩罚，但是还是要送大家三句话，与各位读者共勉。

业精于勤，荒于嬉；行成于思，毁于随。

苟有恒，何必三更起五更眠；最无益，莫过一日曝十日寒。

锲而舍之，朽木不折；锲而不舍，金石可镂。